# 数美妙的学

How Mathematics Created Civilisation

# THE ART
# OF MORE

[英]迈克·布鲁克斯(Michael Brooks)——著 吴晓真——译

湖南科学技术出版社 博集天卷 CS·BOOKY

© 中南博集天卷文化传媒有限公司。本书版权受法律保护。未经权利人许可，任何人不得以任何方式使用本书包括正文、插图、封面、版式等任何部分内容，违者将受到法律制裁。

著作权合同登记号：图字 18-2023-88

**图书在版编目（CIP）数据**

美妙的数学 /（英）迈克·布鲁克斯著；吴晓真译 . --
长沙：湖南科学技术出版社，2023.9
　　ISBN 978-7-5710-2320-1

　　Ⅰ.①美… Ⅱ.①迈… ③吴… Ⅲ.①数学—普及读物
Ⅳ.① O1-49

中国国家版本馆 CIP 数据核字（2023）第 127372 号

上架建议：畅销·科普

MEIMIAO DE SHUXUE
美妙的数学

著　　者：［英］迈克·布鲁克斯
译　　者：吴晓真
出 版 人：潘晓山
责任编辑：刘　竞
监　　制：吴文娟
策划编辑：姚涵之　黄　琰
特约编辑：逯方艺
版权支持：王媛媛　姚珊珊
营销编辑：傅　丽
封面设计：潘雪琴
版式设计：李　洁
出　　版：湖南科学技术出版社
　　　　　（湖南省长沙市芙蓉中路 416 号　邮编：410008）
网　　址：www.hnstp.net
印　　刷：北京天宇万达印刷有限公司
经　　销：新华书店
开　　本：680 mm × 955 mm　1/16
字　　数：277 千字
印　　张：18
版　　次：2023 年 9 月第 1 版
印　　次：2023 年 9 月第 1 次印刷
书　　号：ISBN 978-7-5710-2320-1
定　　价：58.00 元

若有质量问题，请致电质量监督电话：010-59096394
团购电话：010-59320018

# 目 录
## Contents

# 致读者

    无论你是喜欢数学，还是向来讨厌它，或者只是希望能够对它懂得多一点，我都欢迎你读这本书。人们对数学的体验多姿多彩，千人千面。我从创作伊始就希望这本书能够让数学变得亲民。为此，我尽可能做到简单明了，但我偶尔也认为为了正确地理解某些东西，多付出一些努力是值得的。这就意味着书中偶有真枪实弹的数学演练：有图表，有方程式，也有计算。我会轻言慢语地引导你。但是，如果其中任何部分让你困扰，而你又不想这样，人生苦短，何妨跳过。

# 引言
## 为什么长于计算是人类最伟大的成就

1992 年 6 月，美国心理学家彼得·戈登（Peter Gordon）来到巴西亚马孙河流域麦西河（Maici River）畔一个由茅草屋组成的村庄。[1] 他去那里见他的朋友丹尼尔·埃弗里特（Daniel Everett），后者身为基督教传教士，生活在与世隔绝的皮拉罕人[①] 当中。此前，埃弗里特曾经告诉戈登，皮拉罕人对数字的态度有些不拘一格：他们基本上不为数数操心。戈登好奇心起，亲自前来一探究竟。

戈登利用随身携带的一批 5 号电池到丛林做起了实验。他把数节电池摆成一排，请皮拉罕村民在旁边用同样数量的电池照样摆成一排。排列一节、两节或者三节电池对村民来说轻而易举。但当戈登排出四节、五节或六节电池时，他们为难了。事实证明，要他们把十节电池排成一列几乎不可能。当戈登请他们依样画葫芦在纸上画标记时，情形也一样。如果戈登画了一个或

---

[①] 皮拉罕人（Pirahã people），巴西亚马孙地区一个过着狩猎、采集生活的原住民部族。——如无特别说明，本书脚注均为编者注。

两个标记，他们可以效仿，但最多只能画出六个。在戈登看来，皮拉罕人根本不懂数字——或许是因为他们不需要搞懂。他们的生活方式决定了他们的大脑不用形成数字的概念。

我们大多数人在得知有人不需要数字也可以活得好好的时候，会大为惊讶。这是因为我们下意识地认为数字已经深深嵌入我们的日常生活。然而，我们只有在被提醒之后才会认识到，我们的生活方式、制度和基础设施均建立在数字之上。无论商业、住房、医药、政治、战争、农业、艺术、旅行、科学或技术，几乎我们存在的每一个方面都以数学为基础被建立起来。而当你得知数学并非必要时，你受的震撼就更大了。

言及数字天赋，我们不比许多其他物种强。[2] 人类生来只具备现今所谓的"近似数感"（approximate number sense）。[3] 其意为，你的大脑在原始状态下怠于列举三个以上的某物。因此，当一个人类婴儿看到四个苹果时，其大脑将这种景象记录为"许多"或者"更多"。我们天生的计数系统是"一，二，三，更多"。大鼠、黑猩猩、鸟类和猴子的大脑也采用近似数字系统。如果大鼠在按动杠杆五次后得到过奖励，它会偶尔回到仪器前，按动杠杆五次左右，希冀得到食物。有人已经设法教会黑猩猩做更复杂的与数字有关的任务——例如记住若干数字序列——它们有时候比未经训练的成年人类的记性还好。但这种训练需要奖励：黑猩猩不是为了好玩才开始做算术的。你也一样，你之所以学会数数，是出于文化压力。这些压力来自一个有趣的地方：一种根深蒂固的文化智慧告诉我们，数学很重要。

都铎王朝时代的数学家兼神秘主义者约翰·迪伊（John Dee）称数学为"超自然的、不朽的、智慧的、简单的和不可分割的事物与自然的、终有一死的、明理的、复合的和可分割的事物之间的奇特交流"。[4] 这可能像是胡言乱语，但数学的确是超自然的，因为我们借助它超越了自然世界。发展数学使我们得以剖析和拆解自然界中的模式和对称，并且像神一样按我们的意愿改造它们。通过数学，我们塑造了周身世界，改进了人生体验。从第一个飞跃，数到四，到最终我们建立起了文明。我们的大脑一旦习得了"更多"的艺术，就能够应对复杂的抽象概念。它们逐渐适应了数字不仅可以应用于需要计算的事物，还可以应用于形状、点、线和角度的世界——换句话说，就是几何学。这使我们有能力在纸上、木球上或仅仅在我们的头脑中重新想象一个巨大而复杂的物体，比如地球，并且上下求索。我们也可以把数字（我们已知的和未知的数字）重新想象成可以操纵的符号，用以控制和再造世界，完成令人震惊的排序、优化和运输壮举。这就是代数，如果你想知道的话。我们甚至可以进行计算，预测我们周围正在发生的变化将会导致何种未来。我们称这些计算为微积分，它们助力人类实现从自由市场资本主义到登月的一系列抱负。

我们年少时就习得了上述各种数学分支——或者说，我们理应习得。学校向我们信誓旦旦地保证数学是一项基本技能，是成功的通行证，是我们必须掌握的东西。于是，我们尽管往往心不甘情不愿，但还是乖顺地拿起各种数学工具，努力地学习如何使用。有些人乐在其中，大多数人苦不堪言。然后到了某个时间点，几乎我们每个人都会放弃。

在那个时间点之后，我们当中很少有人会再去学习数学。此后，岁月如梭，我们得来不易的技能逐渐凋零，仅余基础知识尚可调用。在没有技术手段协助——比如我们手机上的计算器如今已成为下馆子之后分摊餐费的必要工具——的情况下，我们发现自己只在做简单的加减运算时比较有把握，或许不那么复杂的乘除也行，其余的就只能举手投降。我们甚至罹患"数学恐惧症"，千方百计地避免同数字打交道。或者，我们视数学为天堑，自认为"没有数学细胞"。

如果你是这样的人，那我希望这本书能改变你的想法。数学的非凡成就属于所有人，无论他们是精于还是拙于计算。我们都受益于几千年来人类智慧对数学的各种运用，无论学业成绩高下，我们都有权畅游数学花园。为什么你就看不到牛顿的微积分和泰姬陵一样美丽，巴比伦人的代数和他们当年的空中花园一样美丽呢？此外，对数学之美的正确赏析不可等同于我们传统认知中的美，而要看到人类如何运用数学建造出我们所珍视的美好事物。纵观艺术或建筑，无论是弗美尔的画作，还是伊斯坦布尔雄伟的圣索非亚教堂，我们总能发现，数学促进了它们的诞生。数学的影响超越了美学问题，人类的故事本身就与数学密切交织。哥伦布的美洲之旅依赖于对三角形属性的理解，而现代企业界则始于对数字的掌握。数学为文艺复兴的成型递上凿子，也为几个世纪军事上的丰功伟绩提供弹药。数字是翻译，语言不同的民族之间得以建立互利贸易；它也是燃料，人类得以登上月球。它触发了20世纪初的全球电气化，也拱卫着古代世界里的每一个王座。无怪乎4000年前乌尔国王舒尔吉（King Shulgi）会因其数学能力而受到崇拜。

这些我当年上学时都没学到。我倒是学会了怎样通关所有数学考试，间或还会经由数学运算得出汽车的加速度或者将火箭送入轨道所需的推进力。但我从未学过数学为我们人类这个物种做了什么，也无从得知我们是怎么发明数学的。不过，现在还不算太晚。即使在我们放弃学习数学的技术性细节几十年之后，我们仍然可以在数学中找到快乐和意义。

我还记得自己是在何时何地触到了数学天花板的：那是1987年10月，在英格兰南部萨塞克斯大学的一个大教室里。当时我刚刚开始攻读物理学学士学位。我不记得具体主题了，但那是高级数学方法课程的第一堂课。这个主题对我来说太高深了，而且这门课是选修课，于是我便离席而去了。你的故事会跟我的不一样，但在某个时刻，我们都曾经起身离开过最后一堂数学课。幸运的是，数学的大门从未在我们身后真正关闭。所以，让我们折返吧。

# 第一章 算术

## 人类文明的兴建

人类的进化并非出于对计算的冲动。然而，在我们发明了数字和算术之后，我们逐渐对它们产生了依赖。数字促成治理、征税和贸易往来，人类得以生活在相互依存的大型社区里。最终，算术及其产物——分数、负数和零的概念——成为经济和政治成功背后的驱动力：那些鼓捣数字的能人决定了劳动者、国家甚至地球的未来。而这一切都始于从数字 3 到 4 的思维跳跃。

15 世纪上半叶，美第奇银行是佛罗伦萨的宠儿，也是欧洲艳羡的对象。[1] 它成功的秘诀很简单：其首席会计师乔瓦尼·本奇（Giovanni Benci）热爱记账、恪守规章。他每年都会对银行所有分行的账目进行审计，核查债务人的状况和拖欠还款的可能性。如果你管理银行的某个分行，而你的账目轧不平，本奇会传唤你并猛剋你。后来，到了 1455 年，本奇死了，一切都乱套了。

本奇的铁腕突然消失，美第奇银行的雇员们开始向储户许诺过于慷慨的回报，像现代银行保证任何投资都有 10% 的收益一样。为了按时给付这些承诺的利息，一种有毒的贷款政策应运而生。美第奇银行以高昂的利率放贷，欧洲急于要钱打仗的国王和贵族们愿意借款，却并不打算偿还债务。银行没有办法强制偿还，于是钱就打了水漂。与此同时，银行的合伙人们将目光投向偿债遥遥无期的贷款和表面光鲜亮丽的账簿，抽取虚无缥缈的浮盈供自己花用。他们肆意挥霍，耗尽了银行的现金。1478 年，美第奇银行摇摇欲坠。银行创始人的曾孙洛伦佐·德·美第奇（Lorenzo de' Medici）本人资不抵债，于是搜刮公共资金，企图摆脱困境。佛罗伦萨的公众被激怒了，于 1494 年攻入美第奇家族的宫殿，放火烧毁了所有的银行记录。他们一个世纪以来对欧洲文化、政治和金融资本的控制化为乌有。

法国大革命时期，会计在历史上第二次展现了其改变世界的力量。我们可以从会计师雅克·内克尔（Jacques Necker）被免职追溯大革命的源头。他一直在努力修复法国破败的金融系统，减轻沉重的债务负担，在此过程中，他揭露了法国王室的挥霍放纵。最终，在内克尔的改革中，损失惨重的统治阶级不堪忍受他的干预。内克尔失去了财政大臣的职位，但获得了一批忠诚而危险的崇拜者。

历史学家弗朗索瓦·米涅（François Mignet）是这样描述引发革命的时刻的：性急易怒的卡米耶·德穆兰（Camille Desmoulins）拿着手枪站上桌子，[2] 年轻的反叛者喊道："公民们！没有时间了！"德穆兰说，内克尔的解职是对每一个爱国的法国公民的侮辱和威胁。"这是我们唯一能做的——拿起武器！"在这声集结号中，人群冲上街头。他们肩上扛着被解职的会计的半身像。米涅告诉我们："每一次危机都需要一个领袖，他的名字便是他政党的标杆；当国民议会与王室对抗时，这个领袖就是内克尔。"

内克尔的改革集中在很少被我们视为革命的事由上：他想平衡账目。内克尔指出，在英国议会公开的所有账目中可以看到，尽管英国为资助海外战争而大量借款，但财政状况仍然很健康。他决心在法国实现同样的透明度。内克尔说，平衡的账目为道德的、繁荣的、幸福的和强大的政府奠定基础。因此，他试图将法国政府庞杂的分类账简化为一个单一账户，而这个账户的账簿底稿将由他本人审计。当权者并不欢迎这个想法，但那些非当权者却对其青睐有加。因此，正如历史学家雅各布·索尔（Jacob Soll）所言："法国大革命之所以揭开序幕，部分原因是各方对于政府可信度和财政数字的问责。"[3]

羡慕外国金融体系的不只有法国，美国经济的支柱——税收、美元和央行——主要就是效仿荷兰和英国的银行的运作方式。当时，美国没有银行，而且债台高筑。亚历山大·汉密尔顿[①]在1781年说过，银行是"为促进贸易而发明的最快乐的引擎"。[4]汉密尔顿认为，如果想摆脱英国统治、获得自由，必须理解和控制账目。他说："只有通过建立有序的财政——恢复政府信用——而非打仗，我们才能最终实现目标。大不列颠之所以能够征战不休且战绩辉煌，主要归功于在此基础上建立起来的庞大的信用结构。她现在就靠这个来威胁我们的独立。"

作为第一任财政部部长，汉密尔顿落实了所有必要措施，帮助新生的美国摆脱破产的泥潭。到了1803年，汉密尔顿运筹帷幄，主导发行国债，筹集到足以向法国买下路易斯安那领地的款项，将美国的面积扩大了一倍。你可能喜欢音乐剧《汉密尔顿》，因为它是对美国开国元勋之一的颂扬，但经济史学家们喜欢它，因为它是对财政审慎的颂扬。数学家们则认为它证明了因为精通数字而拥有的力量。

## 学会计数

我们不应该认为数学是理所当然存在的。现代人类（智人）已经存在了30万年左右，我们已经发现了至少10万年前的人工制品，但有关人类计数的可靠记载只能上溯到大约2万年前。在现称刚果民主共和国的伊尚戈（Ishango）地区发现的伊尚戈骨表面上，我们可以看到一系列长条刻痕，它们被分成三列，每列又被细分为几组。虽然我们不是十分确定，但可以假设

---

① 亚历山大·汉密尔顿（Alexander Hamilton，1755或1757—1804），美国联邦党领袖。独立战争时期曾任华盛顿的副官。1789年后长期任财政部部长，任内设立国家银行，整顿税收。

单条刻痕代表"一"。两条刻痕代表"二"，嗯，你懂的。整体来看，这些刻痕像是计算月运周期用的计数系统。[5]

伊尚戈骨出现的时间相对较晚，表明计数是一种晚成的技能，而非智力演进的必然结果。你的大脑与第一代智人的大脑大体相同。似乎我们人类这个物种从出现到现在大多数时间都懒得数数。

一旦人类通晓数字，优势就显而易见了。你可能根本不记得学过数数。在大多数的人类文化中，数数是一项非常重要的技能。在你有长期记忆之前，你就已经开始数了。而且我敢打赌，你是扳着手指学会数数的。[6]

我第一次正视扳手指数数的问题时（尴尬惊觉自己在超市里当众数当晚请了几位客人来吃饭不算），正在观看昆汀·塔伦蒂诺导演的生猛战争电影《无耻混蛋》。地下室酒吧里有一场戏，一个英国角色伪装成了德国人，他举起食指、中指和无名指，向酒保要了三个杯子，跟他同桌的德国军官立即看出这位酒友是个冒牌货。"你暴露了，上尉。"他说。

德国人用拇指表示"一"，所以他们会用拇指和食指及中指要三个杯子。[7]亚洲人的习惯不一样。我的朋友索纳莉在印度长大，会用指节计数。印度马哈拉施特拉邦商人的数法又和她不一样。[8]他们像德国人一样从拇指开始数，不过一数到五，他们就会举起另一只手的拇指——通常是右手——表示已经数到了一个"五"，然后左手拳头再次合拢，拇指伸出来表示"六"。

想象一下，你和马哈拉施特拉邦的商人做生意。一开始你可能会感到困惑，但不用多久，也不需要开口说话，你就会明白对方的要价是多少。多亏了有手指数数，你们可以在没有共同书面或口头语言的情况下进行商品贸易。只要双方都知道交易的币种是什么，数字从一上升到几百、几千的含义是什么，事儿就成了。

正因为如此，几乎对古代社会的所有成员来说，学习数字手势是教育的一个重要组成部分。哪怕最偏僻的社群也会跟语言不通的过往商人以货易货。阿里斯托芬在其公元前4世纪的著作中提到，用手指数数是古希腊和波斯的一种常见做法。罗马作家昆体良（Quintillian）谈到，一个律师不能熟练地用手势表达数字是一件很羞耻的事。阿兹特克人在画作里描绘了打数字手势的人。在中世纪的欧洲，用手指计数非常普遍，以至于卢卡·帕乔利①在他 1494 年写的广受赞誉的数学教科书《算术、几何、比及比例概要》(*Summa de Arithmetica，Geometrica，Proportiono e Proportionalita*) 中收录了关于这种艺术的完整图解。即使到了 18 世纪，德国冒险家卡斯滕·尼布尔（Carsten Niebuhr）还不忘描述亚洲市集上的商人是怎样抓住对方手指和拇指，以各种组合方式进行秘密谈判的。为了保密，他们会在讨价还价时把手藏在宽大的袖子里，或在手腕上盖一大块布。

由于不同的文化有不同表示数字的手势，所以商科学生必须细致学习。诗人和教师创作了一些押韵的小诗和谚语来帮助他们。例如，古代阿拉伯世界有这么一个说法："哈立德走的时候身上有 90 迪尔亨姆②，回来时只剩下三分之一。"听了这话，我们虽然一头雾水，但阿拉伯人表示 90 这个数字的时候，会把食指弯曲，紧紧地抵在拇指根部。90 的三分之一是 30，其手势是用食指的尖端抵住拇指的尖端，画出一个更大的圆圈。这句话暗示着哈立德不但被抢劫了，还惨遭鸡奸。估计你这辈子都不会忘记这些表示 90 和 30 的古老手势了。

数字手势之所以如此普遍，跟人类一旦意识到数字的价值就摇身变为数字大师有很大关系。在你生命的头 5 年里，通过游戏、实验和刺激，你的大脑发展出一种叫手指感的东西，或者叫"灵知"。这是一种区别对待和感知从零到九任一数字的能力。一段时间之后，你的大脑为你的手指创造了对应的内在表征。当你开始处理数字时，这个表征会被调用，助你一臂之力。[9]

---

① 卢卡·帕乔利（Luca Pacioli，约 1445—1517），意大利数学家、会计学家，在著作中对复式记账法的记载和研究被认为是会计学的开端，被称为"会计学之父"。
② 迪尔亨姆（dirham），阿拉伯帝国银币名。初铸于公元 696 年，后随伊斯兰教传播到其他地区，主要流通于中亚一带。

手指的好处在于它们是看得见、摸得着、动得了的。它们分为两组，每组五个单位，每个单位都可以进行不同的屈伸配置。如果你发明出一个工具，用来数清你面前的一组物体有"多少个"，它可能不如你的手指好用。

脑部扫描显示，我们大多数人在接受数学任务后，例如用一个数减去另一个数，大脑内部处理来自手指的输入的区域就会加速活动。如果涉及的数字很大，这些大脑回路的活动就会更加明显。有趣的是，如果你特别擅长减法，你大脑里与手指有关的回路就不会那么活跃，换句话说，它们就没怎么活动。但同样值得注意的是，如果你小时候大人不曾鼓励你在游戏中——特别是在唱"一、二、扣鞋扣"这样的数数歌曲时——动动手指，你可能永远不会真正"明白"数字。[10]数字在其他人大脑中呈现的方式就与你不同了，这就是有些人学数学很吃力的原因之一。

一旦你学会用手指表示数字，下一步似乎显而易见，那就是把它们写出来。然而，如果我们一开始就无须使用数字，那当然也不必把它们写出来。毕竟，贸易是实时进行的，双方面对面地讨价还价，货物立刻移交，服务旋即履约，没有必要对交易进行记录。那么，是什么推动我们发展出书面数字呢？把数字写下来之后，我们就可以对或有宗教意义的天体事件（例如新月或日食）进行预测了。我们还可以创建库存清单，罗列交易价格，并记下在未来某个时间点进行买卖的承诺。书写数字最初可能是一种宗教活动，但它也让我们的贸易上了一个台阶。无论其起源如何，它都直接促成了我们今天所享有的繁荣。

## 会计革命

我们无从得知记录数字的第一人是谁。也许，在人类的数学旅程开始后很久，伊尚戈骨上的刻痕才出现。但有两件事我们可以肯定。第一，数字符号的形式多种多样，从骨头上的刻痕开始，到印加绳结、巴比伦泥板上的标记和埃及纸莎草纸上的墨迹，最终到 20 世纪微芯片内的电压。第二，这种新的记账能力是革命性的。你可能认为会计工作烦琐无趣，如果有他人代劳则再好不过，但它的发明使人类文化的轴线产生了位移。

我们最古老的商业会计证据在大约4000年前。当时的美索不达米亚商人开始记录羊群买卖协议。每项协议用一个黏土球表示，这些球被封存在一个空心球体里，球体表面标有黏土球的数量，然后空心球体被送去烘烤，这样协议就不会被篡改了。这是一种防止记错协议（无论有意还是无意）的保险机制。

这套体系演变成一种更简单的记录：在泥板表面烤制出标记。这样一来，人们可以很容易地看到已经达成了什么协议、买了什么、卖了什么、价格几何。而彼时，人类已经开始认识到，操纵数字能带来的不仅仅是交易，它还可以带来权力。

公元前2074年，乌尔国王舒尔吉在现伊朗西南部地区建立的统治被学者们誉为"第一个数学国家"。[1] 舒尔吉首先进行了军事改革，随后又进行了行政改革。这要求乌尔的书记官们为王国中的一切建立复杂的账目。乌尔劳动人口的监工们记录下了工作时长、疾病、缺勤及被借出和借用奴隶的产出。他们如果不能证明每个月从每个劳工那里都压榨出了30天的劳动产出（无论这个月有几天），就必须赔偿缺额给国家。如果监工书记官在去世前未能补足亏空，债务就会转嫁给他的家人。舒尔吉国王的会计体系是围绕一个惊人的原则设计的：它应当尽可能帮当权者识破人们欺骗国家的企图。事实证明，审计是文明的真正摇篮。

如果乌尔是第一个数学国家，那舒尔吉就是第一个数学之神。他于在位的第23年宣布自己是神。从那时起，他的臣民们得到指示，必须崇拜他并且赞美他的品质——尤其是他的数字造诣。这有存世的舒尔吉赞美诗为证。显然，他的神性之一是在"板屋"中接受了全面的数学训练，学会了加法、减法、计数和会计。

因为舒尔吉统治把数学放在中心位置，所以在一代人的时间里，数学成了该国最高的艺术，也是培养书记官的要件之一。到了公元前2000年之交，一个完全合格的书记官必须能用苏美尔语和巴比伦语读写，还要深谙音乐和数学。这里所说的数学不是会计师之间的实用主义数字争论，而是操纵数字进行极其艰深的且表面上无用的计算。实质上就是解谜，例如"我把一个圆的周长、直径和面积加在一起，结果是115"，而书记官的任务是求解这个圆的半径。[12] 这是为了数学而数学，被当作"美德"之一。在受过教育的书记官当中，只有数学能力超群者才能自视为 "*nam-lú-ulu*"（苏美尔语"成人、做人"的意思）的大家。换句话说，数学教育首次在人文科学课程中有了一席之地。

无怪乎在我们发现的数以万计的古代泥板上，账目并非唯一的内容。有许多泥板供数学运算使用：乘法表、除法辅助工具、数字平方（一个数字乘以其本身的积）表和逆向运算得出的平方根表。我们发现，泥板记录了有关于如何处理分数和代数的内容，还有诸如 π 的近似值和 2 的平方根等几何工具。我们将在后续的章节中讨论这些工具和方法的重要性，目前只需记住，当我们所说的文明萌芽时，数字是社会的核心。

可靠的数字带来了非凡的权力。舒尔吉王国的影响力空前，至少这部分归功于国王对数学效用的了悟。他完成了他父亲未竟的工程——修建乌尔塔庙，修建一个大规模的道路网，他的帝国不断扩张对外贸易，同阿拉伯和印度的社群往来频繁。所有这些成就不是因为他发明了某种数学，而是因为他出于政治目的把数学付诸实践了。同样的一幕很快也在其他地方上演。

我们或许过分迷恋巴比伦人和苏美尔人的数学智慧了，只因他们在泥板上记录日常生活，为我们留下了一系列唾手可得的人工制品。在这本书讲述的数学如何同文明交织的故事中，沿袭口述传统的社会的露面机会不多。试以西非的阿坎人（Akan）为例，在前殖民时代，他们运用一套繁复的数学体系来称量贸易中使用的黄金。该体系分为两部分：一部分与阿拉伯和葡萄牙的度量衡系统配合使用；另一部分则与荷兰和英国的度量衡对应。最终，研究人员从世界各地博物馆收藏的文物中拼凑出了它的工作原理，认为它的复杂程度令人叹为观止，应当纳入联合国教科文组织世界遗产名录。[13]

难怪贩奴船船长称讨价还价的非洲奴隶贩子为"精明的算术家"。[14] 据记载,"某个奴隶贩子手上可能有十个奴隶待售,每一个奴隶都可以用十样不同的东西来交换。取决于他居住在那个国家的哪个地区、该地区通行的交换媒介是什么,他一眨眼就能心算出每个奴隶值多少金条、铜币,并且立即结账"。这种口口相传的计算体系让人更为惊奇,但这也意味着奴隶贸易使人们大幅减少了对这类计算体系的使用。我们无法估算,有多少数学高手被运往欧洲、加勒比海和美洲,从此才华埋没。因此,非洲丰富的数学传统从来没有得到过应得的赞赏——也许古埃及除外,数学在那里蓬勃发展。

## 认识分数

就书名而言,《认识所有黑暗事物的方法》(*Directions for Knowing All Dark Things*)引人入胜,听起来像一本你可能在某家神秘主义书店潮湿的地下室里偶然发现的书,一本指点不怀好意者召唤精灵的入门读物。其实不然,它是一本古埃及的数学教科书。

在西方,它更为人知的名称是《莱因德纸草书》(*Rhind Papyrus*),莱因德为 1858 年前后在底比斯购得该书的苏格兰律师的姓氏。该书大部分(整个文件有 18 英尺 ① 长)收藏在伦敦的大英博物馆,另一部分由纽约历史学会持有。其全部内容由一个名叫阿摩司(Ahmos)的埃及书记官于约 3500 年前抄写。阿摩司(他的名字的意思是"月生")抄写的母本是一个概述古埃及祭司阶层数学技巧的千年文本。

古埃及王国的运作依赖对尼罗河洪情年复一年的计算。工程师们会查看水深测量仪上的读数并报告水位的上升情况。精通天文的祭司们会编制历法,以便国民能够为天狼星偕日升的那一天做好准备——那天早晨,天狼星

---

① 英制长度单位,1 英尺合 0.304 8 米。

相对地球的位置离太阳足够远，可以避开太阳的强光，重现天空。这一天是运河疏浚和堤坝修复的最后期限。

通过计算，埃及人可以不出差池地将泛滥的尼罗河水引入运河、流向农田，让肥沃的淤泥沉积在土壤表面。一旦河水渗入土地，或者被重新导流回尼罗河水体，新一季的耕作就可以开始了——也就是说，耕地已经分割成形了。

因为汹涌的洪水冲走了所有的边界和标记，所以书记官们必须记录好每家每户在前一年耕种了多少土地。然后，行政人员通过现在看来相当基本的算术，将差不多大小的新施过肥的农田分配给他们。对古埃及人来说，这可能相当基本，但它显然很受重视，以至于书记官们反复抄写描述这一过程的文档，文档都褪色了。

实质上，《莱因德纸草书》的大部分篇幅都在介绍分数。你可能会惊讶地得知，分数并不是为了折磨小学生才发明出来的。分数是经济运行的重要组成部分：对一个需要知道圆柱形仓库里有多少粮食，政府应当怎样分配土地、粮食和工资的文明来说，整数（我们迄今为止所讨论的数字）不够用。

我们的大脑通过整数（或称自然数）将环境中的物体与"一""二"等抽象概念相匹配，并在我们需要摆布这些数量时将其映射到我们的手指上（如果运气好的话，这些手指在我们的大脑里会有虚拟表征）。分数则不同，它们是一种通过比较两个整数来划分整数的手段，而且它们很难搞懂：对一个没有进化到可以想象这种事情的大脑来说，将整数化为分数是可怕的天堑。

如果你当年上学时觉得分数很难，跟你有同感的人很多，莱奥纳尔多·达·芬奇就是其中之一。尽管他在艺术、发明和天文学方面取得了巨大的成就，但他对分数却无可奈何。[15] 从他的笔记本上可以看出来，他做乘除不大灵光。例如，他无法相信，用小于1的分数（如2/3）除某数会使该数变大。[16]

达·芬奇如果上今天的学校肯定苦不堪言。根据美国学校课程设置，学生在12岁或13岁时应当掌握分数，并且应当能够将诸如1/2、5/9和2/7的分数按大小升序排列。你会吗？大多数12岁和13岁的孩子都不会。

再举一个例子，1、2、19 或 21 中，哪一个数最接近 12/13 和 7/8 的和？在美国，12 岁和 13 岁的学生中有四分之三都答错了。[17] 最常见的错误是将分子和分母（分数线上面和下面的数字）分别相加——换句话说，把它们当作自然数。这并不奇怪，直到学分数之前，老师一直在训练你这么做。此时，你应该换个思路。你必须估算（12/13 和 7/8 都接近于 1，所以它们的总和将接近于 2）或者通分，使分数的分母相同，然后将调整后的分子相加。仔细想一想，你会意识到分数很残酷。我们在前文已经读到，人类学会应对自然数是一个来之不易的胜利，等到分数出现，你却必须推倒重来。[18]

尽管我们觉得分数很棘手，但一个接一个文明都意识到了它的价值。巴比伦人在公元前 2000 年左右最先领悟，随后是埃及人、印度人、希腊人和中国人。这意味着如果我没有算错的话，一个已经存在了 30 万年的物种只在其存世的最近百分之一（非常粗略的估算）的时间里运用了分数。如果你还不信，这证明了即使最基本的数学能力也不是人类信手拈来，生来就会的。

会计对我们所知的文明至关重要。在它诞生之前，还有两项数学创新必不可少：负数和零的概念。尽管这两个概念如今无处不在，但当年它们都引起过很大争议，历经几百年的时间才获得现在的地位。

## 负数的必要性

想到人类在做了几千年的减法之后才有人答得上来"1 减去 2 等于什么？"，真是令人吃惊。可这还得怪我们的大脑。我们根本无法想象"负一个苹果"，所以我们不可能对负数天生有感。负数又是一个巨大的思维飞跃，一个从无到有构想出来的概念。然而，就像分数一样，它们太有用了，不发明出来不行啊。

负数在历史上留下的踪迹凌乱不堪。在公元前 300 年左右古印度教师考底利耶（Kautilya）编写的《政事论》（*Arthasastra*）中，我们可以看到，印度的会计学已经相当成熟，具备资产、债务、收入、支出和收益等概念，而且有一些证据表明，印度的会计人员可能当时已经用负数来表示债务。在《九章算术》中，中国数学家进行了负数计算。我们不确定它的成书时间（公元前 200 年和公元 50 年之间的可能性最大），但它用红色算筹代表正数、黑色算筹代表负数。然而，作者虽然进行了负数计算，却不认可解方程等运算结果出现负数。负数似乎是一种纯粹的实用工具，仅作贸易和商业用途。

公元 628 年，印度数学家婆罗门笈多（Brahmagupta）也提议用负数来表示债务。他甚至还拟定了正数（财富）和负数（债务）乘（积）除（商）运算的法则：

两笔财富相乘除，其积或商为一笔财富。

两笔债务相乘除，其积或商为一笔财富。

一笔债务和一笔财富相乘除，其积或商为一笔债务。

一笔财富和一笔债务相乘除，其积或商为一笔债务。

如果翻译成现代语言，他的意思是：

两个正数的乘积或商为正数。

两个负数的乘积或商为正数。

负数乘以或除以正数，其积或商为负数。

正数乘以或除以负数，其积或商为负数。

你可能知道类似的法则，如"负负得正""正正得正""正负得负"等。

显然，彼时的印度会计已经习惯负数了。然而，西方世界的进度要慢上许多。症结在于，西方的数学传统来自古希腊人，而古希腊人痴迷整数。他们可以把两个整数化成一个分数，但无论这个分数有多小，它从来不会是个负数。

西方人对负数的初次探讨出现在 1202 年出版的《计算之书》(*Liber Abaci*) 里。该书作者为斐波那契 (Fibonacci)，你可能听过这个名字，这不是他的真名，而是 6 个世纪后的一位传记作家编造的。不过，"比萨的列奥那多"(Leonardo de Pisa) 的确是古列尔莫·波那契 (Guglielmo Bonacci) 的儿子 ("斐波那契" 意为 "波那契的儿子")。斐波那契这个名字被沿用下来，与数学史上其他伟大的名字相映成趣。

在其职业生涯早期，斐波那契担任意大利海关官员，在阿尔及利亚工作。他陪同父亲去叙利亚和埃及等地旅行，很早就接触到了意大利传统之外的数学，发现了各种各样或激进、或颠覆、或单纯有用的运算和观念。《计算之书》收录了大量的数学发明、谜题、解题方法和奇闻逸事，包括生成现在以斐波那契为名的数列的规则 (基于繁殖不受控制的兔子数量增长问题的计算)。[19] 不过，该书也对如何将负数作为公认的数学工具进行了讨论。在一道例题中，斐波那契假设四个人按特定比例瓜分一个钱包里的钱：

> 有四个人。如果甲拿到钱包，他的钱财就是乙和丙两人钱财的两倍；如果乙拿到钱包，他的钱财就是丙和丁两人钱财的三倍；如果丙拿到钱包，他的钱财就是丁和甲两人钱财的四倍；如果丁拿到钱包，他的钱财就是甲和乙两人的钱财的五倍……

如果分别用字母 $A$、$B$、$C$、$D$ 来表示这四个人，用 $P$ 来表示钱包里的钱财，我们可以将上述内容改写为一组 "联立方程"：

$$A+P=2(B+C)$$
$$B+P=3(C+D)$$
$$C+P=4(D+A)$$
$$D+P=5(A+B)$$

这些方程写出了所有未知数之间的数字关系。斐波那契说，解有好几组，其中最小的一组是"乙有4，丙有1，丁有4，钱包有11，而甲之借项为1"。不过，有意思的地方在于他使用了"借项"这个措辞。斐波那契明确表示，"除非承认第一个人可以有借项，否则此题无解"。随后，他演示了该借项的负数计算。

尽管斐波那契成功地通过他的著作将一些数学观念传播给了他的欧洲同胞，但负数这部分基本上是明珠暗投，几百年过去了，西方还是没有真正理解负数。以法国数学家布莱兹·帕斯卡尔（Blaise Pascal）对"0减4等于几"这一问题的回答为例，他认为答案是0，而且他蔑视任何异见者。他在《思想录》（*Pensées*）中写道："我知道有些人不能理解，从无中取四仍为无。"[20]当时已经是17世纪中叶，是人们发明了显微镜和望远镜、发现了牛顿定律和电力的时代。即使在科学发现和技术革新的过程中，一些西方最优秀的人才也不愿意承认负数的存在。

后来，牛津大学萨维尔几何学教授约翰·沃利斯（John Wallis）意识到，图形能够促进理解，事情这才开始发生变化。1685年，沃利斯出版了《代数论》（*A Treatise of Algebra*）。在书中，他把一系列数字标在一条坐标轴上，并将坐标轴延伸到负数。他承认，抽象的负数很难理解，但他认为，如果用距离这样的物理概念来解释，你就明白了。当然，这不是他的原话。他是这样写的：[21]

> 然而，如果理解正确，那个（负数的）假设并非无用，亦不荒谬。虽然，就赤裸裸的代数符号而言，它所表示的数量比零少，但是，当涉及物理应用时，它所表示的数量就像前面带+号的数字一样真实，不过在解释时要取相反的意义。

换句话说，它是相反意义上的正数。这基本上是我们现在的说法。他提到的"物理应用"指的是从一个固定点沿直线测量距离，然后再折返——越过那个固定点才停下来。他问，如果一个人从$A$点前进5码①，然后掉头转身走8码，这时他离起点有多远。毫无疑问，他的答案是 –3。

约翰·沃利斯的数轴

沃利斯对这一见解的冗长辩护读来很是引人入胜。他写道："也就是说，他走的距离比零少3码。"接着，他以各种不同方式解释这个理念。今天，如果一个9岁孩子写出了这个答案，老师会在练习本上打个钩，仅此而已。可沃利斯下了大力气反复论证，为 –3 的意义另外写下了17行文字。沃利斯明白，这是一个激进的理念。

如今，我们把减号看作数学符号这个巨大工具箱中的一个小工具。我们已经对它和它的所指习以为常，以至于忘记了它曾经是个重大创新。一旦我们接受了负数的存在，它们所开创的就不仅仅是一种量化债务的方式，它们为大量的现象提供了自然的、易于理解的数学描述。物理力为其一，有了正数和负数，我们得以预测炮弹的射程，因为重力作用于它们的飞行。同样，预测计算使我们有能力树立起强大、稳定的建筑结构，平衡好所有的力和负荷。但凡有两样东西处于对立状态——无论是宇宙飞船和地心引力、收入和支出，还是船帆捕捉到的风力和船头遭遇的海洋阻力——负数就能降低计算难度。

尽管负数很有用，但它还不足以将人类带入现代世界。也许你已经注意到，沃利斯的数轴上并没有数字：它只是用字母 $A$、$B$、$C$ 和 $D$ 标记了线段。

---

① 英制长度单位。1 码等于 3 英尺，合 0.914 4 米。

这些线段分别对应于我们现在所说的 0、5、3 和 -3。沃利斯之所以避免使用这些数字，有其原因：另一个极其重要的数学工具"零"还没有被人接受。

## 零的重要性

零的故事始于舒尔吉国王在他的数学国家中运用"位置记号"。我们很小的时候就学过，在写一个诸如"1234"的数字时，我们可以分别根据数位为其中的单个数字赋值。4 的位置最低，指代 4 个单位，相当于"4 个苹果"。因为我们采用十进制——也就是说，我们将数字以 10 为单位分组，逢 10 进 1，所以在"1234"这个数字里，4 左边是十位数，数值为 3，代表 30。再向左移动 1 位，这是百位数，也就是 10 个 10，在"1234"这个数字里，百位数为 2。最左边是千位数：即 10 个 100。因此，我们把"1234"这个数字读成"一千二百三十四"。

舒尔吉国王的位置记号为六十进制，而非十进制。我们目前还不清楚为什么六十进制在早期数字书写中成为主流。一些数学史学家认为，这是因为 60 能被 1 至 6 之间的所有整数（以及其他 6 个数字）整除，比较好用，特别是在划分货物、成本和度量衡单位的时候。还有人认为，这是因为在计算一年中的大致天数时，使用六十进制较为简单易行。无论如何，六十进制的身影如今犹存：旧时中东地区的若干王国最终整合形成巴比伦，而正是它们规定了圆有 360 度、1 度等于 60 分、1 小时有 60 分钟、1 分钟等于 60 秒。

巴比伦的六十进制符号与我们的十进制相似。例如，34 被写成 3 个标识 10 的记号和标识 4 个单位的记号。但是，巴比伦的记号最大只到 59，所以十进制数字 424 000 在六十进制中被写成 1 574 640，也就是 40 个单位，46 个 60，57 个 60 乘以 60（$60^2$）和 1 个 60 乘以 60 再乘以 60（$60^3$）。

只要数字里不涉及"空"数位，上述符号（还有我们现用的符号）均可胜任。然而，回到十进制，4005 这个数字该怎么表示？它的百位为空，十位也为空，我们必须找到一种方法来表示某些数位为"空"。于是，我们开始使用我们现在所知的"零"符号。

这个符号开始并不是"零"。它的演变历史尚存诸多空白之处，但是对巴比伦人来说，这个空栏的占位符似乎从一开始就是一个斜楔形：◣（虽然这一点也存在争议）。[22]玛雅人和印加人也使用一个抽象的符号或字形作为占位符表示一个空位。他们用的都不是我们所熟悉的"零"符号：我们认为"零"这个符号衍生于印度教单词"shunya"，其意为"空"，用一个点代表虚无。巴赫沙利（Bakhshali）手稿是已知的用这种圆形占位符来表示空栏的最古老文献，这份写在70片桦树皮上的印度文书稿大约在公元224年至383年之间写成，可能是佛教僧侣的培训手册。不过，"shunya"还要再过一段时间才能成为数学意义上的"零"。婆罗门笈多公元628年的专著采纳了负数概念，这也是"零"（确切来说，印度教的"shunya"）第一次突破空间占位符的身份。它成了数轴的一部分，本身就是一个数量，同样受到支配其他数量的算术法则的约束。以下是婆罗门笈多对零与其他数字（包括正数和负数）如何互动的看法：

> 一笔债务减去零，其差为债务。
>
> 一笔财富减去零，其差为财富。
>
> 零减去零，其差为零。
>
> 零减去一笔债务，其差为财富。
>
> 零减去一笔财富，其差为债务。
>
> 零和一笔债务或财富相乘，其积为零。
>
> 零和零相乘，其积为零。

9世纪的波斯数学家和天文学家穆罕默德·伊本·穆萨·花拉子米（Muhammad ibn Musa al-Khwārizmī）首次将零带到了西方的视野中。在他的著作中，他采用了我们现在所称的阿拉伯数字，还接纳了零，赞美它让数位们各司其职。他将零命名为"sifr"，意为"空"。拉丁语把它转写为"zephyrum"，意大利人又将其改写为"zero"，即现代英语中的"零"。

然而，零对花拉子米来说不仅仅是一个数字符号。同婆罗门笈多一样，他也将其作为一个代数工具，从而巩固了其在数字运算方面的重要性。他称零为"圆圈形状的第十个数字"。在花拉子米看来，零显然是数字之一，并在他 830 年左右发表的《代数学》（*Al-kitab al-mukhtasar fi hasib al-jabr wa'l-muqabala*）中发挥了关键作用。顺便提一句，"代数"（algebra）一词来自该书书名，而"算法"（algorithm）一词则取自作者的名字，花拉子米是一个真正有影响力的人。他希望他的书对所有人都有价值，他提供的数字工具在"继承、遗产、分割、诉讼和贸易中，但凡涉及测量土地、开凿运河、几何计算，以及其他各种类型的物体，都是有用的"。然而，尽管有如此广阔的应用前景，西方人却对零的概念望而生畏。

现在的我们似乎觉得零的存在不证自明，对其功用耳熟能详，以至于很难想象数制少了它也行。但数制的存在确实先于零的出现，而且早了很长一段时间。公元 10 世纪，法国僧侣欧里亚克的热尔贝（Gerbert of Aurillac）前往西班牙研究伊斯兰数学，他接触到零的概念后忽视了它。热尔贝看到了花拉子米数学思想的价值，把后者的许多理念传播给了欧洲商人，但他并没有把零带回欧洲，而是专注于教授算盘技能。

热尔贝游学过后 200 年，零仍然不受欢迎。据说，英国历史学家马姆斯伯里的威廉（William of Malmesbury）把这个概念称为"危险的撒拉森魔法"。[23] 即便斐波那契让欧洲人领会到零的力量，但他也没有把零纳入数字之列。他在《计算之书》里告诉我们："九个印度数字是：9、8、7、6、5、4、3、2、1。有了这九个数字，再加上符号 0……任何数字都可以写出来。"称零为"符号"表明他的态度跟花拉子米不同，他仍未真正将零视为数字。

究竟是什么造成了这种抗拒的状态，我们很难说清楚。部分原因在于，时人觉得，不存在的事物与存在的事物不可同日而语。希腊数学哲学认为正整数的性质神圣，容不下负数。同理，它也不能容忍无中生有。亚里士多德在《物理学》（*Physica*）一书中指出，拿一个数去除以零没有意义，所以零不能算作一个数字。[24] 或许更重要的是，零在中世纪欧洲知识分子的主要计算工具——算盘上找不到。

我们现在以为，算盘就是把珠子或石头用线串起来，方便计算，其实不然。算盘这个名称被认为源自古代中东地区表示"灰尘"和"板"的词，所以最早的算盘可能是一块上覆沙土的板材，人们用手指或石头在上面写写算算，然后抹平，进行新的计算。

算珠的排列方式规避掉了零。因为你可以看到石头或标记物整齐地排成一列，位置信息隐含在内，不需要明确地标记"此处为空"。一旦你学会了全套算盘算法，你肯定会抵触另一种新奇的数字表示方式。

在过去，打算盘的本领备受追捧，甚至还有点性感。乔叟在创作《坎特伯雷故事集》之一"磨坊主的故事"时，竭尽全力把主人公尼古拉斯塑造成一个（彻头彻尾的）无耻知识分子。"聪明的尼古拉斯"有一个用于天文测量的星盘和一本指导他思考的希腊语教科书。而且，乔叟告诉我们，尼古拉斯把算珠整齐地放在床边的架子上，随时准备进行任何必要的计算。本质上，他是一个书呆子。他成功地给他的房东（一个富有但愚钝的木匠）戴上了绿帽子，这一事实在当今文化下将会是一个令人惊讶的大反转，但在"磨坊主的故事"里，尼古拉斯的人设令木匠年轻漂亮的妻子无法抗拒。

学者认为，尼古拉斯代表了乔叟的密友英格兰国王理查二世所欣赏的一切。在写《坎特伯雷故事集》的时候，乔叟是国王的亲密伙伴，而且对我们来说，更有意思的是，他在伦敦港海关担任首席审计师。算盘出现在故事里是有原因的：它是 1380 年前后知识分子（包括乔叟）的标志。

如今，算盘的形式多种多样，例如中国式算盘、日本式算盘和俄罗斯式算盘。许多地方仍然在低年级教学中使用算盘，把基本的算术过程形象地呈现在学童面前。甚至有证据表明，算盘可以重塑使用者的大脑。[25] 在当今的算盘大师（大多是东亚的学童）当中，有许多人因为训练有素，甚至都不需要实物算盘。他们可以想象算珠的位置和变动情况，跟经验丰富的棋手在没有棋盘或棋子的情况下走盲棋有异曲同工之妙。算盘老手能进行的运算远不止于加减法，例如，他们可以打算盘算出数字的平方根。不过，尽管算盘很神奇，我们已经有很多个世纪不需要它了——主要是因为零暴露了它的局限性。把你的数学运算写下来，需要多少个零就写多少个零，你就能够应对无穷大的数字和无限复杂的计算。

西方最早正式采用零和阿拉伯数字，貌似可以上溯到意大利比萨加莱拉尼公司在 1305 年做的账目。[26] 不过，罗马数字仍然流行，并且在接下来一个世纪的会计工作里占据上风——商人也好，银行家也好，都抗拒改变。但渐渐地，人们意识到，计算时使用罗马数字和其他没有零的计数系统非常烦琐，阿拉伯计数系统使可验算的书面计算成为可能。把 1 到 9 的数字写出来，再加上 0 的补充，我们就可以开发出算法——计算方法——来简化大数目的乘除。算盘逐渐变得多余，到 1500 年，久负盛名的美第奇银行的管理者明确规定：在他们的账目中只能使用阿拉伯数字。[27] 慢慢地，阿拉伯数字的影响势不可挡地扩散开来。几百年后，阿拉伯数字，包括最终不可抗拒的零，占领了世界。

这件事并非偶然，而是与人类社会发展的空前加速相吻合的。工具箱里有了零和负数之后，我们发现自己能够追踪那些开创了全球贸易和繁荣时代的数字——美第奇银行、法国大革命和亚历山大·汉密尔顿的辉煌金融创新就是例证。

## 轧平账目

当你得知人类社会发展的加速始于复式记账法时，你会大吃一惊。简单来说，复式记账法是一种确保会计核算不出差错的方法。每笔交易都记录在两个独立的账户中，这样就可以相互核对。我们在讨论数字手势时提到过卢卡·帕乔利在 1494 年出版的《算术、几何、比及比例概要》，该书清楚地阐述了下述要点[28]："所有债权人必须列在账簿的右侧，所有债务人列在左侧。账簿中的所有条目都必须复式记录——也就是说，如果你记录了一个债权人，你就必须记录下对应的债务人。"

最早使用复式记账系统的可能是朝鲜商人。根据大韩国民银行现存文件，他们在 11 世纪与中国和阿拉伯的贸易往来中使用了"四柱记账法"。四柱分别指买家姓名、卖家姓名、买家收到的商品数量或支付的金额，以及卖家交付的商品数量或收到的金额。每笔交易都要求复式记账。

遗憾的是，我们找不到这方面的直接证据，大韩国民银行的档案只记载了一些轶事，而现存最早的朝鲜商业记录仅仅上溯到 19 世纪中期。不过，我们确实有一本写于 15 世纪、描述复式记账法的书为证。克罗地亚数学家本科·克特鲁耶维奇（Benko Kotruljević）于 1416 年出生于杜布罗夫尼克，他在 1458 年写下了《论商业和完美商人》（*On Merchantry and the Perfect Merchant*）。[29]克特鲁耶维奇阐述了一个每笔交易都在账簿中提及两次的体系：如果你买了一根测量杖，你会在贷方栏目记下它的价格，在借方栏目记下你支付的金额。

不过，在克特鲁耶维奇的书出版之前，欧洲已经使用复式记账了。我们之所以知道这一点，是因为我们有各种证据，包括一个名叫杰科莫·巴多尔（Jachomo Badoer）的威尼斯商人的财务记录。[30]巴多尔的复式账本（或者说近似复式记账法的账本）记录了他 1436 年至 1439 在君士坦丁堡的交易详情，全部采用阿拉伯数字，零也用上了。巴多尔在君士坦丁堡把香料、羊毛、奴隶和其他各种商品出口到威尼斯，他的兄弟则在威尼斯负责进口和销售方面的业务。

在 15 世纪意大利北部的金融重镇，像巴多尔这样的商人成百上千。东西方之间的贸易路线在这里交汇，欧洲十字军来往耶路撒冷的路上在这里驻足，商业交易中需要使用形形色色的货币。如果哪家企业能够建立起一套有效追踪所有数字（包括承载债务概念的负数）的体系，就会享有竞争优势。

除了促进贸易，复式记账法还改变了企业的发展和运作方式。复式记账系统以会计方程式"资产＝负债＋所有者权益"为中心。换句话说，企业的健康状况取决于其债务和当前持有资产的总和。两者均在每笔交易后进行核算。这样一来，任何企业相关人员都能一目了然地知悉企业的价值。因此，如果你正在考虑是否向一家公司贷款或提供货物，你可以清楚地看到对方的债务、运营成本、资产、贷款和净值，再也不用听老板口说无凭或者寄希望于家族信誉了。如果账目轧平了，而且得数不错，你的交易就可以进行下去。如果你想购买企业，也可以先看目标企业的复式账簿。因为复式记账法的前提为，企业是独立于其所有者的实体。如果所有者有意，他们可以评估和出售企业。虽然现代人很难理解，但这套记账法的首次推广在当时具有革命意义。企业不再需要代代相传，也无须死守某个行业；你可以开一家企业，像对待可支配资本一样对待它。如果你想在开第一家企业的同时开另一家企业，这些账本可以证明你的商业头脑，甚至可以充当贷款抵押品。

准确的记账法也催生了其他行业，如海上保险。漂洋过海风险很高，海盗和天灾随时都有可能劫持或者击沉宝贵的货物。准确记录船上资产的能力让评估风险和承保航程更加轻松了。船只本身也变得更有价值，所有权和纳税义务的会计核算制度可以保护货船，让其不受往往急于掠夺资产以填补空虚的战备库的君主扣押。商人阶层同意向王室缴纳所有税款并做必要的文书记录，他们所要求的回报仅仅是同君主达成协议，任何被记录为私人资产的东西不得被征用。除了海上贸易，农业用地也用同样的方式处理：认定、证明和转让所有权的能力为土地和使其有利可图的劳动力创造了市场，还让它免遭统治阶级随心所欲的重新分配。

几个世纪过去了，复式记账法公开、易懂的数字促进了资本主义的崛起。拥有标准石油公司的亿万富翁约翰·洛克菲勒是复式记账法的最大倡导者之一：他的第一份工作就是簿记员[①]，还经常把自己的成就归功于对资产负债表的严格控制和深刻理解。[31] 洛克菲勒曾坦言，他的商业头脑大都来自仔细阅读他的第一位雇主在他入职前几年积下的账簿。簿记对他来说是一种乐趣，以至于他每年都要在 9 月 26 日这天庆祝，因为这是他在 1855 年第一次当上助理簿记员的日子。

瓷器大亨乔赛亚·韦奇伍德（Josiah Wedgwood）同样证明了记账能力超群的价值。1772 年，他对其陷入困境的公司的复式账目进行了深入、繁复的分析，并利用分析心得扭亏为盈，成果斐然。[32] 账簿上的数字让韦奇伍德意识到导致其蓬勃发展的企业陷入困境的问题：成本飙升和逾期付款。他采取了各种对策，包括首次尝试大规模生产，以实现利润最大化。虽然韦奇伍德后来异常富有，但他没有把赚到的钱揣在口袋里，而是资助各种社会关怀项目，其中最著名的莫过于为废奴运动摇旗呐喊。韦奇伍德的另一项伟大遗产是让乔赛亚的外孙，一位崭露头角的自然学家，有财力乘坐"小猎犬"号环游世界。复式记账法带来的对数字（也就是利润）的控制，为查尔斯·达尔文提出自然选择进化论提供了资金。谁能料到，发明数字会有助于人类加深对自身起源的理解？

最后值得一提的是，卡尔·马克思也对簿记入迷。在研究资本主义起源时，马克思要求他的朋友弗里德里希·恩格斯（他的家族在英格兰北部拥有一家棉纺厂）向他提供"一个带注解的意大利簿记实例"。[33] 正是因为对恩格斯公司账目的研究，马克思才开始认同洛克菲勒的观点，即通过掌握账目、研究账目来控制和优化生产成本是资本主义企业的一个关键要素。可以说，马克思不是复式记账法的粉丝。他认为资本主义是少数人（生产资料的所有者）积累财富的一种手段，而这种财富是有代价的：马克思说它的积累

---

① "复式记账法"又称"复式簿记"，在西方，簿记（book keeping）指在本子上保持记录，即记账之意，会计（accounting）指叙述理由，即说明为什么要这样记账。在我国，簿记是会计工作的一部分。

"只能通过同时破坏所有财富的原始来源——土壤和工人"来实现。马克思把资本主义的力量完全归咎于复式记账法。他意识到，谁控制了数字，谁就控制了所有事物和所有人。

马克思提到资本主义将破坏我们脚下的土地，这真是奇异的先见之明。近年来，评论家们开始提出环境危机，包括灾难性的气候变化、前所未有的生物灭绝率、森林砍伐提速和土壤肥力的严重降低（以及其他令人忧心之现象）的根源也在于复式记账。我们对数字力量的痴迷导致我们只重视可以输入电子表格的数字。其后果是，我们一方面贬低了不能用可操纵的数字来表示的所有资产的价值，另一方面又制定了心有余而力不足的措施。这样一来，我们把各国的经济简化为一个单一的、武断定义的数字——国内生产总值。至少按照正统经济学家的说法，我们必须不惜一切代价将其最大化。同时，我们通过由数字统治的机构——银行——来运作全球经济，而银行可以控制整个民族国家的财富却几乎不受惩罚。然而，在此过程中，我们没有考虑到土壤、森林、野生动植物（尤其是昆虫）和跨国资产（如极地冰帽）的价值。有人认为，这是一种引发环境崩溃的算法。[34]

我并不是说企业不好，而银行本身肯定也不坏。恰恰相反，如果没有银行服务，我们中的许多人就无法居者有其屋，或过上相对奢侈的生活。不过，坏处也的确存在，数字和它们的附属品构成资产负债表，资产负债表为审计和问责奠定基础。但是，如果审计不诚实，资产负债表上可能会出现虚构的交易、虚构的生利举措，涉事人还会想办法实施这些举措。问题在于，有时候，虚构出来的利润需要取现——然后银行就倒闭了。

我们并没有从美第奇银行的倒闭中吸取教训，在过去的四个世纪里，那些掌握着数字的人的影响力和重要性与日俱增。在 2007 年金融危机中，每一家倒闭的银行都被认为拥有巨额资产——货币、财产和负债，以至于其中几家银行加起来的财富超过了它们经营业务的所在国。经济学界的普遍看法是，如果政府让它们倒下，许多人的生计、许多经济中最重要的公司和许多东道国经济增长的希望将荡然无存。因此，银行被视作"太大而不能倒下的存在"，政府只能花巨大的代价救助它们，整个世界因而陷入混乱。

这种混乱证明了数字自从发明以来对我们的影响力有多大。它解释了为什么一个会计可以挑起法国大革命，为什么美国的独立斗争围绕银行业实践展开，以及为什么欧洲因为一个中世纪簿记员的死亡而陷入金融动荡。

然而，尽管会计的成就和影响巨大，我们中的许多人都倾向于用更炫目的指标来衡量文明的发展，例如，建筑、绘画、雕塑和音乐常常被誉为高度文明的标志。不过，在这里我们也不得不承认一个奇特的巧合，会计和艺术在同一时间和同一地点经历了一次天翻地覆的重启：文艺复兴伊始，意大利北部。正如我们看到的，会计学的兴起可以追溯到计数艺术的发展。不过，另一项数学革新创造了文艺复兴时期更知名的辉煌，为了探索这场变革，我们必须回到几何学科的发源地古希腊。在我最初学数学的那几年里，我觉得几何学陈腐无比，我曾经怀疑，几何学到底有什么意义？答案马上就会揭晓。

# 第二章　几何

## 人类的征服和创造

　　几何学的起源是为了寻找构建宇宙的完美形状和数字，但它并没有长期停留在对抽象形状的研究上。例如，一旦你掌握了三角形的性质，你就可以绘制出天体图和地图，为你导航，向无穷的财富进发。如果你也熟谙圆的神秘属性，你就可以建造、绘制或征服你中意的任何东西。几何学的故事从迷信开始，然后经历了一个不计后果的贪婪和野心的时代，最后产生了我们最伟大的艺术作品，以及一种将世界装进口袋的手段。

　　你听说过护法王约翰（Prester John）吗？也许你注意到莎士比亚在《无事生非》①中提到他。剧中人物培尼狄克暗示这个怪人神出鬼没。"殿下有没有什么事情要派我到世界的尽头去？"他说，"我现在愿意到地球的那一边去，给您干无论哪一件您所能想得到的最琐细的差使：我愿意给您从亚洲最远的边界上拿一根牙签回来；我愿意给您到埃塞俄比亚去量一量护法王约翰的脚有多长；我愿意给您去从蒙古大可汗的脸上拔下一根胡须，或者到侏儒国去办些无论什么事情；可是我不愿意跟这妖精谈三句话。"

---

① 《无事生非》（*Much Ado About Nothing*），是英国剧作家威廉·莎士比亚创作的喜剧作品之一，写于莎士比亚创作最成熟的时期（1598—1599）。

没有人见过护法王约翰，更不用说他的脚。长期以来，人们认为他是非洲某地的国王，堪比中世纪的亚瑟。[1]虽然没有人知道他住在哪里——或者是否依然在世，因为这些传说已经流传了几百年，但国王、教宗和皇帝们都曾经联系过他、恳求过他，希望和他携手对抗穆斯林的威胁。因为他们相信，护法王约翰的王国流淌着绿宝石的河流，遍地是黄金，居民都是虔诚的基督徒兼最英勇的战士。简而言之，所有其他基督教统治者都希望跟同为基督教统治者的护法王约翰结为挚友。不幸的是，这几乎肯定不可能，因为他们都是一个貌似绵延了几个世纪的骗局的受害者。

1165 年，拜占庭皇帝曼努埃尔一世向神圣罗马帝国皇帝弗里德里希一世转交了一封信。据称这封信是"护法王约翰"（"护法王"是一个类似于"祭司"的称号）写的，描述了他在"印度"的王国。信中说，他是曾经拜见过婴儿基督的东方三博士之一的后裔，极其富有。弗里德里希一世兴奋极了，立即回信，并将信托付给一名使者。我们不知道这封信的下落，但这只是护法王约翰让人失望的开始。

到了 15 世纪，护法王约翰的人气高涨。例如，1400 年，英国国王亨利四世给"阿比西尼亚国王护法王约翰"写了一封信，希望两国建交（如果你看到这里心生疑惑，没事的，两个多世纪的时间间隔并不打紧，因为护法王约翰的原信中提到他拥有永生之泉）。1402 年，一个名叫安东尼奥·巴尔托利（Antonio Bartoli）的佛罗伦萨人来到威尼斯大公府，吸引了所有人的目光。巴尔托利带了几个非洲人，还有一些珍珠、豹子、兽皮和异国草药。他自称是印度领主护法王约翰的特使，后者想与欧洲的基督教领袖建立联系。总督回赠了礼物，包括一个银杯、一块圣十字的碎片、一千个达克特金币①，以及几名熟练的手艺人和武器工匠。

巴尔托利应该是拿到回礼就脚底抹油、溜之大吉了，因为他从此音信全

---

① 达克特（ducat），旧时在多个欧洲国家通用的金币。

无。尽管如此,关于护法王约翰财富的传说和他希冀基督徒击退穆斯林叛乱的愿望已经广为人知。后来,葡萄牙的恩里克王子得知了这个传奇,心动不已。他是国王的第三个儿子,为人虔诚、禁欲、聪明。几乎在第一时间,恩里克亨利就决定自己才是找到护法王约翰、招募后者加入天主教事业的不二人选,哪怕这意味着需要绘制出全球地图并航行到天涯海角,他也在所不惜。

至于恩里克在哪些方面下了大力气,学术界有很大争议。[2]有人说,他在萨格里什①开办了一所学校,聘用了学者,为水手、航海家和船舶设计师讲课。其他人则认为他的事业结构比较松散,算不上正式。但无论如何,恩里克希望充分利用南欧的所有数学知识,征服四海,找到护法王约翰的神秘王国。恩里克将一众专家引进葡萄牙,在造船、航海和地图绘制等科学领域培养了整整一代海洋人才。恩里克王子的斐然成绩得到意大利学者、教宗秘书波焦·布拉乔利尼(Poggio Bracciolini)的称赞。"您是唯一具有如此勇气、如此决心,计划详密、目的明确的人,敢为天下先,卓尔不群。"布拉乔利尼在1448年写道,"唯有您(发现了)无人到访过的未知海域、生活在已知世界之外的未知种族,以及生活在太阳轨迹每年定期变化之外、无人开路的最远边界的野蛮民族,走出了新路。"

恩里克实际上一辈子都没找到护法王约翰,这毫不令人惊讶。但他确实为欧洲人征服世界做好了一切准备。哪些准备?充分利用我们在学校学到的几何知识:直角三角形的正弦、余弦和正切,以及圆和球体的周长和直径之间的关系。

恩里克把几何学变成一种绘制地图、航海和主宰世界的手段。例如,克里斯托弗·哥伦布的船只在葡萄牙海岸失事后,他就在那里落脚,如饥似渴地学习恩里克主持的萨格里什项目所贡献的地图、培训和学术研究成果。后事如何,你早就知道了。在随后的几个世纪里,同样的知识给了我们更好的东西:艺术和建筑的黄金时代。

---

① 萨格里什(Sagres)位于葡萄牙西南部向大西洋凸出的海角处,是欧亚大陆的最西南端,也是历史上从非洲大陆返航欧洲的必经之地和重要地标。由于这一特殊的地理位置,15世纪时,恩里克王子在此处设立了人类历史上第一个航海专门学校。

## 三角形的隐秘力量

我 8 岁时对亚瑟王的传说很着迷。我记得自己跌跌撞撞地读完了 T. H. 怀特的《永恒之王》①，在心中暗暗选择最希望成为他的哪个骑士（我的偏好几乎每天都在变）。我还能回想起就在同一年龄段，我第一次被迫学习几何学的那间教室。

"几何"一词的字面意思是"地球的测量"。但在学校里，几何学习的对象往往局限于二维和三维形状及其属性。这主要是指三角形和圆形，但你也可以画其他东西，如正方形、圆锥体。如果你不走寻常路，还可以画十二面体。然后，你可能会看一下图形，学习如何将线和角切成两半，以及怎样测量线上各点之间的距离。我觉得这一切完全无法让我痴迷，我发现几何学很枯燥。我承认毕达哥拉斯定理有那么一点意思，可我一旦学会了这个定理，即斜边（直角三角形的最长边）的平方等于其他两边的平方之和，我就学不下去了。我的想象力重新回到亚瑟王人人平等的圆桌上。听听，圆桌，那可是几何形状启发我想到的。

如果当年我的老师把毕达哥拉斯作为一个传奇人物来介绍，比如希腊的亚瑟王，也许 8 岁的我会更感兴趣。实际上，没有确凿的证据表明，真有一个名叫毕达哥拉斯的人做过归功于他的一切。据说，是他影响了素食主义的兴起；是他意识到启明星和长庚星其实都是金星；是他认识到地球是一个球体；是他提出可以用数学方程式计算行星的运行轨迹。我们之所以对毕达哥拉斯几乎一无所知，是因为他的著作都没有流传下来。³ 我们甚至不知道他的出生地在哪里等简单事实——我们认为他出生在爱琴海的萨摩斯岛，父亲专事宝石切割。学者们唯一比较有把握的是，最终有人以他的名义在现代意

①《永恒之王》（*The Once and Future King*），是英国作家 T. H. 怀特在 1958 年出版的一部关于亚瑟王的幻想小说。

大利南部卡拉布里亚大区的克罗顿岛建立了一个学者公社。

毕达哥拉斯学派痴迷数字。教派的成员都发过密誓，情同手足，经过一个上面写着"万物皆数"（All is number）的拱门进入公社。在毕达哥拉斯学派看来，数字统治着整个宇宙。一个故事（可能也是一个传说）说明了这种痴迷的程度，这个故事讲的是一个违背了入社誓言的学者的命运。

像所有好的几何学故事一样，这个故事从一个直角三角形开始。它的两条边长均为 1。根据毕达哥拉斯定理，我们将两条较短的边长（$A$ 和 $B$）分别平方后相加，就得到斜边 $C$ 的平方：

$$A^2 + B^2 = C^2$$

鉴于 $A$ 和 $B$ 都等于 1，那么：

$$1 + 1 = C^2$$

如果 $C^2$ 等于 2，那么 $C$ 乘以 $C$ 就应该等于 2，即 $C$ 是 2 的平方根，写为 $\sqrt{2}$。

对我们来说，这没什么大不了的。但对毕达哥拉斯学派来说，事情很棘手。他们只会写整数——像 1、2、3 这样的整数，或者两个整数的比值。你肯定用到过数学比：例如，我们按面粉和油脂的一定比例烘焙面包糕饼，制作鸡尾酒时使用固定比例的配料。比如，为了调制曼哈顿鸡尾酒，我们需要两份波旁酒和一份甜苦艾酒：这是一个 2 比 1 的配比，用分数表示的话，甜苦艾酒用量是波旁酒的 1/2。毕达哥拉斯学派试图为 $\sqrt{2}$ 找到对应的两个数字之比——类似 1/3 或 5/6 的分数。然而，他们绞尽脑汁也找不到。

然后，事情变得更糟。毕达哥拉斯学派中有人证明，疯狂求解 2 的平方根纯属徒劳。原来，无论你怎么解，$\sqrt{2}$ 根本没法表达为两个整数的比值。这是因为它是我们现在所说的"无理数"——一个无法写为两整数之比的数字。圆周率也是无理数。其他无理数还有很多，有的在现代数学中发挥着重要作用。

毕达哥拉斯学派认为这是对整数普遍性的侮辱，他们震惊之余同意雪藏无理数的存在。但是，根据传说，毕达哥拉斯学派里一个名叫希帕索斯（Hippasus）的人把这个秘密告诉了圈外人，亵渎了该学派的神圣性。希帕索斯罪行暴露后，被同人们从船上扔进亚得里亚海中淹死了。这个故事的寓意很清楚：三角形，至少是直角三角形，生死攸关。

虽然毕达哥拉斯和他创建学派的活动没有确凿证据，但有一个关心三角形的人切切实实存在过——米利都的泰勒斯（Thales of Miletus）。泰勒斯非常聪明，善于投机取巧。他住在现今的土耳其西海岸，出生时间约为公元前640年，被后世奉为科学哲学之父。不过，在他的同时代人看来，他是一个以精明著称的商人。据传，有一年，橄榄看起来要大丰收，泰勒斯先发制人，囤积了大量的橄榄榨油机。他以高昂的价格将榨油机出租给橄榄种植者，如果他们不肯租机器，泰勒斯就以低廉的价格买下他们未榨油的橄榄。泰勒斯最终积累了一笔财富，中年时得以退休，余生投入学术研究。得益于泰勒斯的闲暇，哲学、科学和数学都有了发展：他率先使用可检验的假设和理论来解释自然世界，他也是第一个写下我们今天仍在研究的几何学的几个核心命题的人。

几乎可以肯定，泰勒斯是在埃及旅行时得知这些命题的。几千年前，几何学者一直是埃及金字塔等伟大建筑项目的灵魂人物。泰勒斯对埃及人的几何学做了补充，他对各种原理进行了实际论证。例如，他证明了现在被称为"等腰三角形"的三角形的两个底角相等，他的证明方法是，将等腰三角形的一个精确复制品翻到背面，仍然和正面一样。他还证明，只要知道三角形的底边长和两个底角，关于这个三角形的一切信息都可以确定。这个知识很有用，如果你想知道一艘船离陆地有多远，你可以画一个三角形，船在它的顶角，以已知长度的海岸线作为三角形的底边，站在这个底边的一端，测量底边和船之间的角

度，然后走到底边的另一端，再次测量它与船之间的角度。现在，再画一个更
小的三角形——如果你愿意的话，画在海边沙滩上，它的底边和顶角之间的
角度跟上述三角形一致。计算这个小三角形的高度与底边长之比，然后乘
以你画原先那个三角形时测量过的海岸线距离，你就得出了船的离岸距离。

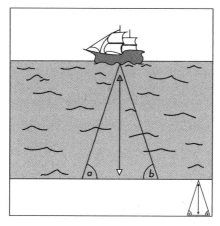

从相似三角形推算船离岸的距离

泰勒斯用这种方法的变体表明，以"相似三角形"为基础，可以探索诸
多有用的比例。据传，他根据放置在金字塔影子末端的一根棍子的高度计算
出金字塔的高度，令埃及国王雅赫摩斯二世（Amasis Ⅱ）赞叹不已。

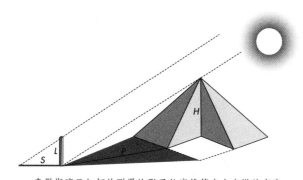

泰勒斯演示如何从测得的影子长度推算出金字塔的高度

金字塔的影子长度 $P$ 和棍子的影子长度 $S$ 之比等于金字塔的高度 $H$ 和棍子的长度 $L$ 之比，如下所示：

$$\frac{P}{S} = \frac{H}{L}$$

这个公式可以改写为：

$$H = \frac{PL}{S}$$

也就是说，金字塔的高度等于棍子的长度乘以金字塔的阴影长度除以棍子的阴影长度。下文中将写到，这种计算方式最终形成了中世纪航海学的一大核心支柱，即所谓的三数法则：已知相似三角形的三个条件，即可计算出第四个未知条件，世界就在你脚下。

泰勒斯最津津乐道的三角形发现是在一个圆里画一个三角形。他指出，如果你把圆的直径（最宽处两点之间的距离）作为一个三角形的底，在圆周（定义圆的周界）上取任意一点成角，这个角总是一个直角。据传说，泰勒斯悟出这个规律之后无比震惊，特意向众神献上一头牛致谢。

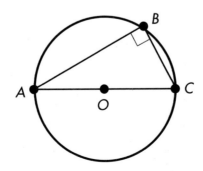

在圆内画三角形，以直径为底边，在圆周上任取一点作为顶点，该顶角为直角

　　泰勒斯在半圆内画三角形以形成直角的方法无疑在建筑业中得到了应用。你首先要为你的建筑物选一条线——或许是一条从正南到正北的直线，通过注意埃及方尖碑之类的高大立柱的影子在中午时分落下的地方得到。然后，你把绳子绑在木桩上，把木桩敲在地面那条直线上你想要成角的位置（A点）。现在，拿起绳子的另一头，在地上画一个圆，这个圆与南北向直线在B点相交。你以B点为中心再画一个同样半径的圆，第二个圆与第一个圆在C点相交。从B点开始画一条长长的直线，连接C点和D点。把A点和B点连起来，再把A点和D点连在一起，直角三角形就画成了。AD线段的走向从正东一直到正西。如果在建造太阳神庙之前这么操作一番，谁可争锋？

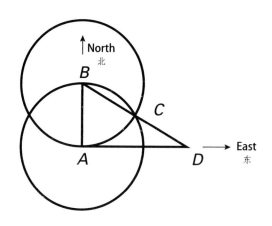

从南北向确定东西向的几何方法

　　虽然泰勒斯的这个方法对如今8岁的孩童来说非常浅显，但这不等于此前的建筑工匠们不会画直角。有记录表明，公元前2000年左右，居住在现伊拉克的学者们已经采用了被我们误称为毕达哥拉斯定理的数学法则。直角三角形的边长之间存在严格的数学关系这一事实是建筑业的基石。为了确保建筑物底部的四个角均为方角，工人们会找来一根绳子和一些钉子，他们会把绳子分成十二个单位长度，然后把绳子的一端钉在地上，把三个单位长度的绳子拉到他们想要有方形墙角的地方，用第二个钉子固定住。接着，他们转向 90 度左右，铺下四个单位长度的绳子，用第三个钉子固定住，然后，他们把绳子往第一个钉子那里拉。如果够不到第一个钉子，那就移动第三个钉子，直到够到为止。这时候，第二个钉子那就形成了一个完美的直角，因为 $3^2 + 4^2 = 5^2$。

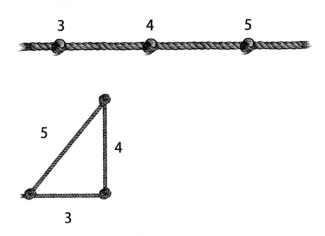

绳结之间相对长度为 3、4 和 5 的绳子是一种有用的建筑工具

正是因为对三角形、圆和角这些属性的理解，人类第一次得窥地球的大小。公元前 240 年，埃及亚历山大城的首席图书管理员埃拉托色尼（Eratosthenes）利用这套思维工具箱计算出了地球的周长。

根据古代记载（需要指出的是，记载时间比我们的主人公在世时间晚几个世纪），埃拉托色尼听说在一年中的某一天，正午的太阳会直射到埃及南部城市赛伊尼（现阿斯旺）一座深井的井底。那一天是夏至，太阳北行到了终点，因此直接位于我们如今称为"北回归线"纬度线上的城市上空。埃拉托色尼推断，有了这一信息，再加上他在亚历山大城的测量结果，就能计算出亚历山大城和赛伊尼之间的南北距离与地球周长之间的比例。在夏至那天，他用一根铅垂线将一根棍子垂直地插在地上。正午时分，他测出棍子的影子与垂直方向的夹角为是 7.2 度。既然圆周为 360 度，埃拉托色尼知道赛伊尼和亚历山大城之间的地表距离必须是地球整个周长的7/360。已知两地之间的距离为 5000 斯塔德[1]，那么根据三数法则，地球周长应为 250 000 斯塔德左右。

我很想告诉你埃拉托色尼的测算结果有多准确。不幸的是，我们不知道 1 斯塔德折算成现代长度单位等于多少，所以我们无法确定。但这个结果肯定差不了太多，现代的赤道周长约为 24 000 英里[2]，埃拉托色尼的测量值可能在 24 000～29 000 英里之间。对一个绰号"贝塔"，也就是"第二好"的人来说，这是一个重要的成就，因为尽管埃拉托色尼在许多方面都很出色，但实际上他在任何方面都算不上最伟大。

"第二好"先生并没有止步于此。他推断出了地球自转、造成白天和黑夜的轴线与地球围绕太阳运行的轨道轴线不完全平行。这就是季节变化的由来：倾斜的角度意味着在地球围绕太阳旋转至某些点时，北半球当时接受的阳光照射比 6 个月后接受的阳光照射更强烈。埃拉托色尼用几何学上的阴影来计算这个倾角，得到的数值是 $11/83 \times 180$ 度，即 23.85 度。实际值大约为 23.4 度，同样没差出多少。

## 正弦、余弦和正切

但凡讨论三角形，我们就避不开三角形的"三位一体"：正弦、余弦和正切。我们当中很少有人对这三个概念有清晰的理解。简单来说，它们是跟直角三角形边长有关的一组数字。如今，我们最常遇到它们的地方是计算器下方的按键。然而，在我这一代人小时候，它们常常被印成一张张数字表，然后装订成小册子。我的第一位几何老师在课程开始时给每个学

---

① 斯塔德（Stadia），古希腊长度单位。
② 英制长度单位，1 英里合 1.609 3 千米。

生都发了一本这样的小册子——我记得它的封面红白相间。我还记得，那时候的我认为正弦、余弦和正切的用处就是为毫无意义的数学题找答案。

它们到底是什么意思？目前还不清楚这些确切的术语是什么时候开始普及的，但它们所代表的数值的变体很可能已经存在了几千年。还记得埃及书记官阿摩司吗？他抄写的《莱因德纸草书》副本里有这么一道题："如果一个金字塔有 250 腕尺 ① 高，其底长为 360 腕尺，那么它的谢特（seked）是多少？"他给出的解答涉及直角三角形的边长比。从中我们得知，谢特就是我们现在所说的余切——正切的倒数。在这道题里，它是金字塔底和塔面之间角度的正切的倒数。不过，我们操之过急了；让我们从正弦开始吧。

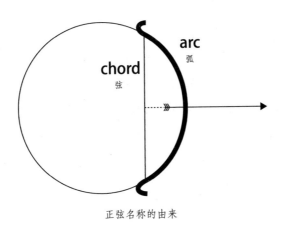

正弦名称的由来

这个名字来自一个错误。它最初用于描述上图的垂直线，这条直线被称为圆弧的"弦"；圆弧是圆周的一段，看起来像弓箭的弓。梵语里弦和弓弦都是"jiya"，阿拉伯文译本将其译为"jayb"，但传统上只写成"jb"。把古代几何文献翻译成拉丁文的译者误以为它是意为胸腔或乳房的"jaib"，于是它在拉丁文里变成了"sinus"。

---

① 古时长度单位，广泛用于埃及。

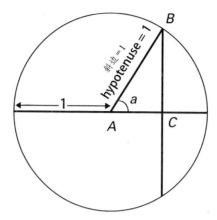

正弦、余弦和正切的来历

但它究竟是什么？正弦和余弦、正切一样，只不过是三角形各边边长之间的比——如果你愿意的话，可以视为边长和边长的比较。角 a 的正弦是三角形垂直边（BC）的长度与圆的半径（即直角三角形的斜边，图中为 AB）之比。换句话说，该角的正弦是三角形对边的长度除以斜边的长度之商。角 a 的互补正弦，即余弦，是三角形底边 AC 的长度和半径 AB 的长度之比。角 a 的正切值是三角形垂直边长（BC）的与三角形底边长（AC）之比。带上这些知识，我们就可以登船出海了。

## 确定航线

法国航海家纪尧姆·德尼（Guillaume Denys）在 1683 年说："航海不过是一个直角三角形。"[4] 他说，一个水手只要了解直角三角形的属性就足矣。从地中海水手使用的风玫瑰线①开始，这条真理已经确立了数百年。风玫瑰线是海图上的线条，把港口或其他令人感兴趣的地方连接起来。如果海图绘

---

① 风玫瑰图上的线，风玫瑰是表示一地区一定时段内风向、风速的气候图。

制正确，那么风玫瑰线相对正北的角度就给出了罗盘方位。

13 世纪的水手们将这些资料汇编成航海指南书（Portolani，或称"波特兰海图"），在地中海航行时广泛应用。然而，他们很少能够从一个港口直线航行到另一个港口。船只在航行过程中，无论是因为风向不利、有岛屿挡路，还是被海盗伏击而偏离航向，船员们都会运用关于三角形的数学知识——三角学，来校正航线。正因为如此，他们才会把正弦和余弦表带上船，或者带上正余弦四分仪等可以计算这些数值的仪器。

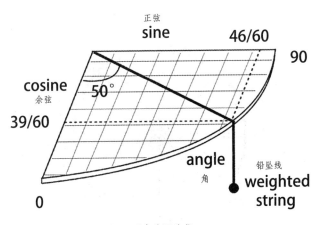

正余弦四分仪

现存最古老的正余弦四分仪记载来自公元 9 世纪。当时巴格达智慧宫首席图书管理员花拉子米（就是上一章介绍过，把零引入西方的人）在一个四分之一圆上铺了一个正方形网格，拿一根绳子的一端钉在原点处，另一端伸向分割成 90 度的曲边。两条直边上标有分割为 60 个单位的刻度，一条直边用于计算角度的正弦，另一条用于计算余弦。

如今，你可以从互联网上下载一份正余弦四分仪图并打印出来。它的使用方法简单粗暴：基本上，你把绳子的位置调到你需要的角度，然后从绳子和曲边的交点向正弦线或余弦线画垂线，就能得到正弦或余弦的读数。但是，如果你是一个当年完全不想跟正余弦打交道的水手，你可以直接使用"toleta de marteloio"——一个专为海事设计的三角学表，它会告诉你，如果海风或者其他原因造成船只偏离航线，应当如何校正。你只需查找偏离航线后行驶的里程数，以及偏离原定航向的角度，这张三角学表就会给出在船只在回归正途之前须按新航向行驶的距离。

这还多亏了另一张图：罗盘玫瑰。罗盘玫瑰将每四分之一朵玫瑰花分成八条描述方向的"恒向线"。例如，第一象限的方位有正北偏东、北东北、东北偏北、正东北等等。

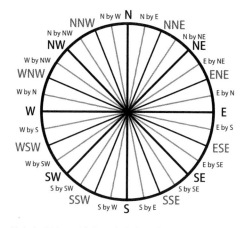

罗盘玫瑰图。图中每一条方位线均被称为"恒向线"

咱们试试像 13 世纪的水手那样思考。想象一下，你打算从雅典航行到大约东南偏南 212 英里开外的克里特岛上的伊拉克利翁，但海风只允许你往正南方向航行。你在爱琴海中航行时会采用"航位推算法"来计算已经驶过的距离。"航位推算法"通过观察海流来估算航行速度，或者从船上往海里扔一块木头、从浮木通过已知长度的船体所需时间来推算速度。在你航行了75 英里之后，风向变了；现在你可以朝东南偏东方向航行。然而，你应该沿这个方向航行多长时间才能回到原定航线呢？

正如德尼所言，只要懂直角三角形就够了。有了上文提到的三角学表，你甚至不需要三角学知识。如果你知道你实际的航向与原定航向之间差了几条恒向线，也知道已经航行了多远，这张表格就会给出你偏离航向行驶的距离。然后，你选定原定航线和将要执行的"折返"航线之间的恒向线条数，就会得知应当沿着折返航线走多远。最后，当你到达折返航线的终点时，这张表格会给出沿着原定航线尚需航行的距离。

一个帮助海员校正航线的简单版三角学表

| 恒向线条数 | 偏离航线 | 航向修正 | 折返航线 | 航向修正 |
|:---:|:---:|:---:|:---:|:---:|
| | 每航行 100 英里 | 每航行 100 英里 | 每偏航 100 英里 | 每偏航 100 英里 |
| 1 | 20 | 98 | 51 | 50 |
| 2 | 38 | 92 | 26 | 24 |
| 3 | 55 | 83 | 18 | 15 |
| 4 | 71 | 71 | 14 | 10 |
| 5 | 83 | 53 | 12 | 6 1/2 |
| 6 | 92 | 38 | 11 | 4 |
| 7 | 98 | 20 | 10 1/5 | 2 |
| 8 | 100 | 0 | 10 | 0 |

我们已经朝正南方向航行了 75 英里，跟理想航线相差两条恒向线。用表格计算后得知，我们偏离航线 75/100 × 38 英里，也就是 28.5 英里。[5] 我们的折返航线（直至返回原定航线）跟原定航线相差 4 条恒向线。我们应该在这个航向上航行多远？答案是 28.5 ÷ 10 × 14 英里，也就是 40 英里。彼时，我们将回到原定理想航线，然后驶完通往伊拉克利翁的剩余距离。

因此，假设一切顺利，我们已经朝正南方航行了 75 英里，现在需要向东南偏东方向航行 40 英里，然后转到东南方航行 114.5 英里，即可抵达目的地。如果没能抵达，只需重新推算。我们可以在海图上检查进度，注意前方任何可能导致搁浅的浅水区，并确保我们不会无休止地航行直到食物和淡水耗尽。

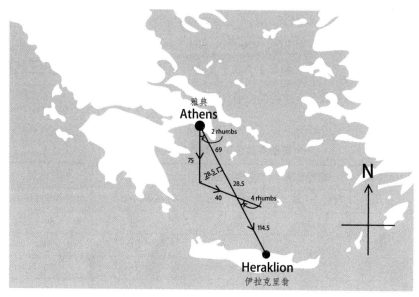

借助恒向线和三角学表从雅典航海至伊拉克利翁

## 绘制地图

这些三角计算方法和表格对船员来说实属出海良友，以盈利为目的的教育企业家找到了摇钱树，他们要么开办水手培训学校，要么编写水手教科书。真正精明的教师会两者得兼——要求每个学生都购买一本他们自编的课本。法国数学家纪尧姆·德尼巧妙地变现了他的三角学知识，在迪耶普①建立了一所航海学校，培养法国海军新兵、私营船主聘用的水手，甚至海盗。德尼的皇家水文学学校只是 16 世纪和 17 世纪欧洲众多此类机构之一。水手们可能因无知、不识字和行为野蛮而闻名，但他们中有许多人的数学造诣颇深。

① 迪耶普（Dieppe），法国北部城市，位于大西洋海滨，中世纪时成为港口，后成为英法间重要的水陆码头。

不过，他们必须认识到自己所知有限。平面三角几何对指引地中海航行的航海指南书有用，但对较远的航程来说未必，因为地球（大致）是一个球体，它的表面有曲度，而且在地球的球面上画三角形跟在平面上不一样。如果你想直观一点，可以在橙子皮上划三条直线，画一个三角形，然后把它剥下来，它看起来就不太像三角形了，对吗？这个三角形的几条边有点外凸。如果你把三个角的度数加起来，你会发现总和超过在平面上画的三角形的内角和180度。这样一来，如果你的船按照一个恒定的罗盘方位在大洋上航行，航线在地球表面上绝不会是条直线。实际上，这会是一条"等角航线"：它在地球表面螺旋状展开，以一个固定的角度穿过南北子午线。

如果按恒定罗盘方向航行，你会在地球上走出一条等角航线

这就意味着，即使我知道从美国纽约到英国布里斯托尔的罗盘方位，沿着这个方向航行的路线也不会是最快的。相反，我必须取球体上两点之间最短的路径：以地球的中心为圆心，画一个圆，让这两点落在圆边上，然后沿着圆周航行。这种在地表上航行的方法被称为"大圆航行"。

接着，想象一下，我们打算在纽约和布里斯托尔之间进行一次大圆航行，还要为我们的船备好补给。[6] 为了计算航行距离，我们必须想象一个球面三角形，它的一个角在纽约，另一个角在布里斯托尔，第三个角在北极点。如果我们知道纽约和布里斯托尔的纬度（即它们在赤道以北或以南多远），我们就可以用标准三角函数计算出它们之间的距离。然而，这是一个漫长而乏味的过程，需要想象一大堆三角形，有的从地球中心延伸到地球表面之外。我们不得不就这些三角形进行一系列复杂的三角计算，每一个都有可能出问题，被算错。另一个选择是去上航海学校，请那里的讲师教我们走捷径。

地表的球面性质造成的困难是地图制作的核心问题。几何学家们早就明白，地球的表面特征不可能在不发生某种扭曲的情况下直接转化到地图这样的平面上。几千年来，地图制作者一直在寻找球面的"投影"，以尽量减少地图的失真。投影将经度和纬度作为输入值进行数学运算，目的是让绘制出来的平面图上所有各点之间的角度和距离合理。这里涉及的数学运算结合了球面几何学和三角学（在现代，还得加上微积分，我们过几章会讨论）。

我们已知的第一幅世界地图投影据说是亚历山大城居民艾格沙狄蒙（Agathodaemon）完成的，（我们认为）他生活在公元 2 世纪。托勒密，一位大约同时生活在亚历山大城的希腊数学家，在《地理学指南》（Geographia）一书中发表了这幅地图。这是一幅带有纬线和经线的投影图，在当时极具革命意义——然而，艾格沙狄蒙画的纬线是曲线，经线并非相互平行，而是从最北端向外斜展开去。

大约在同一时代，制图师推罗的马利纳斯（Marius of Tyre）以当地地图为基础制作了"等矩形投影"。这种投影将纬线水平绘制在平面图上，经线则垂直绘制，所有经线之间、纬线之间均等距。这个小调整让航海家们高兴了 1000 多年。

克里斯托弗·哥伦布也是一名制图师，曾经负责在旅途中绘制极其精确的地图。15 世纪末的西班牙和葡萄牙王室明白，谁能多次安全通过东印度群岛或越洋去美洲，谁就能获得大量财富。为此，他们需要进行几何作图，使制图师能够提供一套精确的指引供航海家遵循。哥伦布在 1492 年写给他赞

助人的日记中表明，他打算制作一些权威的东西：[7]

> 我打算画一张新的航海图，在上面标出大海和大洋彼岸陆地的适当
> 位置，每个地名的上方都标出风向。此外，我还要写一本书，把书中所
> 有的东西都画出来，画在它们的赤道纬度和从西方起算的经度交点上。
> 这些事情至关重要，我必须夙兴夜寐，全神贯注于航海，因为这样才能
> 履行我的职责。前路艰难，吾往矣。

然而，球面几何学的基本原理决定了没有哪个球体的平面地图能在各方面都至臻至美。试以你或许最熟悉的世界地图为例：由赫拉尔杜斯·墨卡托（Gerardus Mercator）绘制于 1569 年的投影图。海员们视其为恩物，因此它成为主导市场的地图。墨卡托对球面三角学的处理使地图上任意两点之间的角度与地球球面上两点之间的角度完全相同，即地图上的罗盘方位转化为船舶航行时的实际罗盘方位。它有一个缺点：远离赤道的陆地面积及其距离，被严重放大了。真实的世界与墨卡托投影并不相同，例如，阿拉斯加的面积是巴西的五分之一，但墨卡托让它们看起来一样大。他还让格陵兰岛看起来和非洲一样大，尽管非洲面积是它的 14 倍。但如果你无意航行很远直到极北或极南，你怎么会在乎呢？

当然，现在的地图已经大不相同。如今，它们是"动态"的：你可以按需要改变它们的属性，就像你在手机上调整 GPS 地图的设置一样。有用之处在于，它们可以按领航员的需求灵活改变。从数学的角度上看，这事不简单，堪称壮举：美国国家航空和航天局（NASA）最好的科学家们为此几十年如一日苦苦探索数学方法。

最终解决这个问题的人是名不见经传的约翰·帕尔·斯奈德（John Parr Snyder）。也许你早就听说过托勒密和墨卡托，但如果你听说过斯奈德，我会感到非常惊讶。遗憾的是，《纽约时报》称，他"完全可以与历史上的任

何地图制作者相提并论，包括赫拉尔杜斯·墨卡托"。[8] 就对人类生活的影响而言，我们肯定很难找到几何学才能可以同他媲美的人。

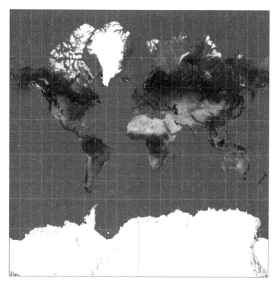

墨卡托投影
Strebe, CC BY–SA 3.0, via Wikimedia Commons

斯奈德是个书呆子，此处为褒义。1942 年，年仅 16 岁的他开始在笔记本上详细记录自己在地理学、天文学和数学方面发现的有趣之事，[9] 包括关于三角形的事实，以及他对平面和固体物体的几何学的想法和见解。这些想法很快让他迷上了地图投影。数学方程能将地球上的点转换成平面上的点，还能揭示这些点之间的几何关系，斯奈德为之心驰神往。但他从未正式研究过这一课题，他上大学时学的是化学工程，后来当上了化学工程师。几十年后，也就是 20 世纪 70 年代，他才进入专业地图制作领域。

1972 年，美国国家航空和航天局发射了首颗地球地理研究专用卫星陆地 1 号（Landsat–1）。在业内人士看来，这颗卫星显然还可以提供一种全新的世界地图。两年后，美国地质调查局（USGS）的制图协调员发表了一篇论文，描述了一种合适的数学投影。奥尔登·科尔沃科雷塞斯（Alden Colvocoresses）（朋友们叫他"科尔沃"）想象了一种地图，可用于解释人造卫星扫描仪的运动、人造卫星的轨道、地球的自转、地球自转轴受地球"旋进"影响在 26 000 年一周期中发生的变化。为了避免失真，地图将以圆柱体的形态呈现，该圆柱体的表面将沿着圆柱体的长轴来回摆动，这样一来，卫星传回的数据编入地图时就不会出现灾难性的失真。这是一个大胆的想法，然而，美国国家航空和航天局或美国地质调查局没有人知道应当如何进行实际投影作图所需的几何分析。

斯奈德第一次听说这个难题是在 1976 年，当时他的妻子为他买了一份颇具书呆子气的 50 岁生日礼物：一张参加"变化中的大地测量科学"大会的门票。该测绘学会议在俄亥俄州哥伦布举行，科尔沃在会上发表主旨演讲，概述了他面临的难题。斯奈德听后不能自拔，他花了 5 个月的时间，利用晚上和周末解题。他家的空闲卧室就是他的书房，除了一台德州仪器公司出品的 TI-56 可编程袖珍计算器，没有任何其他技术辅助手段。几乎在同一时间，美国地质调查局给了斯奈德一份工作。

斯奈德的投影被称为空间斜轴墨卡托投影。据一位专家说，它是"有史以来最复杂的投影之一"，相关运算包括将 82 个方程一一应用到每一个数据点上。运算的结果创建了一个墨卡托投影，但这个投影是从一个移动的有利位置投射下来的，卫星正下方的区域只有些许失真。我在这里只是做了个最浅显的介绍，再细写就太难懂了。但耐人寻味的是，斯奈德阐述该投影背后理念的论文涉及大量复杂的正弦、余弦和正切。离人类首次发现三角形的属性已经过去了数千年，而我们还在借助三角形的力量。

空间斜轴墨卡托投影是为地球创建卫星地图的一个重要步骤。从军事行动和导航，到天气预报、环境保护和气候监测，卫星地图对 21 世纪文明至关重要。多亏斯奈德的投影，我们现在有了谷歌地图、苹果地图、车上的卫星导航，以及我们能想到的所有其他数字地图技术。终于，我们能像上帝一样俯视地球。这一成就花了人类 600 年的时间——假设你认为它始于航海家恩里克王子对护法王约翰的迫切寻觅。

## 圆周率和圆

虽然我对三角形很着迷，但如果我对圆的属性轻描淡写，那就是我的失职，它们也在我们的故事中发挥着重要作用。

人类对圆感兴趣的原因跟对三角形感兴趣的原因一样，均属于实际需要。古代统治者命人计算三角形和长方形的面积，以便决定应当向土地所有者征多少税，因为任何田地，无论其形状如何，都可以大致分割成长方形和三角形。这样就很容易计算出田地的总面积，而税务人员就会对应征税款心里有数。同样，计算圆柱形容器或粮仓（甚至散放的香料堆）的体积，也跟对种植、购买或制造的商品征税有关，而计算这些体积需要理解圆。

第一个实际问题是计算出足够精确的圆的周长与直径之比。这就是我们所熟悉的用希腊字母 π 代表的圆周率，圆周长是圆直径的 π 倍。许多古代文化并不太在意圆周率的精确度问题，巴比伦人和中国最早的几何学家采用过 3.0 这一比率，而埃及人在公元前 1500 年左右使用 3.16 这个数字。阿基米德通过以下方法求得它的近似值：他先在圆内画一个多边形，然后把多边形分割成若干个三角形，每个三角形的底都是多边形的一条边（三角形的另外两条边是圆的半径）。通过计算每个等腰三角形的面积并相加，你可以得到多边形所覆盖的圆的面积，你画的三角形越多，多边形就越接近于覆盖圆的全部面积，你的 π 值就越精确。所有这些三角形的面积之和大致相当于圆的面积，即 $\pi r^2$。到了公元前 240 年，当阿基米德研究轮子的属性时，他已经将 π 锁定在 3.140 和 3.142 之间（他画了一个有 96 条边的多边形）。

大约在公元 450 年，中国几何学家祖冲之创造了一个 24 576 面的多边形，计算出 π 在 3.141 592 6 和 3.141 592 7 之间。现在，我们知道 π 值为 3.141 592 653 589 79……并且已经计算到了小数点后数万亿位。

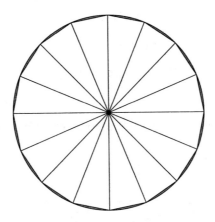

阿基米德在圆内画三角形求得 π 值

如果外星人降临地球，我们对 π 的着迷程度可能会让他们感到吃惊。在所有数字当中，π 吸引了最多的研究。它出现在故事片和纪录片里，成为音乐和艺术的主题。也许我过于偏爱三角形，但我很难理解 π 的吸引力从哪里来。难道是因为它是一个无限不循环小数？这倒是有几分道理，因为圆也同样无穷无尽。但是，π 与 2 的平方根——这个来自三角形的无限小数——有那么不同吗？

诚然，π 的用处不容置疑。它简直无所不在：数学、物理、金融、建筑、艺术、音乐和工程，不胜枚举。这是因为它与任何重复现象的数学描述密切相关。如果你想做关于波（无论是声波、水波、电磁学应用、股票市场数据波动还是任何其他媒介中出现的波）的数学研究，你实际上都是在研究一种属性循环的东西，因此你需要 π。不过，既然我们在探寻数学对文明的影响，我们就不要忽视 π 最易被人忽视的应用——建筑。

## 计算加持的建造

如果你参观过位于现代土耳其伊斯坦布尔的圣索非亚教堂，你可能会被它的美丽所折服，因此忽略了数学的身影。但数学的影响绝对存在，因为该建筑的设计师是两位数学家：米利都的伊西多尔（Isidore of Miletus）和特拉勒斯的安提米乌斯（Anthemius of Tralles）。[10]

查士丁尼大帝找到伊西多尔和安提米乌斯，想在一个刚被暴乱者摧毁的教堂原址上建造一座新的石制教堂。数万人在抗议高税收（还能是什么别的原因？）时被杀。查士丁尼大帝所追求的是一种气势，一种能在城中树立起权威的东西。

圣索非亚教堂

Public domain, via Library of Congress Prints and Photographs Division, Washington, DC 20540

圣索非亚教堂的设计没有辜负查士丁尼大帝的期望。它的几何形状纷繁复杂，令人瞩目，由一个82米长的长方形大殿与一个56米高的穹顶领衔的中央方形结构组成。此前从来没有人尝试过如此雄心勃勃的作品。它于公元537年竣工，是当时地球上最庞大的建筑。它成为君士坦丁堡的骄傲，并很快被公认为世界建筑奇迹之一。建筑师们是如何在短短6年的施工时间中完成这一惊人壮举的呢？通过使用π和2的平方根的近似值，以及沿用亚历山大城的海伦（Heron of Alexandria）所创造的几何捷径。

海伦出生于公元 10 年左右，后成为一名著名的数学家和发明家。他的众多成就包括想出了抽水的方法，求出了三角形的面积，制造了一台蒸汽机，等等。在亚历山大城和君士坦丁堡两地大学任教的伊西多尔和安提米乌斯应该熟知海伦的建筑文摘《测体积学》(*Stereometrica*)。这本书非常实用，教读者计算各种建筑结构的体积和表面积，以便为必要的建筑材料及其运输编制预算、制订计划；它还告诉读者怎样在建筑项目中弄虚作假。

最辉煌的建筑结构需要曲线、圆和球面几何，也就意味着需要圆周率。但是，正如我此前所述，π 属于对古希腊人来说并不存在的无理数之一。他们不能把它写下来，当然也不能把它传给石匠。难怪海伦在提出 π 的近似值之前写道："测量这些数字引起不适。"他建议把圆周率写成 22/7，然后在举例时将半径或直径设定为 7 的倍数。这样一来，进行拱顶或穹顶的各种属性计算时，分数的分母就可以方便地约去。海伦巧妙地利用几何学为建筑师大开方便之门。像圣索非亚教堂那样的"帆拱"穹顶是由两部分拼装而成的。它的顶部是一个半球体，由一个稍大的穹顶支撑，穹顶又由球面三角形组成，海伦解释了这种球面三角形的精确计算方法：在半球里面画半个立方体，然后从半球中减去四个球面部分，这样就很容易计算出体积（从而推导出重量）和表面积（从而推导出所需灰泥量）。更重要的是，海伦的分段计算法减少了数学运算，为建筑业提供了"标准化解决方案"，最大限度地减少了工地领班的心算工作量。

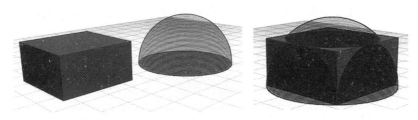

从半球中切除半个立方体，得到圣索非亚教堂的穹顶

人们最初认为，圣索非亚教堂的穹顶建在一个边长为 100（一个可爱的

整数）拜占庭尺的正方形之上。我们不知道一个拜占庭尺的确切长度，但现代测得该正方形的边长为 31 米。鉴于 1 米约等于 3.28 英尺，31 米就相当于 101.7 英尺，所以可以视拜占庭尺与英尺相当。然而，如果你有一个边长恰好为 100 英尺的正方形，那么从正方形的一个角画一条直线到它的对角，将它一分为二，每半个正方形正好是给毕达哥拉斯学派造成很大困扰的三角形的等比例放大版本。换句话说，对角线长度是 2 的平方根的倍数。到头来，安放在正方形顶部的拱形穹顶的直径就会是 141.421 356 237……英尺。拜占庭时代的测绘仪器根本应付不了这个无理数。

让我们像海伦一样思考，第一步先计算圆。如果我们想让计算更简单，那么将对角线，也就是穹顶的直径，设定为 140 英尺会更有意义。140 是 7 的倍数，因此与 π 的 22/7 近似值相符。

如果对角线长必须是 140 英尺，那么伊西多尔和安提米乌斯就需要把正方形的边长告诉工地领班，让后者去施工。他们可能采用了毕达哥拉斯学派的一个方法来计算。这个方法被称为“边长和对角线长级数”（side-and-diagonal number progression），能推导出 $\sqrt{2}$ 的近似值。

你从一个边长为 1 的正方形开始，暂且视其对角线长为 1，显然，这只是一个非常粗略的近似值。为了提高精确度，你再画一个更大的正方形，以便求出该正方形的对角线长的近似值。系列中下一个正方形的边长为上一个正方形的边长和对角线长之和（此例中为 2）。为了得到系列中的下一个正方形的对角线长，将前一个正方形的对角线长与前一个正方形的边长的两倍相加（得数为 3）。

以这下一个对角线长为分子，以下一个正方形的边长为分母，就是 3/2，即 1.5——稍微更近似 $\sqrt{2}$ 一点。这些正方形越变越大，你求出的数值将分别是 7/5、17/12、41/29、99/70……这意味着它们逐渐接近 $\sqrt{2}$ 的精确值。例如，99/70 是 1.414 28……，很不错了（要记得，$\sqrt{2}$ 是 1.414 21……）。

接着，伊西多尔和安提米乌斯会从中选择一个他们（和他们的工地领班）

运算起来最方便的数值。既然他们已知所需正方形的对角线长，就能推算出 $S$，即这个正方形的边长。组成这个正方形的两个三角形和一个边长分别为 1、1 和 $\sqrt{2}$ 的三角形相似，所以 1 与 $\sqrt{2}$ 的比例等于 $S$ 与 140 的比例。用 99/70 替代 $\sqrt{2}$，就得到了：

$$\frac{S}{140} = \frac{1}{99/70}$$

运用三数法则，你可以求解出未知数 $S$，它是一个小于 99 英尺的小数。在当时情况下，99 英尺是一个非常理想的边长近似值，圣索非亚教堂的建造者规划这样一个正方形没有任何困难。此外，由于圆顶下面的正方形的对角线长是 π 的倍数，所以圆顶的建造会相对容易些。

伊西多尔和安提米乌斯甚至有可能跳过这些数学计算。可能海伦制作过一些表格，你可以根据自己想要的建筑穹顶的直径在表格里查找穹顶构件的所有相关尺寸。然而，这些表格全部失传了，但我们在海伦的现存著作里可以发现他为其他目的制作的类似表格。更重要的是，他绘制了图解来帮助建筑师，这些图解看起来与圣索非亚教堂的穹顶和一些拱顶极为相似。

伊西多尔和安提米乌斯几乎必然使用过这种捷径。有几篇现存文献提到，伊西多尔对海伦设计和建造拱形结构的计算方法写过评论（可惜已经失传）。我们要清楚，海伦的成就建立在其他数学家成就的基础之上，特别是阿基米德；世界各地还有很多古人利用几何比例的佐证。位于英格兰东北部的达勒姆大教堂的建造显然利用了正方形边长与对角线长之比的近似值。14 世纪末设计米兰大教堂的委员会请来数学家加布里埃莱·斯托诺洛科（Gabriele Stornoloco），共商教堂应当按照正方形的对角线长与边长之比（ad quadratic）还是等边三角形的高与边长之比（ad triangulum）来建造。[11] 斯托诺洛科选择了三角形，并辅之以正方形、长方形和六边形的相关比例。至于他怎么计算出等边三角形的高与边这一必要比例，即 $\sqrt{3}/2 : 1$，学术界有争议。就像圣索非亚教堂一样，石匠们不必自行计算必要数字，但斯托诺洛科似乎只给了工匠们三个具体尺寸：教堂中殿和四个过道的宽度，代表中殿拱顶的三角形的高度，中殿支柱间的轴间距，以及 26/30 这个比例。其他中世纪的欧洲建筑，特别是兰斯、布拉格和纽伦堡的大教堂，采用了正五边形的边长与对角线长之比，因而需要使用（$\sqrt{5}+1$）/2 的已知近似值。[12] 当时的做法就是这样，为什么要白费力气做重复的工作？毕竟，一旦掌握了基本的计算方法，剩下的事情就像 $\pi$ 一样简单了。

## 一线光明

圣索非亚教堂被认定为古代世界奇迹，是古人建造的众多建筑奇迹之一。那么，为什么所有被公认为世界上最好的绘画作品比它晚 1000 年，到 15 世纪和 16 世纪才陆续问世？而且，为什么这场绘画革命与征服海洋和欧洲人绘制全球地图同时发生？这是巧合吗？不是的。前人的数学艺术在长达几个世纪的圣战中湮没，彼时重现世间，为它们创造了条件。

7 世纪初，伊斯兰各民族开始扩张并征服亚洲西部和非洲北部的大部分地区。到 7 世纪末，他们甚至渗透进欧洲，在西班牙和巴尔干地区定居。11 世纪，他们把基督教推向了崩溃的边缘。彼时，基督教徒不得朝拜圣城耶路撒冷。1095 年，教宗乌尔班二世（Urban II）回应，发动第一次十字军东征。在接下来的 200 年里，又有过七次十字军东征，但均以失败告终。伊斯兰教徒仍然在很大程度上控制着耶路撒冷及其周围的所有土地，正是这种严峻的形势令护法王约翰这个点燃希望的故事如此深入人心。不过，它带来的不仅仅是以三角学为动力的大航海，还为我们带来了艺术的黄金时代。

12 世纪 60 年代，一位名叫罗杰·培根（Roger Bacon）的英国方济各会修士写了一份战斗号令，希望基督教世界站起来。[13] 他呼吁基督徒运用更高超的几何知识夺回耶路撒冷。他举例说，可以应用几何艺术复活古代传说中的"起火镜"。据传，亚里士多德用巨大的凹面镜将太阳光聚焦到敌舰上，使其起火；培根认为十字军也能做到。他还建议，在艺术中体现几何学可以唤醒基督徒沉睡的热情——当然，使用"主"的几何学与生俱来的美创造出来的图像想必能够激发当时人们的热情。培根在《大著作》①中写道："我认为对一个勤于研究上帝智慧的人来说，没有什么比展示几何图形更合适的了。"这一节的标题是"论光学奇观在促进异教徒皈依方面的价值"。

学者们对此的解读是，培根建议复兴古代戏剧布景艺术，这样一来，鼓舞人心的宗教戏剧将唤起欧洲战士们的斗志，对抗萨拉森人②的威胁。培根认为，有必要效仿"拉丁人"的技能，或许他指的是维特鲁威（Vitruvius），一位生活在公元前 1 世纪的罗马建筑师，熟谙戏剧背景画师的技能：

> 如果眼睛向外看和投射半径时以一个固定点为中心，我们绘制出来的线条必须遵循自然法则。如此，从一个不确定的视角看过去，舞台背景上不确定的图像会貌似建筑物，在垂直和水平平面上描绘的东西会凹凸有致。

维特鲁威说的是我们今人称为透视的东西。"透视"一词源自拉丁语意为"看透"的单词，所以我们也可以称之为光学：研究光如何穿过各种媒介或被各种媒介反射或折射（弯曲）的学科。在古代和中世纪，"透视"和"光学"这两个词可以互换使用。

光学和透视的故事可以追溯到另一位几何学巨人身上——欧几里得。公元前 300 年左右，这位希腊学者写下了数学领域的开创性教科书，书名是《几何原本》（*Elements*）。此后 1000 多年间，它一直是仅次于《圣经》的最

---

① 《大著作》（*Opus Majus*，原文中为英文 *Major Work*），用拉丁文写成，是一部百科全书式的著作，主要内容是论述科学的用途，特别是自然科学的用途和实验方法的重要性。
② 历史上欧洲人称阿拉伯人为"萨拉森"人。

畅销的文本。他的《光学》（*Optics*）一书稍逊一筹，在这本书里，欧几里得描述了光怎样在物体或场景和眼睛之间传播，也许沿途会穿越透镜或被镜子反射。欧几里得的许多观察结果你应该都耳熟能详，几乎属于常识。例如，他提出光以直线传播。他还提出，你之所以会看到一个比你更高的物体，是因为光沿着一条更高的路径传播。

欧几里得认为，光射线来自眼睛，而非来自被眼睛看到的物体。这个见解在当时自成一家，而且与他的视觉理论几何学完全一致。他认为，光射线从眼睛发出，形成一个光锥，只有处于这个光锥内的物体才能被看到。"视觉射线"离眼睛越远就越发散，密集程度渐降，于是远处的东西看起来就很模糊。

这套理论在当时很管用。在后续的著作中，欧几里得成功地解释了许多现象，如平面、凹面和凸面镜的光反射，以及镜片如何产生放大等光学效应。因为欧几里得有能力将光学现象简化为线条、三角形和弧线问题，所以在他的几何知识基础上创建的视觉感知理论较为完善。

后来，托勒密再接再厉。公元 165 年，他对欧几里得的成果进行了调整，提出光从眼睛发出后形成了线条而非光锥。他用三角形和圆做了一些几何运算，纠正了欧几里得在计算反射图像出现的位置（如在曲面镜前面或后面）时犯下的一些错误（他同时也犯下了一些新错误）。在接下来的 1000 年里，欧几里得和托勒密对光线的几何学研究一直是光学的中流砥柱。

是的，1000 年。我们也许很难理解进步怎么会这么迟缓，但残酷的事实是，光学知识的用处很少。自古以来，人们一直在制造基本的镜子和透镜，但它们的质量不够高，用处不大，比如没法充当阅读辅助工具。直到基督徒把几何学和光学知识用于他们的事业，情况才开始改变。

并非唯有基督徒对几何学及其用途感兴趣。在穆斯林影响发展壮大的过程中，穆斯林学者重新发现了欧几里得，并翻译了他的著述，还加注了点评。学者伊本·海赛姆（Ibn al-Haytham）在 1011 年至 1021 年之间创作了特别有影响力的七卷点评本，合称《光学之书》（*The Book of Optics*）。在书中，海赛姆阐述了一些观点，如视觉射线会形成由更小的相似三角形们排成的一个大三角形。然后，几何学投影就可以解释为什么当视觉射线接近眼睛时，物体会变小，令硕大的物体得以在人类细小的瞳孔上呈现。

海赛姆的三角形"视觉射线"让小瞳孔看到大物体

海赛姆的《光学之书》翻译成拉丁文之后定名为"*De perspectiva*"，一传到欧洲就产生了巨大的影响。但是，尽管培根号召发动光学战争，且有大量工匠不断改进镜子和透镜的制作工艺，欧洲军队仍未能转败为胜。相反，一场艺术革命在欧洲轰轰烈烈地展开了。

## 透视能力

关于线性透视法诞生的著作汗牛充栋，所以本书将简要概述几何学的些微影响。我们不妨从某一个特别有用的时间点切入：菲利波·布鲁内莱斯基（Filippo Brunelleschi）站到佛罗伦萨圣母百花大教堂正门内 5 英尺 9 英寸 [①] 之处的那一天。

———————————

① 英制长度单位，1 英寸等于 1 英尺的 1/12，合 2.54 厘米。

　　尽管我们能把他的站位精确到英寸，但我们不知道他究竟是什么时候站在那里的，我们只能说可能是在 1425 年。彼时的布鲁内莱斯基早已事业有成，是一位著名建筑师，正在设计大教堂的穹顶。他站在大教堂门内的有利位置，望向街对面的佛罗伦萨洗礼堂。洗礼堂是一座八角形的建筑，其装饰突出了清晰的几何线条。根据他的传记作者安东尼奥·迪图乔·马内蒂（Antonio di Tuccio Manetti）的说法，布鲁内莱斯基把洗礼堂画了下来，他的透视技法堪称完美，[14] 所以他画完后，自鸣得意地让观众将他约 12 英寸见方的画板与画旁镜子中的洗礼堂本尊进行对比。

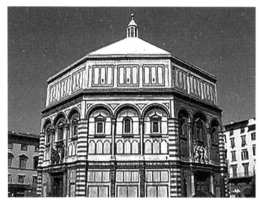

佛罗伦萨洗礼堂
Christopher Kaetz, Public domain, via Wikimedia Commons

　　布鲁内莱斯基的对比方法是在画板上钻一个小孔，马内蒂告诉我们："这个孔在画板正面像扁豆一样小，在画板反面则像妇人草帽般圆锥形地扩大到约有一个金币那么大，或者还要再大一点。"然后，布鲁内莱斯基让观众从画作的反面透过孔洞看，同时伸出手臂举起一面平面镜。观众看到的是画作的映像，然后布鲁内莱斯基让他们放下镜子，他们现在透过钻孔看到了真正的洗礼堂。马内蒂告诉我们，两者差别很小。

　　当然，马内蒂是在透视画革命成功后很久才写的传记，没人知道他的报告是否受到了后续技法和技术发展的影响。但几乎可以肯定，布鲁内莱斯基将镜像作为他绘画的底本，它为三维的洗礼堂提供了一个二维的投影，这样他就不必研究怎样才能以最准确的方法表现人眼对来自建筑物的光线的解读了。15 世纪 60 年代，安东尼奥·阿韦利诺（Antonio Averlino）在谈到布鲁内莱斯基时写道："从镜子映像中发现规则，这当然是一件含蓄而美丽的事情。"[15] 接着，阿韦利诺（他的笔名是菲拉雷特①）给出了用镜子以正确的线性透视法作画的步骤："从镜子里看，离你越近，事物的轮廓就越清晰，而离你越远，事物就越小。"

我们小时候学画画时学到的所有规则，包括近处的人物要比远处的人物画得大，平行线在远处收敛为一点，实际上可以通过描摹镜中映像来学习。而一旦领会了这一点，我们就不一定非用镜子不可了，这时它已经化身几何学——欧几里得研究出来的那种几何学。比如，如果你要画一个寺庙场景，你先决定观众的视准点，接着画出从寺庙特征到观众眼睛的视觉射线的几何排列。然后，你把一个平面（比如画布）放在画面的位置上，看看从寺庙特征发出的视觉射线在哪里与画布相交，这就是你在画布上落笔画这些特征的地方。1435 年，莱昂·巴蒂斯塔·阿尔伯蒂②在他献给布鲁内莱斯基的一本书中列出了所有实现完美线性透视的必要步骤。[16]

显然，在接下来的一个世纪里，人们仍然萧规曹随。阿尔布雷希特·丢勒③在 1525 年的木刻作品《绘制琉特琴的人》（*Man Drawing a Lute*）中展示了同样的过程，用细线代替视觉射线。这是真实呈现弧形表面（如琉特琴的琴身）的"前缩透视"（foreshortening）的唯一方法。[17]

---

① 菲拉雷特（Filarete，1400—1469），意大利建筑师、作家，原名为阿韦利诺，菲拉雷特为其外号，意为"美德之友"。
② 莱昂·巴蒂斯塔·阿尔伯蒂（Leon Battista Alberti，1404—1472），意大利建筑师、建筑理论家、人文主义学者。
③ 阿尔布雷希特·丢勒（Albrecht Dürer，1471—1528），德国艺术家、文艺理论家，西欧现实主义美学理论的奠基人之一。

阿尔布雷希特·丢勒作品《绘制琉特琴的人》
Albrecht Dürer, Public domain, via Wikimedia Commons

或者，他们用"暗箱"。最早描述这一仪器的是特拉勒斯的安提米乌斯，圣索菲亚教堂的建筑师之一。公元 555 年，他绘制了一幅光射线图，展示光射线从镜子反射到一个小孔的路径。不过，海赛姆给出的暗箱描述最为完整。

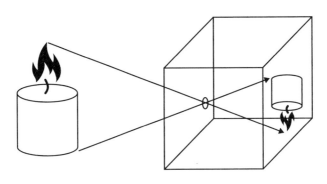

海赛姆的暗箱

在他的《光学之书》中，他解释了当一支蜡烛面对"一扇凹陷的黝黑窗户，而窗户那头有一堵白墙或者（其他白色）不透明物体"时会发生什么。简而言之，墙壁上会显影出蜡烛，而一位有天赋的艺术家可以把画布挂在墙上，就地创作，轻而易举地将这个影像永久保存下来。

无论通过几何简图还是光学仪器实现，线性透视画法都是一项革命性的技术。发明家们可以利用它来为他们的奇思妙想绘制出逼真的外观，方便工匠们从无到有地制作出精密部件（在某些情况下，工匠们还没有从他们的工作台上拿起任何工具，光看外观图就能指出这个新玩意儿的设计有问题）。你只需看看达·芬奇的手稿，就能领悟透视画法的价值。不过，它最大的直接影响体现在艺术界：文艺复兴时期，无数画家开始采用新规则绘画，成果栩栩如生。我们不知道其中有多少人在画布或面板上绘制数学构图，又有多少人描摹透镜和平面镜上的映像。艺术家戴维·霍克尼[1]认为，这种不确定性并不奇怪，这些技法均属于商业秘密。毕竟，画家们模仿布鲁内莱斯基的技法是为了谋生，所以泄密就跟当代魔术师乐意自爆门道一样不可思议。不过，有些画家还是愿意揭秘的，1506 年，阿尔布雷希特·丢勒写信给一个叫皮克海默（Pirkheimer）的人，说自己计划去博洛尼亚"学习透视艺术的秘密，那里有一个人愿意教我"。[18] 想必丢勒支付了高价学费。

现在很少有人会花钱去学透视画法了，这完全可以理解，因为布鲁内莱斯基的洞见在好多书里都能找到。在大多数情况下，由于有了计算机辅助设计（CAD）软件，我们不用进行任何球面或其他三角学计算就可以制图。据我所知，当今世界，除了数学家，唯一还在使用几何学的人是那些负责打造新世界的人。例如，为好莱坞电影制作计算机图形的视觉效果设计师可能偶尔还会拿出量角器，为电子游戏开发逼真物理体验的程序员仍然不时地揿动计算器上的正弦按键。但对我们其他人来说，几何学已经进了故纸堆。

---

[1] 戴维·霍克尼（David Hockney，1937—），英国画家、设计师和版画家。

事实上，今天几何学的主要价值可能在于促进你的大脑神经元之间的相互联系，使你能够进行抽象思考。比如，你在脑海中想象半个立方体，然后在它外面罩上一个半球体，半球体大于立方体的部分就是圣索菲亚教堂的圆顶了。这种能力本身或许没什么用，但它说不定能帮你解决一个完全不相关的问题。不过，很惭愧，我认为自己做不到。或者说，我只能用某个 CAD 软件创建半个立方体和一个半球体，紧接着把它们放在同一个虚拟空间里。这样一来，我不但可以看明白海伦减去了球体的那些部分，我还可以旋转整个结构，从它上方往下看，或者从它下方往上看，然后——终于——搞懂了。说到这里，我还有一个问题：海伦和欧几里得是怎么搞懂几何的？

古代几何学家拥有的可视化工具比我们现在少得多，但奇怪的是，他们的大脑天生就会做几何，而我的大脑则冥顽不灵。埃拉托色尼的才能也让我甘拜下风。如果我能像他那样，乘着想象的翅膀飞向天空，观察太阳和北极星的位置、地球的自转轴，以及地球夜以继日的旋转，我应该能够看到影子在一天中的长短变化，从而得出一种测量地球周长的方法。我应该能够想象出一种方法来测量地球自转轴的倾角，然后我也应该恍然大悟：原来可以根据地球表面相对于恒星的运动来计算我在地球表面上的确切位置。

说真的，我们大多数人都做不到——至少不下大力气做不到。为什么呢？我怀疑是因为我们所生活的 21 世纪是一个技术社会，所有这些几何现象都已经嵌入软件。海伦、欧几里得和埃拉托色尼可用的模型很少，可视化软件阙如。如果他们想尝到几何学的甜头，那他们别无选择，只能训练自己的头脑去想象错综复杂的几何学。他们的成就证明了人脑的力量——在现代社会中，我们很可能会忘记这一点，因为很多事情都不用我们亲力亲为。如果我想设计一个几何结构，我可以打开一个 CAD 程序。如果我想知道我在地球上的位置或者如何到达一个特定地点，我可以打开手机上的一个应用程序。航空公司的飞行员在受训时仍然需要学习恒向线和等角航线，万一 GPS 失灵就能派上用场，但我们其他人就不需要这些古老的方法了。我不禁感到，这在某种程度上是一种缺憾。例如，一些研究人员认为，我们与几何学的脱节阻碍了我们的创造力，[19] 他们说，我们的大脑能力现在缺失一个维度，而真正使用几何学思维的学生不缺它，但他们的证据尚不够明确，或许这并不重要。无论真相如何，几何学在塑造我们的艺术、建筑和探索方面的作用无可争议。而且，我的想法已经跟自己 8 岁时的想法不同了，我现在相信，每个人都应当体验几何学的快乐，无论它是否有用或真能改变大脑。

至于代数，我不确定我的看法有所改观。托马斯·杰弗逊①曾将这一学科的学习描述为"一种令人心旷神怡的奢侈"。[20] 英国作家塞缪尔·约翰逊②举荐它，说它能让头脑"不再是一团糨糊"。然而，其他人却不那么热情洋溢。即使像英国数学家迈克尔·阿蒂亚③这样精通代数的人也认为代数是一把双刃剑。他认为，代数让数学家失去理解几何学与现实世界之间关系的直觉，它是剥夺了人性的数学。"代数是魔鬼给数学家的提议。"他曾经说过，"魔鬼说：'我将给你这部强大的机器，它将回答你的任何问题。你只需要把灵魂交给我。'"[21]

为代数付出如此代价，是否值得？我们很快就可以做出判断。

---

① 托马斯·杰弗逊（Thomas Jefferson，1743—1826），美国第三任总统（1801—1809）。
② 塞缪尔·约翰逊（Samuel Johnson，1709—1784），英国作家、文学评论家，主要作品有诗歌《人类欲望的虚幻》，评传《诗人传》等。
③ 迈克尔·阿蒂亚（Michael Atiyah，1929—2019），英国数学家，早期工作主要集中在代数几何领域。

# 第三章  代数

## 人类的组织

会数数当然好，但万一有的东西数不出来呢？学习如何建立和使用像二次方程这样的数学工具，给了我们找到隐匿的数字并掌控自然界进程的力量。基础的代数知识，例如应缴税额或赢得一场战斗的最佳策略（即使这只是两位数学家之间的战斗）很快就演变成了解决从预测行星运动，到削减汽车驾驶成本等各种问题的复杂算法，还让人类平安度过了冷战。

1973 年 4 月 17 日，周二，一家小型运输公司在一个不知道自己需要变革的行业中引发了一场革命，它用 14 架小型飞机一夜之间向 25 个城市运送了 186 个包裹。[1] 这场革命描述起来很简单：每一个包裹的旅程都始于田纳西州的孟菲斯。

这个轴辐式物流系统刚起步时只有 389 名员工，两年后才开始盈利。但今天，它的员工总数达 17 万名，年收入达 710 亿美元。它就是联邦快递（FedEx）。

联邦快递的成功源于其创始人的决定——将其运营枢纽设置在由美国所有可能的送货地点组成的网络的中心点上。怎样才能做到这一点？我们几乎可以肯定，当时联邦快递的创始人兼首席执行官弗雷德里克·W. 史密斯（Frederick W. Smith）拿起一张美国地图，寻找距离中心点最近的机场，以便将包裹的平均运输距离控制到最短。他还有其他考量因素：机场所在地需要全年都有好天气，这样就不太会因为天气恶劣而关闭；此外，机场经营方必须愿意调整一些基础设施以适应史密斯的业务。

事实证明，史密斯的决策还可以优化。2014 年，数学教授肯特·E. 莫里森（Kent E. Morrison）开发了一种更具系统性的算法，利用人口普查数据确定美国每个人的住址。[2] 莫里森发现，最优选址应当在印第安纳波利斯西南方向约 70 英里的印第安纳州格林县的一个地方。史密斯在孟菲斯建立的运营枢纽离那里只有 315 英里。有趣的是，联邦快递的竞争对手优比速（UPS）的选址更加靠近最优地点。在联邦快递获得成功后不久，优比速就厚颜无耻地仿效了联邦快递的轴辐式物流系统，并在离美国人口中心点只有 275 英里的肯塔基州路易斯维尔建立了运营枢纽。

联邦快递和优比速都是典型的物流企业。物流就是贴标签、分拣、集运和配送。人类文明一直以来都建立在解决物流问题的基础上，无论是古埃及人建造金字塔、拿破仑意识到"兵马未动，粮草先行"，还是现代确保航空公司飞行员、亚马逊网购配送，以及穿越全球网络的信息包在任何特定时刻都能准确到达目的地等问题。所有挑战都牵涉到解答一系列被数学家称为代数的谜题。这么说吧，把我这本书送到你的手中，无论你买的是纸质书还是电子书，都要用到代数。数学实现了这一切。

## 解二次方程

代数究竟是什么？你可能认为它是一个可怕的方程式迷宫，一碗由 $x$、$y$、$z$、$a$、$b$ 和 $c$ 组成的字母形面片汤，再加上一些上标（2 和 3，甚至可能是 4）。考虑到传统的代数教学方式，你的看法无可非议。乍一接触，外行的确会觉得扫兴，但代数本身不应该遭受非议，它其实只是一种利用我们所知的条件找出隐藏信息的艺术。

代数的英文名称"algebra"源自花拉子米发表于 9 世纪的一本著作（第

一章介绍过的《代数学》)的阿拉伯书名中的 "al-jabr" 一词,这本书不但汇集了古代埃及、巴比伦、希腊、中国和印度求解未知数的方法,还阐述了作者本人的理念。花拉子米规定了形如 $ax^2 + bx = c$ 的基本代数方程的解法——我们称之为算法,还提出了解答 14 种不同类型的三次方( $x$ 的次数升到 3)方程的几何方法。

顺便提一句,在花拉子米生活的年代,符号 $x$ 尚未出现,幂也不存在,事实上,花拉子米的书里没有任何方程式。代数最初属于"修辞学",先用繁复的文字阐述问题,然后解释怎么解题。待解的那个隐藏因子通常被称为 "cossa",意为"东西",所以代数通常被称为 "Cossick 艺术"——"东西"的艺术。早期学习 Cossick 艺术的学生可能会拿到这样一道题:

> 两个人领着牛群走在路上,一个人对另一个人说:"给我两头牛,我的牛就和你的牛一样多。"另一个人说:"现在你给我两头牛,我的牛的数量就是你的两倍。"一共有多少头牛?每人起初各有几头牛?

抑或

> 我有一块亚麻布,长 60 英尺,宽 40 英尺,我想把它裁成小块,每块长 6 英尺,宽 4 英尺,这样每块就够做一件无袖外衣了。这块亚麻布可以做多少件无袖外衣?

上述例题由约克的阿尔琴[①]在公元 800 年左右收集并纳入谜题汇编《青少年益智问题》(*Problems to Sharpen the Young*)。[3]这跟我们上学时做的代数题没多大区别,[4]然而,我们的优势在于我们能把它们转化为方程式。在深

---

[①] 阿尔琴(Alcuin of York,约 735—804),英国神学家、学者,出生于约克。

入讨论代数之前，我们有必要花一点时间，体会一番这个特权的优越性。

直到 16 世纪，才有人想到把代数从文字中拆解出来。这个想法来自一位名叫弗朗索瓦·韦达[①]的法国公务员。韦达接受过律师培训，职业生涯的大部分时间都在为法国王室服务，有求必应。他担任过布列塔尼[②]的行政官员、亨利三世的皇家私人顾问和亨利四世的密码破译员。最令韦达自豪的可能是他在西班牙国王指控法国宫廷施展巫术的那段时间。西班牙国王向教宗抱怨，如果不是巫术，法国怎么可能预知西班牙的军事计划？但其实没有什么巫术，韦达只是比西班牙的密码员更聪明，能破解法国士兵截获的密信。

也许正是这种思维敏捷性让韦达意识到，如果将修辞学代数编码为符号，求解就会更容易。在他的代数体系中，辅音指代参数，元音表示未知数。他写下的算式是这样的：

$$A \text{ cubus} + B \text{ quad. in } A, \text{ æquetur } B \text{ quad. in } Z$$

而我们现在会写为

$$A^3 + B^2 A = B^2 Z$$

说实话，这套体系仍然相当复杂难懂，但至少是个良好的开端。有意思的是，他在上面的例子里用了加号（他在其他地方用过减号），但等号却不见踪影。威尔士数学家罗伯特·雷科德（Robert Recorde）于 1557 年在著作中引入了等号，该著作被直观地命名为《算术学第二部，智力磨石：含开根

---

[①] 弗朗索瓦·韦达（François Viète，1540—1603），法国数学家，符号代数的创始人之一。他创用字母分别表示方程的未知数和系数，从而可用一般的形式来表示方程的根并讨论有关性质。

[②] 法国西北部半岛，历史上文化及行政上的地区名称。

号、代数实践、方程式规则，以及平方根》（*The whetstone of witte*, *whiche is the seconde parte of Arithmetike*: *containyng the xtraction of Rootes*: *The Cossike practise*, *with the rule of Equation*: *and the woorke of Surde Nombers* ）。

　　既然我们已经提到了代数符号，不妨留意一下这一点：有关字母"x"代表未知数出来的争论依旧热烈。据文化历史学家特里·穆尔（Terry Moore）所说，这是因为花拉子米的原始代数用了"al-shay-un"来表示"未确定的东西"。[5] 中世纪的西班牙译者想找一个最接近拉丁语"sh"发音的词，但西班牙语里没有这么一个词，于是用了在西班牙语里发出"ch"声音的"x"。然而，其他资料显示，这应当归功于勒内·笛卡儿①。他在1637年出版的《几何学》（*La Géométrie* ）一书中直接采用了字母表一头一尾的字母。[6] 他用 $a$、$b$ 和 $c$ 代表已知的参数，指定 $x$、$y$ 和 $z$ 为未知参数。

　　如果你一想到代数和它那些神秘的符号，就心生畏惧，那你不妨将其视作把几何图形翻译为书面形式的一种方法。

　　我在设计本书结构的时候，把代数和几何分为两章，虽然在学校里它们通常泾渭分明——主要是为了方便课程设置，但其实代数同几何关系密切，代数是没有图解的几何，代数解放了几何的力量，数学因此而蓬勃发展。为了一探究竟，让我们回到（似乎每次都这样）古代的税收实践。

　　正如之前几何一章所示，古代征税通常按田地面积计算——巴比伦语中的面积一词"eqlum"，原意就是"田地"，[7] 难怪巴比伦的行政官员必须学会求解诸如耶鲁大学收藏的编号为 YBC 6967 的古代巴比伦石板上刻的难题：

　　一个长方形的面积为60，其长比宽多7。请问宽为多少？

---

① 笛卡儿（René Descartes, 1596—1650），法国哲学家、物理学家、数学家。解析几何的创始人。他在《方法论》（*Discours de la méthode* ）的附录《几何学》中，对运动着的一点设立坐标，将数与形进一步结合起来，创立了平面解析几何。

我们来求解一下这道题。设该长方形的宽为 $x$，则长为 $x+7$。长方形的面积就是长乘以宽，所以面积 $A$ 可以表达为以下等式：

$$A = x\,(x+7)$$

等式中的括号表示需将括号外紧挨括号的乘数与括号内的每一项被乘数相乘，依此可以改写为：

$$A = x^2 + 7x$$

古巴比伦人会通过一系列表明代数和几何之间密切联系的步骤来解这道题，这个过程被称为"化长方为正方"（completing the square）。

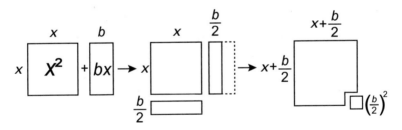

古巴比伦人用"化长方为正方"法解答二次方程

为了方便起见，你首先要把 $x^2 + bx$ 这种类型的二次方程画成几何图形。$x^2$ 就是一个边长为 $x$ 的正方形，$bx$ 是一个长为 $x$，宽为 $b$ 的长方形，把这个长方形一分为二，其中一半移到一开始画好的正方形的下面，一个更大的正方形就差不多成形了。为了把这个更大的正方形画完整，你只需要加入一个边长为 $b/2$ 的小正方形，这个小正方形的面积是 $(b/2)^2$。这样一来，你就看明白了，原来的表达式实际上相当于 $(x+b/2)^2 - (b/2)^2$。

为了求解下列方程

$$x^2 + bx = c$$

古巴比伦人会代入"化长方为正方"的结果，写为：

$$\left(x + \frac{b}{2}\right)^2 - \left(\frac{b}{2}\right)^2 = c$$

然后，他们会进一步变形，最终将其改写为以下方程式（虽然他们的写法跟现代意义上的方程式不同）：

$$x = \sqrt{\left(\frac{b}{2}\right)^2 + c} - \left(\frac{b}{2}\right)$$

答案是宽为 5，长为 12。但我想问你，这个方程式是不是有点眼熟？如果我把它稍微改头换面一下，那么就是：

$$ax^2 + bx + c = 0$$

你应该就会用上学时学过的一个公式——二次方程求根公式来求解了：

$$x = \frac{-b \pm \sqrt{b^2 - 4ac}}{2a}$$

你可以清楚地看到，你上学时学到的东西只不过是一个有 5000 年历史的税收计算工具而已。不过，长大成人的我们，没有一个当上巴比伦税务官——那为什么现在的学生还要学习二次方程呢？这个问题值得研究，甚至数学老师之间也有争论。

## 宇宙的曲线

2003 年，英国资深数学教师特里·布莱登（Terry Bladen）在一次教师工会会议上建议，二次方程最好留给真正喜欢数学的学生去做。[8] 他认为，对大多数年轻人来说，基本的计算能力足以让他们茁壮成长。其他数学教师听后非常愤怒，有一位甚至在政治舞台上做出了回应：托尼·麦克沃尔特（Tony McWalter）在当选英国国会议员之前教过几十年的数学课，他在下议院发言："二次方程不是一个强迫人蹲坐在其中的、一件家具都没有的破败房间。它是一扇门，通向一个满是人类智力成就、无与伦比财富的房间。如果你不走这扇门，或觉得这样做索然无味，那么你就无从窥见诸多人类智慧了。"[9]

这是真的吗？事实上，对二次方程望而生畏的人仍然能够欣赏到人类的知识和智慧。毕竟，除了正式考试，我们中很少有人不得不在其他地方用到二次方程。不过，我们可以坦率地对那些成年后远离数学工作的人说，学习代数增加了你的抽象思维能力，而且你会更加关注你的大脑不愿思考的东西。几千年的经验和一些有趣的现代研究成果告诉我们（就像几何学一样），处理抽象的变量和它们之间的数字关系实际上会让我们的大脑运转更加灵活高效。[10] 代数赋予你创意、生产力和坚韧不拔的精神，让你成为能够突破思维定式的横向思考者。德国物理学家格奥尔格·克里斯托夫·利希滕贝格（Georg Christoph Lichtenberg）就是一个很好的例证。

1786 年，利希滕贝格给他的朋友约翰·贝克曼（Johann Beckmann）写了一封相当平淡的信。[11] "我教一个年轻英国人代数，曾经给他出过一道练习题。"利希滕贝格写道。这道练习题是"找到一张纸，它可以折成各种规格，对开、四开、八开、十六开均可"。

利希滕贝格出的这道题有点像求证相似长方形，而非相似三角形。他想找到纸张的某种理想纵横比，从而能够把一张纸从最大的"对开"尺寸减半后得到"四开"尺寸，然后再减半得到八开尺寸，以此类推。利希滕贝格对他的学生求解出的答案很感兴趣，于是对照着放在他写字台上的纸进行了检查。"找到这个比例后，我拿起剪刀想依样画葫芦地裁剪手边的一张普通书写纸。"他在信中告诉贝克曼，"但我高兴地发现，它的长宽本就符合这个比例，就是我写这封信用的纸。"

接着，利希滕贝格在信中切入正题，他问贝克曼认不认识造纸商——他想知道后者是怎么制定出纸张纵横比的。他说，这个比例"似乎不是偶然出现的"，难道已经有从业者做过代数计算了吗？

我们无从知晓。这封信里写到了一道代数练习题，然后作者不无惊讶地表示，他发现解题方法已经在实践中实现了。就是这么一封貌似平常的信，被后世欧洲奉为纸张尺寸的圭臬。1911 年，诺贝尔化学奖得主威廉·奥斯特瓦尔德①呼吁将利希滕贝格的比率作为纸张生产的全球标准。[12]1921 年，它成为德国标准，此后迅速在欧洲传开。1975 年，联合国将其定为正式文件用纸规格。你可能早就知道，这就是纸张里以字母"A"打头"A 系列"纸的由来。但如果你生活在北美，就不一定知道了，因为北美没有采用利希滕贝格的纸张比例。对任何需要维持稳定比例的人来说，无论是按比例放大美术印刷品，还是按比例缩小纸飞机设计图，这都是宝贵的资源。

利希滕贝格的纸张尺寸问题其实是一道修辞学代数题，解答方法我们此前讨论过——它的纵横比为 $\sqrt{2}$ 比 1。一张 A0 纸的面积为 1 平方米，即其长宽分别为 1.189 米和 0.841 米。纵向拿着它，把它对折剪开，你就得到了两

---

① 威廉·奥斯特瓦尔德（Wilhelm Ostwald，1853—1932），德国物理化学家，在电化学、化学平衡和催化作用等方面有独特的贡献，为此获 1909 年诺贝尔化学奖。

张 A1 纸，其长等于 A0 纸的宽，其宽为 A0 纸长的一半。分别对折两张 A1 纸，你就有了四张 A2 纸。所有四张纸的长宽比都相同。再沿 A2 纸的宽将其一分为二，你就有了……好了，剩下的不言自明。

　　塑造这一标准的代数公式并不难。如果利希滕贝格的学生运用了"符号"代数，将他那传奇般纸张的长设为 $x$，宽设为 $y$，那他需要让 $x$ 与 $y$ 之比等于 $y$ 与 $x$ 的一半的比，他可以写出这样的方程式：

$$\frac{x}{y} = \frac{y}{x/2}$$

然后将其变形为

$$\frac{x^2}{y^2} = 2$$

也即

$$\frac{x}{y} = \sqrt{2}$$

　　麦克沃尔特说得对，代数的确塑造了我们的智力成就；纸张尺寸标准就是二次方程在现实世界中的无数应用之一。企业可以通过求解二次方程计算新产品的利润，二次方程也为抛物面天线捕捉卫星信号提供了方法。不过，二次方程用处突出的地方当数对天体运行轨迹等自然过程的描述。至于为什么，我们先来看看根据二次方程绘制的曲线。

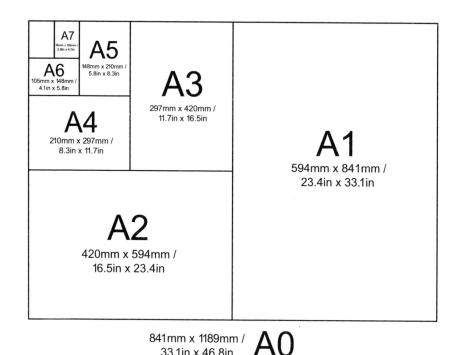

"A 系列"纸张尺寸，它们的纵横比均相同

如果我们已知任何二次方程的 $x$ 值，计算出对应的 $y$ 值，然后把方程转化为图形，那么我们会看到一条以某种方式反转的线，即曲线。总的来说，这些曲线可分为四类：抛物线、圆、椭圆和双曲线。如果你知道诀窍，只要看一眼方程就能知道它对应什么样的曲线。如果 $x$ 或 $y$ 中只有一个次数为二，那它对应抛物线。如果 $x$ 和 $y$ 的次数都是二，而且它们前面的数字（学名为"系数"）相同，那么它对应一个圆。对应椭圆的方程跟对应圆的方程类似，其 $x$ 和 $y$ 的系数均为正数，但数值不同。双曲线所对应方程的 $x$ 和 $y$ 系数为一正一负。

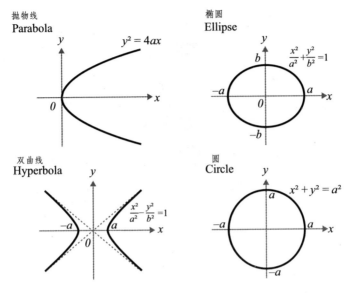

不同二次方程定义的不同曲线

　　不同系数（图中的 $a$ 和 $b$）决定了各种形状的拉伸程度——或者说圆的大小。最初，这些形状被统称为圆锥曲线，这是因为它们是在圆锥体与平面相交时形成的。方便的话，请你找一个手电筒，去一个无光的房间，打开它，这时你会看到一个光锥，如果你把光锥朝下直射，光锥与地面的交点就会形成一个圆，这是最简单的圆锥曲线。接下来，把手电筒照向墙壁，角度约为 45 度，光锥与墙壁相交，形成一个拉长的圆，即椭圆。我们也可以把手电筒照向墙壁的角度调整到与圆锥体两个面形成的夹角角度相等，这样就有了一条抛物线。再调整一下，就可以得到半个双曲线。

　　有意思的是，所有这些数学形状都发生在自然界。当然，这对你来说算不上新闻——你已经见过抛物线形状的彩虹，以及地球在太阳系中运行的椭圆轨迹图片了。尽管如此，它的重要性不可否认：它意味着我们有能力写下方程式，用数学来描述自然现象。而这开启了一条见微知著的道路。

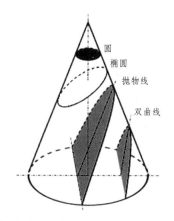

怎样分割手电筒光锥，得出二次方程曲线

古人不但对各种天体事件（彗星、日食、合[①]等）的发生频率做了仔细的数字记录，还找出了规律，从而计算出下一个重要时刻何时来临。然而，直到（包括）17 世纪的头几年，他们只会做数字计算。17 世纪初，约翰内斯·开普勒[②]利用第谷·布拉赫[③]的数据计算出行星的轨道是椭圆的，但他不知道为什么会这样。古希腊人一直认为天堂应当用圆形来描述，因为圆是一个完美的形状——谁能解释为什么宇宙里挤满了在椭圆轨迹上运动的天体？这个问题的答案现在很清楚了：任何把观测到的行星运动轨迹同某种共同作用于它们的单一力联系起来的人都能解释，例如艾萨克·牛顿。

得益于牛顿开创性的数学研究，我们现在知道，朝一个方向运动并同时在另一个方向上经受单一力作用的物体，其运动轨迹为某种圆锥曲线。取决于物体运动的速度和那股单一作用力的强度，运动轨迹可以像围绕地球飞行的卫星轨迹那样是圆形的，也可以像行星围绕太阳的轨迹那样是椭圆形的，

---

① 合（conjunction），天文学术语。行星与太阳间的距角为 0 度的特定位置，这时看到它们同升同落。太阳在行星与地球之间称"上合"，行星在太阳与地球之间称"下合"。
② 约翰内斯·开普勒（Johannes Kepler，1571—1630），德国天文学家、物理学家、数学家，发现了行星运动三大定律（开普勒定律）。
③ 第谷·布拉赫（Tycho Brahe，1546—1601），丹麦天文学家。开普勒曾是他的助手。

还可以像一些不时掠过地球的彗星轨迹那样是抛物线形或双曲线形的。运动方程（例如描述地心引力的牛顿方程）也是随着时间推移绘制出的轨迹方程。

理解行星轨道并不是代数在西方的第一个重大应用。不出我们所料，军事家们早就设想过，可否利用代数来解决作战问题？比如，已知敌军位置，可否计算出我军大炮发射的最佳角度？答案是肯定的：代数可以解答，炮火的威力可以发挥到最大。

## 战争的艺术

经常有研究人员在他们的研究成果转化为军用后大为悔恨，其中最著名的或许是原子科学家罗伯特·奥本海默。他领导的曼哈顿计划制造出了世界上首批核武器，在第一颗原子弹爆炸三年后，他宣称"物理学家们已经尝到过罪孽的滋味，这种滋味他们无法忘记"。[13]16 世纪的数学家尼科洛·塔尔塔利亚（Niccolò Tartaglia）表达过同样的羞耻感。

"塔尔塔利亚"实际上是一个绰号，意为"结巴"。尼科洛在布雷西亚（Brescia）度过童年。法国士兵突然来袭，他和母亲躲进一个小教堂。法国人闯入教堂，一名士兵用剑划破了尼科洛的嘴，这道伤口差点让可怜的尼科洛变成哑巴，但"结巴"是一个性格极其坚强的男孩。他不但活了下来（部分原因是他那慈爱的母亲为他舔干净了伤口），还克服了家庭的赤贫，自学成才，成为一名受人尊敬的数学家。

塔尔塔利亚的研究解答了"炮手问题"：大炮炮管的仰角与射程之间的关系，[14] 其后，他备受良心折磨。他说，这种代数应用"有害""会毁灭人类"，是"一种遭人责备、当受责骂和残忍的东西，上帝和人类应予之重罚"。于是他烧掉了所有的手稿。

后来，他转念了。

奥斯曼帝国的苏莱曼（Suleyman）大帝崛起，威胁整个基督教世界。塔尔塔利亚致力于保护他的基督教兄弟姐妹们，对使用他的新火炮科学来杀人的不适感有所消减。"看到狼要蹂躏我们的羊群，"他在给他的庇护人乌尔比诺公爵（Duke of Urbino）的信中写道，"形势危急，这些我一直秘而不宣的东西必须派上用场。"于是，他把火炮代数学知识透露给了公爵。

是什么决定了炮弹的弹道？想象一下，我们的大炮在 $x$ 轴上的 $p$ 点向坐落于 $q$ 点的目标水平射击。炮弹以速度 $v$ 离开炮管，我们将忽略空气阻力，假定作用在它身上的唯一加速度是重力 $a$，这意味着弹道将是一种圆锥曲线：抛物线。经过时间 $t$ 之后，炮弹到达 $q$ 点，也即

$$q = p + vt + 1/2\ at^2$$

换句话说，炮弹在 $x$ 轴上的最终位置是初始位置、速度乘以时间 $t$（速度乘以时间即距离）和一半的加速度乘以 $t$ 的平方三者之和。

不过，你可能不希望水平发射炮弹。要是你把大炮的炮管抬高到角度 $A$、以达到一个特定的射程时，你必须考虑影响炮弹飞行轨迹的水平和垂直作用两个方面。这样一来，我们又回到了三角学。

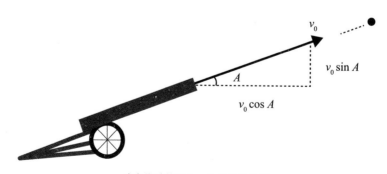

确定炮弹射程是一个三角学问题

垂直速度是 $v_0 \sin A$（其中 $v_0$ 是初始速度），当炮弹飞到最高时，这个垂

直速度将减少到零。接着，导致炮弹减速的力——重力将使其加速坠向地面，于是炮弹开始下落，因为没有新的外力，所以下落所用时间将与上行所用时间相同。与此同时，水平速度 $v_0 \cos A$ 保持不变（记住，我们忽略了空气阻力）。通过进行代数运算，我们可以得出炮弹下落的时间和飞行的水平距离。如果我们心中已经有了射程目标，那就可以调整 $A$ 的大小，使射程达到最佳。

　　塔尔塔利亚的研究成果只是代数在军事上的第一个应用。另一道军事代数应用题是，已知士兵人数，计算所需营地的大小；或计算一个营所需的军饷和粮草辎重。还有一个简单的问题，在特定时间内挖出一个特定规模的战壕需要派遣多少士兵？再有就是，一样火器需要配备多少火药？在 1579 年出版的《一部名为"军事学"的算术军事论著》（*An Arithmetical Warlike Treatise called Stratioticos*）中，伦纳德·迪格斯①解释了如何运用代数来解答上述所有问题。[15] 例如，他警告说，如果有一种火器，其体积为你拥有火器的一半大，你知道它所需要的火药量，但在计算你的火器所需火药量时却不能简单翻倍，必须用"三次方产生的数字"来计算，因为"比例法不可行"。换句话说，如果一支枪是另一支枪（火药用量已知）的两倍大，你需要 $2^3$（即 8）倍的火药，而不是简单的两倍。迪格斯还提出了以下兵器分配问题：

　　　　陆军准尉副官收到 60 套军备，每套军备包含 160 支矛和短兵器。将军希望将它们用于装备一个阵型，组成七列长矛阵。我想知道他应该用多少支矛、多少支戟来组成最强大的阵型，以及阵型中应当有多少士兵。

　　这在当时是个紧迫问题：指挥官必须知道如何在他们的各个步兵大队之间优化武器分配，以最大限度地提高他们的作战能力，同时保护他们在敌人的骑兵冲锋中不受践踏。在这一时期，两军交战时一般都会排出几何阵型，

① 伦纳德·迪格斯（Leonard Digges，1520？—1559），英国数学家。

掌握这些阵型对部队来说生死攸关，国家的命运也与之息息相关。迪格斯提出的这个问题其实就是代数里求解未知数的问题。他的第一个问题的答案是多少？2520 支矛。

就在塔尔塔利亚研究炮火代数问题的同时，数学正以另一种截然不同的方式转化为武器。在那一时期，精通代数的人仍然罕见，但凡有人展现出解题技艺，就会鹤立鸡群，以至于代数成为一个数学家证明自己比另一个数学家优秀，并可能借机抢走后者工作的手段。这种数学决斗的严重后果（被打败的数学家有可能饥寒交迫而死）加速了新代数解题方法的达尔文式进化。这是货真价实数学意义上的优胜劣汰，但幸存者们必须小心谨慎。专业数学家精心挑选代数艺术的传人，他们都不希望有学生向竞争对手泄密，或者为了抢夺老师的饭碗而挑战老师。结果，数学的传播速度迟滞，数学家之间日渐互不信任。我们通常不会把数学与秘密、嫉妒和偏执联系在一起，但在人类如何超越二次方、成功解出三次方程（$x^3$）和四次方程（$x^4$）的故事里，都有它们的身影。

## 三次方之战

我们的故事从一个熟悉的名字开始：卢卡·帕乔利。在他 1494 年出版的《算术、几何、比及比例概要》中，帕乔利宣称，虽然二次方程有一个通用的求根公式（即我们在本章前面介绍过的二次方程求根公式），但三次方程似乎找不到这样一个通用求根公式。在三次方程里，$x$ 的次数升到 3，如下：

$$ax^3 + bx^2 + cx + d = 0$$

帕乔利这么说，纯粹是出于求知欲，三次方程在当时并没有实践用武之地。尽管如此，曾经跟帕乔利合作过一次的、来自博洛尼亚的数学家希皮奥内·德尔费罗①还是奋起应战。他为一个相关的三次方程找到了一种解法，在这个方程式里，$b$ 为零，所以它是一个 $x^2$ 项缺失的"不完全"三次方程式：

$$ax^3 + cx + d = 0$$

像他那个时代的任何明智的数学家一样，德尔费罗没有向任何人透露他的解法。直到他临终，意识到自己活不久了，才把他的学生安东尼奥·菲奥尔（Antonio Fior）和女婿安尼巴莱·德拉纳韦（Annibale della Nave）叫到床边，向他们揭晓了解法。

这两个人的性情很不一样。德尔费罗的女婿不负岳丈的信任，对这一宝贵的数学知识守口如瓶。而学生菲奥尔则贪婪、充满野心，把缺项三次方程的解法视为致命武器，他决定首先挑战尼科洛·塔尔塔利亚。

1535 年，当菲奥尔发出挑战时，"结巴"正在威尼斯教授欧几里得定理。菲奥尔觊觎塔尔塔利亚的职位，按照当时的习俗向"结巴"发出挑战，要求进行数学决斗。他和塔尔塔利亚各自给对方出了 30 道数学题，菲奥尔出的所有问题都是缺项三次方程怎么解的变体。塔尔塔利亚立即领悟，菲奥尔肯定已经会解，而自己的饭碗能否保住取决于自己能不能解出来。作为一位才华横溢的数学家，他解出来了。2 月 12 日，塔尔塔利亚找到了不完全三次方程 $x^3 + px = q$ 的解法，第二天，他又解出了 $x^3 = px + q$ 类型的方程，随后，他又发现了 $x^3 + q = px$ 的解法。塔尔塔利亚成功解答了菲奥尔出的 30 道缺项三次方程，与此同时，菲奥尔绞尽脑汁也没能解完塔尔塔利亚给他出的数学题。这场比赛以塔尔塔利亚的胜利告终，他保住了工作，并公开放弃获胜者原应享受的 30 次盛宴，因此名声大振。颜面扫地的菲奥尔则像被打败的侏

---

① 希皮奥内·德尔费罗（Scipione del Ferro，1465—1526），意大利数学家，第一个发现了一元三次方程的解法。

儒怪一样，从此销声匿迹。

然而，塔尔塔利亚并没有从此过上幸福的生活。就在他和菲奥尔决斗的时候，一位生活在米兰名叫杰罗拉莫·卡尔达诺（Jerome Cardano）的知名数学家正在尝试完成一项伟业：他要写一本书，详细记录他那个时代的所有代数知识。[16] 卡尔达诺听说塔尔塔利亚会解缺项三次方程，就问他讨要解法，以便收录到书里。塔尔塔利亚明白解法的价值，没有答应。卡尔达诺再次向他讨要，承诺会在书里写明解法来自塔尔塔利亚，塔尔塔利亚再次拒绝。卡尔达诺又提出，他可以把塔尔塔利亚介绍给那些愿意为获得塔尔塔利亚在火炮数学方面的专业知识支付巨资的将军们，但塔尔塔利亚仍然不为所动。最后，卡尔达诺不得不提出一个奇特的提议，如果塔尔塔利亚能向他透露解法——数学家之间的学术交流，他将不胜感激，但不会将其公之于众。这一次，莫名其妙地，塔尔塔利亚就同意了。

拿到塔尔塔利亚的解法之后，卡尔达诺和他的学生洛多维科·费拉里（Lodovico Ferrari）着手求解完全三次方程，他们成功了——而且更上一层楼。在塔尔塔利亚发现的解法的基础上，费拉里想出了加入 $x^4$ 项的四次方程的一种解法。与三次方程一样，四次方程在当时没有实际用途，但卡尔达诺把它悉数写进了手稿里。然而，这部手稿没法发表，因为一切都建立在塔尔塔利亚的初始解法之上——而卡尔达诺发过誓，不会将其公之于众。

破局者是一位来自布雷西亚的名叫祖安尼·达科伊（Zuanne da Coi）的教师。他跟塔尔塔利亚相识，听说希皮奥内·德尔费罗不但把缺项三次方程的解法告诉给了菲奥尔，还告诉了他的女婿。或许达科伊向卡尔达诺和费拉里建议了，他们应该一起去拜访一下这位女婿。他们真的这样做了，并从德尔费罗女婿那里获悉了菲奥尔继承来的、塔尔塔利亚钻研出来的不传之秘。卡尔达诺随后出版了自己的手稿，严格来说，他没有违背对塔尔塔利亚许下的誓言，但即使到了今天，仍有学者对他的行为有异议。

塔尔塔利亚拍案而起。任何人，只要买了卡尔达诺出的书，就拿到了他那来之不易的（极其有价值的）缺项三次方程的解法。是可忍，孰不可忍？两人你来我往地发表了数轮公开信，塔尔塔利亚的文字日渐尖刻。他愤愤不平，要求跟卡尔达诺进行数学决斗，卡尔达诺输不起，拒绝应战。后来，塔尔塔利亚的家乡布雷西亚有一份美差，"结巴"前去求职，雇主表示，只要答应一个条件就录用他：跟卡尔达诺的学生洛多维科·费拉里公开决斗。

费拉里非常愿意同一个曾多次诽谤他爱戴的老师的人对阵。于是，1548年8月10日，两人在米兰的弗拉蒂·左科兰提（Frati Zoccolanti）花园会面，当着一群如痴如醉观众的面相互出题。塔尔塔利亚运气不好，费拉里在求解三次方程和四次方程方面的造诣更深，给"结巴"出的题目让其狼狈不堪，比如：

有一个立方体，它的边和面相加等于该立方体和它的一个面之间的正比例量。这个立方体的长宽高是多少？

以及

有两个数，它们的和等于两者当中较小的那个数的三次方加上这个小数的三倍乘以较大的那个数的平方的积，而较大的那个数的三次方加上这个大数的三倍乘以较小的数的平方，比这两个数的和多64。请问这两个数分别是多少？

以及

有一个直角三角形，画出从顶点到斜边的垂直线段后，斜边一分为二，其中一条直角边与斜边的对应部分相加得30，另一条直角边与斜边的另一部分相加得28。其中一条直角边的边长是多少？

塔尔塔利亚没有解出所有的题目，他灰溜溜地离开了米兰。他还是拿到了布雷西亚那份工作，但仅 18 个月后，对他失望的雇主就不肯付工资了。另一方面，费拉里成了当地名人，还斩获了一份肥差：神圣罗马帝国皇帝的米兰首席估税员。虽然时人依旧觉得他掌握的代数技巧没有实际用途，但多亏了这些技巧（他很可能再也没有用上过它），费拉里退休后过上了优渥的生活。

让我们暂停一下想一想，如果让我们来解缺项三次方程 $x^3 + 6x = 20$，会是怎样一种体验。你能解出来吗？卡尔达诺在《大术》①里是这样解的：

> 取 $x$ 的系数的三分之一的三次方，加上方程式中的常数的二分之一的平方，然后取这个和的平方根。接下来，重复这个过程，把前者同你已经取过平方根数字的二分之一相加，从后者中减去同样这个数字的二分之一……接着，用第一轮计算的得数的立方根减去第二轮计算的得数的立方根，余下的部分就是 $x$ 的值。

读起来就令人心生畏惧，对不对？但实际上，这不过是几何学。卡尔达诺的解法是这样的：他首先想象一个巨大的立方体，然后将其分成六个块状和一些更小的立方体——从本质上来讲，这就是一个三维版本的"化长方为立方"。他知道每一个细分形状的尺寸，也明白它们的体积之和与它们所组成的大立方体的体积相等。他把这一切简化为一个二次方程，求出了答案：$x=2$。[17] 如你所见，这个答案是否正确很容易验算。所以大家才这么喜欢围观数学决斗：谁占了上风、谁落败了，一看就清楚。

卡尔达诺希望在《大术》里呈现一个通用的、能解任何类型三次方程的方法，但这个解法一点都不直白，因为他不得不对方程进行多次变形。例

---

① 《大术》（*Ars Magna*，原文中为英文 *The Great Art*），16 世纪欧洲数学著作，由拉丁文写成。

如，他必须区别对待 $x^3 + mx = n$ 和 $x^3 + n = mx$。如今，即使我们只学过基本的数学知识，也能把它们改写为等价式，把 $m$ 或 $n$ 记为负值。但在当时，数学史上不仅没有任何一种符号帮忙改写方程，负数的概念也让人不安。所以，卡尔达诺把这两个方程的推演放在了两个不同的章节里（出于同种原因，塔尔塔利亚为 $x^3 = px + q$ 和 $x^3 + q = px$ 分别钻研了解法）。

不过，因为数学家最终领悟了用一个表达式消去 $x$、"化长方为立方"的窍门，他们为我们现在写为以下形式的方程找到了解法：

$$ax^3 + bx^2 + cx + d = 0$$

这个窍门把它变成了可以用卡尔达诺的缺项三次方程解法来求解的方程。《大术》详细介绍了费拉里是怎样通过一个类似的新解法解出四次方程（包含 $x^4$ 项的方程）的。

那么，包含令人望而生畏的 $x^5$ 项的五次方程又该怎么求解？卡尔达诺和费拉里设想过，也许可以用代入消元去掉 $x$ 的老招数来解，但最终他们没能找到解法。放弃是对的，在他们身后将近 300 年的 1824 年，一位名叫尼尔斯·阿贝尔（Niels Abel）的丹麦数学家证明，用代入消元法解出五次方程是不可能的。

事实证明，有一种方法可以解出五次方程。这种解法涉及一种叫椭圆函数（或椭圆曲线）的东西。该函数现在用于密码学，即保守秘密的科学，后面的章节会介绍。目前，我们先来看看这些二次、三次和四次方程都有哪些现代应用。乍一看，你会觉得它们是由塔尔塔利亚的解法发扬光大的。然而，"结巴"当年描述的是炮弹飞行曲线，近来的创新者则专注于为实物（如福特金牛座车型）打造曲线。正是在此我们可以看到，即使在高度发达的技术社会，代数还在帮助我们解决一些最紧迫的问题。

## 为世界拗出曲线

1974 年，美国人加一加仑 ① 汽油花费 40 美分左右。1981 年，往汽车油箱中注入同等燃料需要 1.31 美元。美国汽车制造商意识到，他们必须做些什么来让美国人继续驾车出行。但应该做什么呢？重新设计汽车发动机，大力提升燃油效率？这太难了。还是设计更符合空气动力学原理的车身吧。

1986 年上市的福特金牛座轿车是美国第一款真正符合空气动力学原理的家用型轿车。虽然我们现在很难理解，但在当时美国人的眼里，这款流线型汽车非常时髦——事实上，正因如此，保罗·范霍文（Paul Verhoeven）才在他 1987 年执导的描写未来警察试制具有人类头脑和机械身体的生化电子警察的影片《机械战警》中，选择了这款汽车作为机械战警的座驾。当时，金牛座车型已经问世一年，但它看起来仍然像一辆来自未来的汽车。为什么？因为它有曲线。在金牛座车型出现之前，美国汽车都是四四方方的。车身的直线制造起来方便，但在行驶时，方正的车身增加了阻力，降低了燃油效率。不过这没什么大不了的：美国的汽油很便宜，但大西洋彼岸的情况就不同了。

1986 年的福特金牛座轿车
IFCAR, Public domain, via Wikimedia Commons

---

① 美制容量单位，1 加仑合 3.785 升。

在欧洲，税收政策长期推高燃油价格。20世纪70年代，油价持续上涨，欧洲车主已经被汽车使用成本高昂这个问题困扰了很久。不过，他们找到了这个问题的部分解决办法：制造符合空气动力学原理的曲线形车身。

对福特来说，幸运的是，该公司派驻欧洲的一位名叫杰克·特尔纳克（Jack Telnack）的设计师刚刚调回美国。在大洋彼岸任职的那几年里，特尔纳克目睹了欧洲品牌汽车首创的、为节油而设计的流线型车身的演变。

福特的工程师们没办法随便找个数代入方程就让钢筋弯曲机弯出曲线来，他们也没办法每设计一条曲线就往计算机里输入几千个点来绘图——实在是太低效了。他们必须找到另一种方法生成需要的曲线，但是特尔纳克知道，两位法国汽车设计师在20世纪60年代初就已经解决了这个问题。

众所周知，这类曲线叫贝塞尔曲线，但法国雷诺汽车公司的皮埃尔·贝塞尔（Pierre Bézier）或许应当把创新的一半功劳分给雪铁龙公司的保罗·德卡斯特约（Paul de Casteljau）。事实上，大部分的数学演算都是德卡斯特约做的。不过，将其运用于机房、引得众人效仿的还是贝塞尔。

弄懂贝塞尔曲线的最好方法是找一张纸，画出一个三角形的两条边，角度随意。设一条线段为 $AB$，另一条线段为 $BC$。接着，把它们分成相同数量的几个子线段，比如分成10段，从 $A=0$ 开始给 $AB$ 线段上的子线段编号，到 $B$ 点正好是10，然后再从 $B=0$ 开始给 $BC$ 线段上的子线段编号，使 $C=10$。现在，在1和1之间、2和2之间、3和3之间……分别画直线，将两点相连。

你能看到这条曲线吗？其实你没画过它，你只画了直线。但是你画的每一条直线都与这条曲线成"切线"——也就是说，这条直线只接触到曲线上的一个点，而曲线的确切形状由 $A$、$B$ 和 $C$ 的相对位置决定。

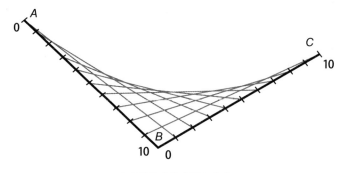

由直线构出的贝塞尔曲线

贝塞尔称 B 点为"控制点",因为当你移动 B 点时,你会得到不同的曲线。如果只有一个控制点,所有曲线都能用一个包含 A、B、C 值的二次方程来定义。如果你再加上一个控制点,得到的曲线就是一个三次方程。再加上一个控制点,你就得到一个四次方程的曲线。如果你不想添加控制点,可以改为添加曲线。就像卡尔达诺和费拉里通过将四次方程降次为三次方程(以及将三次方程降次为二次方程)来找到二次方程的解一样,你可以画两条二次曲线,让它们相交,从而得到三次贝塞尔曲线;画两条三次曲线的,让它们相交,形成四次方程曲线。

曲线形车身的福特金牛座轿车一经推出就广受好评——更重要的是,它扭转了此前福特汽车销量一蹶不振的势头。说代数拯救了美国汽车工业也不为过。[18]

贝塞尔曲线这种创建任何你想要曲线的简便方法不仅造就了现代的流线型汽车,也在桥梁、楼宇和飞机建造中派上了大用场。此外,在一般人注意不到的地方——比如字体——也有它的贡献。这本书,无论你是在纸上还是在电子阅读器上阅读,都是因为代数才成形的。每次你用到 Truetype 曲线描边字体,如新罗马字体(Times New Roman)、赫维提卡字体(Helvetica)或库里耶字体(Courier),你都在创建二次贝塞尔曲线,定义墨水或像素在页面上的位置。[19]

既然设计师们用代数为现实世界中的物体赋型，那么他们用代数来塑造虚拟世界也许不足为奇。有些计算一模一样：例如，电子游戏设计师必须用二次方程、三次方程和四次方程编程，以使他们的虚拟世界（以及在其中开火的武器）逼真。建筑师在设计时也必须服从代数的规则，以尽量减少空间浪费、优化房间比例。企业家们在推出新产品时使用二次函数来优化定价和库存。这些计算都不比卡尔达诺、塔尔塔利亚和费拉里的能耐高深——而且大部分现在都由计算机软件代劳，但代数还在默默塑造我们所在环境的形状和我们对世界的体验。

现在让我们再深入一点探讨，因为代数也可以帮助我们组织属性和行为不在肉眼观察范围内的事物。事实证明，我们所在宇宙的隐藏结构可以通过代数来描述——所以物理学家们才会像古希腊人一样，对宇宙的数学本质如此着迷。这个数学领域被称为"抽象代数"，名字有点奇怪——好像我们一直讨论的代数还不够抽象似的。诚然，它有时也被称为现代代数，但即使是"现代"这个标签似乎也有点问题。毕竟，它的鼻祖是一位 1832 年去世的名叫埃瓦里斯特·伽罗瓦 [①] 的年轻法国人。

## 伽罗瓦、诺特 [②] 和宇宙代数

"别哭，阿尔弗雷德！我需要所有的勇气才能在 20 岁时死去！"据说这是伽罗瓦对他弟弟说的最后一句话。伽罗瓦在一次手枪决斗中受了致命伤，

---

① 埃瓦里斯特·伽罗瓦（Evariste Galois，1811—1832），法国数学家，发现每个代数方程必有反映其特性的置换群存在，从而解决了是否能用根式解代数方程的判断问题，创立了"伽罗瓦理论"。

② 诺特（Amalie Emmy Noether，1882—1935），德国女数学家，1933 年因纳粹迫害迁居美国，抽象代数学的奠基人之一，其创立的一般理想论，是近世抽象代数的基础。著有《结合代数系统及其表示》《非交换代数》等。

对手应该是他的情敌，和他不约而同地爱上了一位名叫斯蒂芬妮的年轻女子——历史学家们觉得她很可能是伽罗瓦房东的女儿。

人生才刚开始，就长眠于巴黎蒙帕尔纳斯公墓的平民群葬坑，尽管如此，伽罗瓦已名垂青史。如今，伽罗瓦被誉为群论之父。群论是数学的一个分支，可以理解为仿照动物学分类，人们为代数解题步骤划分的群组。生物学家们将某些生物体归集为哺乳动物、真菌或细菌，数学家们则将代数表达式归集为具有共同属性的群。例如，所有二次方程都可以用一套通用方法来求根，因此可以归纳为一个群。

厘清生物分类的细节后，我们的视野变得更为宽阔：自然选择进化论就是在它的基础上发展起来的。代数分类的作用与之类似，有了它，我们能够更好理解关于宇宙的宏大真理，例如组成所有物质的"粒子动物园"（particle zoo）的结构。从伽罗瓦开始，这一努力在 2012 年随着日内瓦欧洲核子研究中心发现希格斯玻色子而达到高潮。

代数为什么会产生如此深远的影响？仅从粗浅的角度理解，假设我们已经求出了一个三次方程的三个根：$a$、$b$ 和 $c$，接下来想找出它们三者之间的关系，我们可以构建这样的表达式

$$(a-b)(b-c)(c-a)$$

然后，我们试着把根交换一下，用 $a$ 替代 $b$，$b$ 替代 $c$，$c$ 替代 $a$，于是表达式就变成了

$$(b-c)(c-a)(a-b)$$

这其实跟调换带括号的表达式的顺序是一样的。如果你计算两种方法的值，会得到同样的结果。

如果我们仅交换 $a$ 和 $b$ 的位置会怎样呢？表达式变成了

$$(b-a)(a-c)(c-b)$$

这与原表达式乘以 $-1$ 的效果相同：正数变成了负数，负数变成了正数。也就是说，如果先这样变形，然后取结果的平方，得到的结果跟原表达式结果的平方是一样的（正如婆罗门笈多在引入负数概念时所说，两个负数的乘积为正数）。

伽罗瓦发现了一系列这样有共性的代数表达式，于是将它们集合起来，按表达式的变形和根之间的关系进行分组。这听上去似乎没什么大不了的，但它俨然已经是数学的一个核心支柱了。

伽罗瓦显然知道自己的发现很有价值，据传他在决斗前夜，把所有的文件都整理好留给了他的朋友奥古斯特·舍瓦利耶（Auguste Chevalier）。[20] 伽罗瓦还留下了一封信，为自己的仓促托付致歉。"我希望以后有人会发现破译这些乱七八糟的东西对他们有用。"他写道。在谦逊语气的衬托下，伽罗瓦英年早逝的悲剧性愈发凸显。

伽罗瓦的洞察之所以宝贵，是因为变形把抽象代数和对称性这一物理特征联系了起来，例如，上述表达式中的 $a$ 和 $b$ 位置互换与镜像中的左右互换没什么两样。

对称性是指在改变某个东西后，观察它的外观或行为是否发生了变化。如果没有变化，这就是对称性。如果有变化，可以说对称性遭到了破坏，或称残缺对称性。几何学里有简单的对称性例子：正方形沿其对角线反射对称。如果你沿正方形的对角线竖起一面平面镜，镜面中的半个正方形与镜面下方的半个正方形一模一样。将正方形分别旋转 90 度、180 度、270 度和 360 度，可获得四个旋转对称性。如果只旋转 45 度，它的外形有变（更像一个菱形），那么对称性就被打破了。

在粒子物理学中，对称性用抽象代数来描述，所涉及的变化比较复杂。例如，你可以交换两个粒子，如果此后它们的相互作用没有改变，这就是一种对称性。还有一个很好的例子是，交换两个电子的电荷，两个正电子的相互排斥与两个电子的相互排斥完全相同，这就是电荷对称性。

对称性是我们理解物理世界的关键，因为许多物理过程可以用反射、旋转或简单交换来表述。既存在空间或时间的对称性，也有电荷等物理属性方面的对称性。对称性和守恒定律之间有深刻的关联。根据守恒定律，一个物理系统的某些属性不可能说消失就消失。以能量守恒定律为例，你可能记得上学时物理老师教过，能量可以从一种形式转化为另一种形式——例如，把一块巨石滚到山顶，动能就转化为势能，但它永远不会从宇宙中消失。当巨石从山顶的另一侧坠落时，一些能量可能会以声音的形式消散，另一些则会重新转化为动能——巨石的动能，还有山上的土壤和岩石被滚动的巨石碾压到而产生的动能，但能量不会消失。究其原因，在于物理学法则的对称性：简单来说，它们在时间上是对称的，不会分分钟发生变化，甚至不会在上一个千年和下一个千年之间发生变化。其他对称性为其他守恒定律奠定了基础，例如，行星围绕太阳运行的轨道具有旋转对称性，与角动量的守恒有关。不过这一系列洞察并非来自伽罗瓦，而是一位名叫埃米·诺特的杰出数学家的研究成果。

令我惊讶的是，阿马莉·"埃米"·诺特是我们这本书介绍的第一位女性。实话实说，数学领域对女性的偏见根深蒂固，诺特差点就被埋没了。她的父亲是一位数学教授，父母希望家里所有孩子都走学术道路。然而，诺特的兄弟脚下的道路却平坦许多。

埃米·诺特 1882 年出生于德国埃朗根。她天资聪颖，但准备上大学时，求学之路受阻，父亲所在的埃朗根大学尚未招收女生。历经曲折获得本科和研究生学位后，她再次碰壁：没有大学愿意为她提供研究或教授数学的有偿工作。

　　挚爱数学的诺特在埃朗根大学无偿教了 7 年书，直到她的才华引起了德国一流数学家的注意，她才找到一条出路。大卫·希尔伯特 ① 和费利克斯·克莱因 ② 邀请她到他们所在的哥廷根大学数学研究所工作，但尽管他们地位显赫，也无法说服哥廷根大学支付诺特的工资。作为希尔伯特的助手，诺特无薪工作了 4 年，直到 1922 年才终于获得哥廷根大学的带薪职位。那时，她已经完成了一部分她一生最重要的研究工作——事实上，这些研究称得上是数学界有史以来最杰出的研究。[21]

　　如果你想知道诺特究竟有多优秀，请往下读。她 53 岁时因外科手术引起并发症而英年早逝，爱因斯坦闻讯后在《纽约时报》上宣称："诺特小姐是自妇女接受高等教育以来涌现的最重要的创造性数学天才。"[22] 说真的，这番赞扬也有贬义：诺特去世时，不论男女，她都是世界上最伟大的代数学家。爱因斯坦对此心知肚明，他在构思广义相对论的某个部分时曾经一筹莫展，后来是诺特帮他走出了困境，当时他写信给大卫·希尔伯特，要求"让诺特小姐向我解释这个问题"。[23]

　　诺特定理将伽罗瓦的代数群（及此后关于代数的许多其他发现）纳入了一个雄心勃勃的分级分类计划。就好像这个领域的其他人都在狂热地研究他们各自的一亩三分地，而诺特漫步入内，看出所有人贡献之间的关联性和互补性，连点成线，连线成面，编织出一幅全局图景。这甚至对其他领域也有着深刻的影响，比如拓扑学（描述几何图形被扭曲和拉伸时属性发生变化的数学分科）。1996 年的一次演讲中，德国拓扑学家弗里德里希·希策布鲁赫（Friedrich Hirzebruch）说，尽管诺特甚少涉足拓扑学，但"她发表的半句话产生了永恒的影响"。[24]

---

① 大卫·希尔伯特（David Hilbert，1862—1943），德国数学家，19 世纪和 20 世纪之交国际数学界的领袖人物，影响遍及整个数学界，代表作有《数论报告》《几何基础》等。

② 费利克斯·克莱因（Felix Klein，1849—1925），德国数学家。1886 年起，他和希尔伯特等一起形成了格丁根数学学派，首先提倡改革中等教育的数学内容，影响了近代的数学教学。在数学史方面，著有《19 世纪数学的发展》。

多亏了诺特的抽象代数方程，我们得以寻找物理学的新法则、粒子和力。每每对称性被打破，背后总有原因，而且通常是某种力的存在导致的。事实上，这是物理学家发现未知自然力存在的典型方法。例如，20 世纪 60 年代初，物理学家默里·盖尔-曼（Murray Gell-Mann）花了一些时间研究可用于描述原子核的抽象代数对称性，他发现，这些对称性表明除了质子和中子，原子核还应当包含其他基本粒子。1964 年，他发表了一篇论文，预测某种尚不为人知的粒子存在，认为它们聚集在一起形成质子和中子。他在阅读詹姆斯·乔伊斯[1]的作品《尤利西斯》时，很喜欢书里一个单词的发音，于是就用它来命名这种粒子。不久后，实验证明了盖尔-曼预测"夸克"的存在，盖尔-曼旋即获得诺贝尔奖。

同样，诺特的抽象代数让彼得·希格斯[2]及其同事在 20 世纪 60 年代注意到，粒子物理学的深处还潜伏着一种尚未发现的粒子。神出鬼没的"希格斯玻色子"（Higgs boson）终于在 2012 年被发现，希格斯也获得了诺贝尔奖。

希格斯玻色子是粒子物理学拼图中缺失的最后一块碎片，事实证明，整个粒子集都可以从诺特抽象代数所罗列的对称性和守恒定律中推导出来。代数刚诞生时可能只是一个税收工具，但因为有了它，宇宙的原理现在展现在我们面前。

## 如何心想事成

接下来要讨论的是你今天可能已经用到的代数知识，这个故事要从 1998 年说起。那一年，斯坦福大学计算机科学系的两名学生发表了一篇论

---

① 詹姆斯·乔伊斯（James Joyce，1882—1941），爱尔兰作家，创作中使用意识流手法，作品结构复杂，造语奇特，极富独创性，但思想内容和语言均较为晦涩。代表作有长篇小说《尤利西斯》《芬尼根的守夜灵》，短篇小说集《都柏林人》等。
② 彼得·希格斯（Peter Higgs，1929—），英国理论物理学家。

文，引言中写道：[25]

　　依靠关键词匹配的自动搜索引擎返回的匹配结果往往质量过低，更糟糕的是，一些广告商甚至试图通过误导自动搜索引擎来获取人们的关注。我们已经建立起了一个大规模的搜索引擎，解决了现有系统的许多问题。

　　两位作者谢尔盖·布林和劳伦斯·佩奇把这个搜索引擎命名为谷歌（Google），"因为它是'古戈尔'（googol），也就是 $10^{100}$ 的常用拼写方式，与我们建立特大规模搜索引擎的目标非常吻合"。在很短的时间内，他们的特大规模搜索引擎就征服了世界，早在 2006 年，"google"就作为动词进入了《牛津英语词典》，其释义为一种查找信息的常用手段。

　　谷歌的网页排序（PageRank）算法是线性代数的一种巧妙应用。[26]线性代数中变量（在本例中是关于互联网页面的数据）的处理一般不取平方数、立方数或任何其他幂值。所以，$y=4x$ 属于线性代数运算，$y=4x^2$ 则不是。

　　线性代数的概念由来已久。现今存世最古老的记录中国线性代数的文本可以追溯到公元前 2 世纪之前，之前，文本探讨了方程组的解法，包含找出变量之间关系的所有"联立"方程。中文文本中的"方程"一词意为"数组"。现代线性代数使用了各种令人头晕的专业术语，如"向量"和"矩阵"，"本征向量"和"本征值"。事实上，谷歌王座背后的力量被描述为"价值25 000 000 000 美元的本征向量"。但我们只需要了解线性代数的这一点：它的方程式从本质上说就是数学电子表格，一个运算就可以处理整个巨大的数据阵列。

　　谷歌算法只是线性代数的无数强大应用之一。可以说，没有线性代数，你所知道的世界就无法运转。我们现在已经很擅长同时处理许多变量，并找出它们之间的关系，以便优化变量间相互作用的某个特定结果。除了谷歌搜索，线性代数还驱动航空公司的各项业务：航班时刻表、机队计划、飞机航线、机组人员配对、登机口分配、飞机保养排程、机上餐饮服务计划、培训计划和行李搬运程序等，这些都属于用线性代数解决的优化问题。下一次吃飞机餐的时候，请记得感谢代数。[27]

联邦快递和优比速利用线性代数计算最佳的送货路线。再想想你的购物活动和支持这些活动的物流：你光顾的超市怎样把所有的商品弄到店里的？如果你在网上购物的话，这些商品是怎样送到你家的？——通过线性代数。医疗行业也要用到线性代数：手术安排、外科医生、预约和药品配送，相当于现代人在研究怎样才能最好地利用你手中的矛和戟。就连你的谷歌搜索结果传递到电脑屏幕上的方式（在互联网上传递信息的物流路径选择）也依赖线性代数。诚然，这些计算现在大都被写入了软件，就像三角学已经编入建筑师使用的计算机辅助设计软件包一样，但它仍然是你日常活动的一部分。现代生活无可比拟的便利性归功于数学家们，他们几乎为所有的物流问题创造了代数解决方案。

甚至可以说，线性代数是人类绵延到 21 世纪而没有自我毁灭的唯一原因。冷战，美国和苏联之间长达 44 年脆弱但基本和平的对峙，很大程度上是这个数学领域的产物。

第二次世界大战结束后，美国和苏联之间的关系恶化，不动声色地以核毁灭威胁。双方的数学家团体均想方设法利用他们的长处来确保这些威胁永远不会兑现，其中最有名的是约翰·福布斯·纳什①。传记《美丽心灵》以他为主人公，改编成电影后由罗素·克劳主演，荣膺奥斯卡奖，这部电影聚焦于纳什精神疾病的恶化及其对纳什家庭和事业的影响，令人遗憾的是，电影没有细讲他的研究——以及无数其他人的研究，是怎样把我们从全面核战争的深渊旁拉开的。

———————————

① 约翰·福布斯·纳什（John Forbes Nash，1928—2015），美国数学家、经济学家。主要研究博弈论、微分几何和偏微分方程。因其在非合作博弈论的均衡分析理论方面的开创性贡献，而与另两位数学家同获 1994 年诺贝尔经济学奖。著有《实代数流形》等。

你可能听说过"共同毁灭原则"。乍一听,避免核战争似乎很简单:如果双方都拥有足以毁灭对方的核武器(核武器本身就是抽象代数的产物),那么谁都不会先下手为强,因为对方的报复及随后一轮又一轮的打击会让地球不再适合居住。但真相远比这要复杂得多。

这里涉及的代数研究被统称为博弈论。它听上去可能很无聊,所以我解释几句,好让你明白时人对博弈论背后的数学家有多看重。在那个时代,任何人均不得与铁幕①另一侧的同行见面。双方都知道,如果允许研究博弈论的数学家们相互交流,共同毁灭的可能性就会降低。1971 年,来自美国、欧洲和苏联的博弈理论家在立陶宛的维尔纽斯举行了一次史无前例的集会。距离这次集会不到一年前,苏联、美国和其他国家刚刚签署了《不扩散核武器条约》,各方都希望维持和平,而允许各阵营的数学家会面是这一战略的核心。[28]

本书无法描述他们在会上对数学所做的全部贡献,许多内容都很难,就连数学系本科生也都只学过个大概,有些内容是关于在所有缓解条件下对威胁的最佳反应的计算,有些讨论了在互不信任的情况下应储备多少核武器最优,还有一些侧重于如何最好地投资、部署反制措施。

多年来,大批数学家一直致力于军备竞赛的代数研究,但约翰·纳什鹤立鸡群,这是因为他提出了著名的"纳什均衡",用代数方法来寻找化解两方互不信任困境的最佳途径。纳什均衡用一种复杂的线性代数来描述一种场景,即两个对立方无论怎么做都不会好于目前的状态。均衡策略或许不是任何一方的最佳策略,但它是唯一不会让局势变得更糟的策略。在纳什均衡中,双方虽不满,却无意改变这种状态:因为诸害相权取其轻。

约翰·纳什因提出纳什均衡存在的条件及达到该均衡所需的策略,获得了诺贝尔经济学奖,不过他的历史贡献还是被低估了。纳什向冷战双方证

---

① 铁幕(Iron Curtain),描述第二次世界大战结束后国际关系中东西方对抗的象征性词语。1945 年 5 月 12 日,英国首相丘吉尔在致美国总统杜鲁门的电报中首次使用该词。

明，他们应该接受相敬如宾的缓和局面，而不是考虑任何进一步的行动。从本质上说，他用代数让世界变得更加安全了。我不禁想，尼科洛·塔尔塔利亚如果知道，应该会赞许吧。

## 费马[①]大定理

在我们结束代数这个话题之前，我想向你保证，有时候，即使看似简单的代数问题也会让专业数学家们束手无策。你可能听说过费马大定理，把它描述出来很容易，但人们花了几百年的时间才找到解法。

法国数学家费马去世于 1665 年。虽然他是一位伟大的思想家，但他在世时拒绝发表任何成果。费马死后，他的儿子萨米埃尔（Samuel）决定把父亲所有的论文收集起来，并发表其中最显著的成果。在翻阅父亲参考过的丢番图（Diophantus）著作《算术》（*Arithmetica*）副本时，萨米埃尔发现某页空白处有一段手写的拉丁文批注，其大意为："一个三次方不可能是两个三次方之和，一个四次方不可能是两个四次方之和，或者一般来说，只要幂大于 2，任何幂值都不可能等于两个次数一样的幂值之和。我对这个命题已经有了一个十分奇妙的证明，这里的空白太小，写不下。"

今天，我们把费马的措辞改写为：在下述等式中

$$x^n + y^n = z^n$$

当 $n$ 大于 2 时，$x$，$y$ 和 $z$ 无解——除非解可以为零或非整数。

费马还在很多地方写下了潦草的批注，宣称自己能够证明某个定理，而梳理他论文的数学家们最终把这些证明都找出来了——除了提到丢番图方程

---

[①] 费马（Pierre de Fermat，1601—1665），法国数学家。早年研究概率论，在数论、几何学和光学等方面都有贡献，是解析几何的创造人之一。

的那个，"费马大定理"因此得名。

可以看到，如果 $n=2$，我们有边长分别为 3、4、5 的毕达哥拉斯式三角形作为一组解，因为 $3^2+4^2=5^2$。找到其他解真的有这么难吗？这是最终证明费马大定理的数学家安德鲁·怀尔斯（Andrew Wiles）自 1963 年以来一直在问的问题。那年他 10 岁，在家附近的图书馆读到了一本相关的书。"从那一刻起，我就知道我永远不会放手。"他说，"我一定要证明它。"[29]

直到 1995 年，怀尔斯才大功告成。在此之前，他经常痴迷地独自一人默默研究。现在，怀尔斯已经成为数学界的名人，但有一个关于费马大定理的问题连他也无法回答：费马真的证明出来了，只不过失传了，对吗？

我们知道，如果费马的证明真的存在，它也不会跟怀尔斯的一样。怀尔斯使用的数学方法在费马的时代根本不存在。因此，如果费马确实证明出来了，他所用的应该是一些 17 世纪就可以摸索出来但此后被湮没的数学技巧。这似乎不太可能，不是吗？然而，话虽如此，费马所做的其他证明都已经大白于天下，为什么我们非得认为这个证明虚无缥缈呢？

从诸多角度来看，费马大定理只是代数之艰深的一个浅显例子，数学家们构建的方程远远多于他们能求根的方程。正因为如此，理论物理学的根本诉求并非为描述宇宙中力和粒子之间相互作用方式的代数方程求根，而是找到近似的解，够用即可。当代物理学大师爱德华·威滕（Edward Witten）曾将量子场论（我们对宇宙的核心数学描述）称为"一个使用 21 世纪数学的 20 世纪科学理论"。[30]此话怎讲？他的意思是，或许这个世纪都不够我们发展出理解宇宙所需的代数。代数已经存在了几千年，但人类对它的钻研还远远不够。

代数的用途已经得到多次证实，也许这并不是一件坏事，正如我们所见，代数为我们提供了无数解决后勤难题的方法，从军队安营扎寨的最佳方式到维护世界和平的算法。它就像聚光灯，在它的照耀下，无论是物理学理论中神秘莫测的粒子，还是网络服务器上的文件，都纤毫毕见。代数解决了税收问题，让我们得以脱身度假，还揭示了天体的运行轨道。对代数的探索还在继续，谁知道未来这个学科还会带来什么？

在等待下一个代数发现的同时，我们至少可以欣赏一下微积分这个已经大功告成的数学分支。人类以惊人的速度发现、拓展和应用微积分，它改变了我们处理运动和变化中事物的方式。微积分研究基本上在一个世纪内已大功告成，此后引发了科学、医学、金融——当然还有战争方面的革命。事实上，微积分可以说是第二次世界大战中促使美国参战的关键因素。不过我们将从下文中知悉，微积分从一诞生就在无数场战斗中占据了中心位置。

# 第四章　微积分

## 人类的工程设计

　　关于谁发明了微积分，至今仍有争议，但毫无疑问的是，微积分改变了世界。微积分利用无穷大和无穷小的力量，将美国带入第二次世界大战，推动了全球金融体系的崛起，使城市、桥梁和气候预测的建设成为可能。微积分的价值可以用一句话来总结：它让我们有能力预测看似不可预测的事情。很多人认识到了这一点，将其付诸实践。小说家列夫·托尔斯泰、"喷火"战斗机的设计者、阻断人类免疫缺陷病毒（HIV，又称艾滋病病毒）流行的医学研究人员，还有阿尔伯特·爱因斯坦本人，只是乘着微积分翅膀翱翔的众多人士中的几位代表。

　　1940 年 7 月，盖洛普民意调查向美国公民询问他们是否支持对德国和意大利开战，86% 的受访者表示反对。到了 9 月，即便是在美国历史上第一次和平时期征兵之后，反对者所占的比重也下降到了 48%。[1]美国人在 7 月到 9 月之间学到了什么？学到了希特勒并非战无不胜。[2]

　　这一点是他们从当年 8 月到 9 月在英格兰和英吉利海峡上空展开的不列颠之战中了解的。英国皇家空军英勇抗击德国空军，举世瞩目，美国记者拉尔夫·英格索尔（Ralph Ingersoll）甚至不顾生命危险，跨越大西洋来到伦敦实地采访。返美后，他报道说看到"平民百姓在几乎持续不间断的恐怖中坚持下来，支撑他们的唯有几乎令人难以置信的勇气和信念"。英格索尔把英国人夸得天花乱坠：

> 难怪阿道夫·希特勒在面对心理变态的英国人又是跺脚又是大骂。让这样一个懦夫来理解他们的勇气一定很难，对任何人来说都很难，但事实就是事实。伦敦人不慌不忙地坚持了下来，每一天都在埋葬死者，包扎伤员，每一天都回去，在被轰炸过的码头上为船只卸货，打开商店大门正常营业，扑灭起火点，修复电话线和自来水总管，铲除街道上的瓦砾，回到他们的工厂上班。[3]

他说，最终，英国人赢得了一场从此将永远回荡在历史中的胜利："9月7日至15日在伦敦上空进行的战斗可能会像同滑铁卢或葛底斯堡战役那样留名青史。"他很可能没有想到，这是一场源于微积分的胜利。

微积分是数学的一个分支，专门针对变化中的事物。无论你想实现财务收益、设计制造桥梁、火星任务、战争机器，还是对地球未来的一瞥，微积分都是不可或缺的工具。当年你的数学老师开始教微积分的时候，很可能是从艾萨克·牛顿和行星的运动讲起。本书的切入点则是波普伊·休斯敦（Poppy Houston）和飞机的运动——具体来说，是超级马林喷火战斗机（Supermarine Spitfire）。

1931年，超级马林是一家想法多、资金少的英国飞机制造企业。它的主要产品是水上飞机，且在著名的"施奈德杯"水上飞机比赛中连续两次获胜而声誉卓著。不幸的是，英国政府当时刚刚取消了对该公司的资助。

大萧条时期，英国首相拉姆齐·麦克唐纳（Ramsay McDonald）有其他的优先事项要考虑，政府没钱投资给超级马林公司计划开发的超高速单翼飞机。此时，英国最富有的女性，休斯敦夫人隆重登场。

波普伊·休斯敦1857年出生于伦敦东部兰贝斯区的一个工人阶级家庭，一度以在歌舞团跳踢腿舞为生，吸引了一连串有钱男人的目光。她先后嫁给了其中三人。到了 1931 年，前两任丈夫已经去世，各自给她留下了一笔可观的财富。有时，她会愿意把钱用来做善事，出保释金把女权活动家埃米琳·潘克赫斯特（Emmeline Pankhurst）从监狱里救出来的就是她。听说超级马林公司囊中羞涩、无力再战"施奈德杯"飞行大赛后，她同样出手救助。

休斯敦夫人性格火暴。她曾经撕毁过一位丈夫的遗嘱，因为他告诉她，在他死后，她可以得到 100 万英镑。她说，这个微不足道的金额让她感到一文不值——一句话激得这个丈夫把她的继承权提高到 500 万英镑。休斯敦夫人说，她之所以赠予超级马林公司 10 万英镑——相当于今天的几百万英镑，并非出于高尚的仁爱，也不是为了拥有超级马林公司赞助人的头衔沽名钓誉，而是希望能夯实英国的军事能力。她谴责政府的吝啬态度，愤怒地宣称："每个真正的英国人宁可卖掉他的最后一件衬衫，也不愿承认英国没有能力自卫。"[4]

休斯敦夫人的捐赠被用于建造超级马林 S6 型水上飞机。后来，这种椭圆机翼的水上飞机的浮筒改为了轮子，再加上一些其他的改装，这款水上飞机演变成了标志性的、在不列颠战役中大展雄风的超级马林喷火战斗机。

喷火战斗机的首席设计师雷金纳德·米切尔（Reginald Mitchell）的性格似乎跟休斯敦夫人不相伯仲。米切尔说，他上司给他的新飞机起名为"蠢得要死"。试飞原型机时，他警告飞行员，他团队出的主意经常傻里傻气，还说："如果有人跟你讲飞机的事情，但内容很复杂，绕来绕去地把你绕晕，请记住我的话——那全是胡扯。"[5]最让他出名的是，他不屑于纯粹主义者对喷火战斗机机翼形状的追求。"我才不管它是不是椭圆的呢！"他对负责机翼设计的加拿大航空工程师贝弗利·申斯通（Beverley Shenstone）说，但申斯通对此很在意——因为他懂数学。

1907 年，就在莱特兄弟完成第一次动力飞行四年后，一位名叫弗雷德里克·兰彻斯特（Frederick Lanchester）的数学家证明，机翼后缘会产生空气涡流，[6]尾涡又会产生"诱导阻力"，向后拉动机翼。更重要的是，诱导阻力在低速飞行和飞机爬升或俯冲时会增强。这意味着它会影响飞机操纵性能。兰彻斯特指出，大多数鸟类已经演化出一种近似椭圆形的翼型，越到翼尖宽度越窄，这种形状应当可以减少诱导阻力。他没有进行相关的数学计算，但别人做了。到了 1918 年，航空设计师们知悉，"双椭圆"机翼（即具有椭圆前缘和后缘的机翼）受到的诱导阻力最小已经得到数学证实。申斯通明白，如果你想造出速度快、身姿灵活的飞机来，椭圆机翼是必由之路。[7]

申斯通年轻时在加拿大多伦多设计过船体，[8] 一开始，这是他的爱好，逐渐地，爱好变成激情。后来，他攻读了工程本科学位和飞船设计硕士学位，另辟蹊径，进入了蓬勃发展的飞机界，并沉浸其中。23 岁那年，他在德国容克斯①公司找到一份工作，钻研飞行理论。1931 年，他回到英格兰后发现，如果他真心想设计出改变世界的飞机，就必须埋头研究微积分。

## 变之数学

微积分也许是史上最普遍适用的创新。你可能会质疑这个说法，认为轮子才是有史以来运用最广泛的发明。然而，轮子的用途实则非常有限。事实上，每一项基于轮子的技术都用到了微积分（并且因为微积分而得到改进）。更重要的是，微积分与取代轮子的运输技术密切相关，如飞机和太空火箭。就其对文明的影响而言，微积分超越了你能想到的任何东西，包括枪支，例如，要是你想计算一个核弹头的当量，你就得用上微积分。

微积分和持续变化的参数组如影随形。以一架大型喷气式飞机的燃油需求为例：随着燃油的消耗和飞机自重的降低，维持飞行所需的燃油量会发生变化；或者，一个采用浮动利率的储蓄账户的年收入随着利率的波动而波动；或者，粮食的市场价格会随着市场供求关系的起伏而起伏。所有的这些例子都要用到微积分。此外，你甚至可以像托尔斯泰那样，把微积分作为一

---

① 容克斯（Junkers），德国飞机制造商，创立于 1895 年。

种隐喻。请看托尔斯泰《战争与和平》中的这段文字：

> 由无数人类的肆意行为组成的人类运动，是接续不断的。
>
> 了解这一运动的法则，就是史学的目的。但是，为了了解不断运动着的人们肆意行动的总和的规律，人类的智力把连续的运动任意分成若干单位……历史科学在其研究中总是抽取越来越小的单位来进行研究，竭力想用这种方法接近真理……
>
> 只有抽取无限小的观察单位（历史的微分，即人们的各种同样的趋向），并且找到求它们的积分的方法（就是得出这些无限小的总和），我们才有希望了解历史的规律。

托尔斯泰在用微积分的原理和语言解读历史。[9] 例如，积分学研究的是把微小的、无限小的片段加起来——换句话说，把它们集合成一个整体。微分学则是把一个变化划分成越来越小的单位，然后计算变化的效果，从中推断出支配一个连续系统的法则。

这些都是微积分先驱艾萨克·牛顿知晓并认可的术语和做法。《战争与和平》被广泛视为 19 世纪最伟大的小说，托尔斯泰怎么会把几个世纪传承下来的数学原理写进书里？部分原因是托尔斯泰有一位数学家密友，但最主要的原因在于，微积分的原理令所有喜欢思考变化如何发生的人难以自拔。

在对微积分的述评中，托尔斯泰首先向读者介绍了埃利亚的芝诺（Zeno of Elea）提出的一个关于运动的悖论。我们已知的芝诺悖论有多个不同版本，托尔斯泰研究的是阿基里斯与乌龟的悖论：阿基里斯和乌龟赛跑，但乌龟先行起跑，阿基里斯的速度是乌龟的十倍。但芝诺说，阿基里斯无论如何都追不上乌龟。

原因很简单。阿基里斯需要一定的时间来跑完乌龟领先的那段距离，而在这段时间里，乌龟已经移动了——当然，只移动了阿基里斯跑过距离的十分之一，但阿基里斯还是赶不上它。接着，阿基里斯必须跑完乌龟新近移动的距离，但就在他跑的时候，乌龟再次移动。托尔斯泰说："把运动切割成越来越小的单位，我们只能接近问题的答案，但永远无法达到精确答案。"换句话说，阿基里斯似乎永远也追不上乌龟。

当然，这很荒唐。阿基里斯肯定会追上，并且超过乌龟。托尔斯泰解释说，芝诺论证的问题在于，它没有考虑到无穷："只有在我们承认无穷小的概念之后……我们才会找到答案。"如果你能把连续运动的步骤分成无穷小的小块（尽可能小但不为零），并允许步骤无穷，那么阿基里斯就能追上乌龟。这种无穷的分割就是微积分的意义所在。

## 直到无穷

既然无穷的概念是微积分的核心，我们应该先来认识一下它。切记，无穷是一个概念，不是一个数字。小孩子在游乐场上比大小，总有一个孩子声称自己报的数字比别人的大。同理，无论你报出多大的数字来，总有一个比它还大的数字。我们可以把无穷看作一种简略表达法，它指代一个永无穷尽的序列的终点。

虽说如此，无穷仍然是数学数景中的一部分。例如，自然数（0，1，2，3，4……）的数目就是无穷多。偶数的数目也是无穷多，奇数也是。我相信你不会觉得这有什么本质上的怪异之处。奇特的是，从数学上看，这三个无穷数都一样大，尽管自然数的数量必须等于奇数的数量加上偶数的数量。

不过，有些无穷数的确比其他数要大。例如，1874 年，数学家格奥尔格·康托尔[1]证明，"实数"的数量大于自然数的数量。换句话说，他证明了

---

[1] 格奥尔格·康托尔（Georg Cantor，1845—1918），德国数学家，集合论的创始人，由于得出"有理数全体与自然数全体可以一一对应"这样的结论，和有理数"多于"自然数的常识相悖，曾引起数学界的争论，对 19 世纪末 20 世纪初的数学基础产生重大影响，而今，集合论已成为现代数学的基本语言。著有《集合论基础》《超限数理论的建立》等。

与所有整数和介于它们之间的小数相关的无穷数，要比只跟整数相关的无穷数大。他进一步证明，还有比实数的数量更大的无穷大——事实上，有无限的无穷大，然后他就精神崩溃了。

如果无限的无穷大让你感到不安，你不妨这样安慰自己，康托尔同时代的大多数人同样不愿意也不能够理解这个想法——是这种外界对他研究的抗拒，而不是无穷概念本身，导致了康托尔的精神崩溃。但正如我们之前所说，数学思考是超自然的，它需要人类付出极大的努力。如果数数超过三就是违背了人类的天性，那么走向更多，走向你永远无法真正理解的无限的无穷大，更是勇气可嘉。

我假设你有这个勇气继续往下读。在我们讨论微积分本身之前，我们还需要搞懂另一件令人费解的事情：无穷还包括一个逆向进程。之前提到过，除了无穷大，还有无穷小（infinitesimal）。

想象一下，把黄瓜切成越来越小的段。首先，你把它一切为二，然后二切为四。拿出其中一个四分之一，将其对半切开，每段是原来黄瓜的八分之一。再拿出其中的八分之一，继续对半切。理论上，最终你会切出一个小到无法用任何数字（无论是分数还是小数）来描述的小片，这就是我们所说的无限小：几乎等于，但不等于零。它最接近于零，唯一比无限小还小的是零本身。当我们把时间、距离或其他任何东西分割到无限小的时候，我们就进入了微积分的领域。

第一个尝试这样做的人是德国天文学家约翰内斯·开普勒。不过，他的目的不是为了加深我们对星星的理解，而是为了在他的婚礼上省钱。[10]

1613 年，开普勒第二次结婚。婚礼在奥地利林茨举行，开普勒找了个酒商为庆典提供一桶葡萄酒。然而，商人计算这桶酒成本的方法让他大为震惊。首先，此人将酒桶沿桶身倒放，有封塞孔的一边朝上，然后，他把一根棍子插入一个封塞孔里，用力往下摁，然后再往桶侧推，直到棍子碰到桶身与顶面（桶顶）的交点。酒的价格取决于在木桶内被酒打湿棍子的长度。

　　此前，开普勒已经计算过行星轨道的形状，描述过各种光学现象，研究过包装球体最高效的方法，还证明了雪花具有六边形对称性。他本能地知道，这种葡萄酒定价法可以改进。他随即指出，一个细长的木桶可以打湿同样长度的棍子，但里面装的酒却很少。起初，他只是与酒商争论，但在婚礼之后，他把争论写成了一本书，题为《测量酒桶的新立体几何》（*New Solid Geometry of Wine Barrels*），并于 1615 年出版。在书中，他采用了一个方案，将酒桶分割成越来越小的圆形切片，以便计算体积并记录了怎样把无限的无穷小切片的体积相加得出总体积。

　　开普勒还试图确定酒桶的最佳形状，即能使容积最大化的尺寸。他构建了一个三次方程，用于显示酒桶体积怎样随着酒桶长度的变化而变化（酒桶直径不变），并且断定，在这条曲线的拐点上，即长度为直径的 $2/\sqrt{3}$ 倍时，酒桶体积最大。事实证明，奥地利制桶业实际采用的比例与之非常接近。

　　这一项研究体现了微积分的精髓。首先，微积分用于理解一个量在另一个相关的量被改变时所发生的变化。比如木桶体积随木桶尺寸的变化而变化，或者一辆从静止状态加速离开起点的汽车，其所行驶的距离随着速度不断加快而变长，抑或是随着某种病毒毒性的增强，感染人数可能增加。第二，微积分还被用于寻找最大值和最小值。多大剂量的抗癌药物最有效？鉴于波音 747 飞机在飞行过程中会燃烧油料，但它自重越重，每飞行 1 英里所需要的燃油就越多，那么加注多少燃油才能使它的航程最远？

　　开普勒的酒桶研究被普遍视为微积分的先驱之作，至于谁是微积分真正的发明者，这场声名远扬的争论仍在继续。这是因为在 17 世纪下半叶，艾萨克·牛顿和德国博学家戈特弗里德·莱布尼茨① 之间长期激烈的争论始终没有令双方满意的结局。然而，事实上，这两个人的研究都不是从零开始

---

① 戈特弗里德·莱布尼茨（Gottfried Leibniz，1646—1716），德国自然科学家、数学家、哲学家。数学上，和牛顿并称为微积分的创始人。数理逻辑的前驱者。

的。除了开普勒的酒桶研究，17 世纪上半叶，费马已经做了一些曲线下面积的计算，并且找到了曲率最大点或最小点，可以看出这些都是微积分的重要组成部分。牛顿本人说过，他是"从费马画切线的方法"中推导出微积分雏形的。要是勒内·笛卡儿听到这句话，他会气得死不瞑目，他也做过类似的研究，还跟费马激辩过先来后到的问题。但是，一位名叫博纳文图拉·卡瓦列里（Bonaventura Cavalieri）的意大利数学家研究过无限小，这也为莱布尼茨和牛顿的研究打下了基础。英国学者约翰·沃利斯也在 1656 年发表过《无穷算术》（*The Arithmetic of Infinity*）一书。简而言之，莱布尼茨和牛顿的确卓尔不凡，但他们的成就建立在许多其他人的研究之上，所以，让我们停止争论，继续探索微积分吧。

## 寻找艾滋病化解之道

微积分本质上是代数的延伸：它是一套工具，用于加深对代数所编码的线段和曲线的理解。不过，上学时，老师们并不一定这么教导我们，只是让我们把微积分当作一套抽象任务的规则来学习。例如，我们学会了怎么求与二次方程相关图形的斜率，却没有真正理解为什么要这样做。因此，本书对微积分的介绍将从实际应用开始：求出一条与致命感染在人体中扩散方式相关的曲线的梯度，或称斜率。事实证明，微积分的这种应用在保护我们免受HIV 最严重的破坏上发挥了重大作用。

我们很容易忘记，当年艾滋病肆虐之时，事态有多么危急。在 1981 年报告首批病例后，HIV 迅速成为全球灾祸。到了 2007 年，艾滋病已经导致50 多万美国人死亡，美国拒绝任何 HIV 阳性者进入该国。2009 年，华盛顿特区的艾滋病感染率高于西非——高达 3%，特区卫生局将该病称为"严重且传播极广的流行病"。[11]

今天，仅仅过了十几年，HIV 感染已不再是死刑。事实上，HIV 感染者可以过上相对正常的生活。发生了什么？答案是微积分。

1989 年，艾伦·S. 佩若森（Alan S. Perelson）创建了一个基于微积分的数学模型，描述 HIV 对人体的感染和后续病毒与人体免疫系统之间的斗争。[12] 他将情况简化为四个"微分"方程，描述当血液中未经治疗的病毒浓度等因素随时间变化时，人体内发生的变化。解微分方程涉及一个名为"微分法"（differentiation）的过程，它是微积分的核心所在。从本质上说，这是一个寻找某物在某一特定点上的变化率的过程。

*梯度随着你沿斜坡上行而变*

你也可以把微分看作量化跑上一个斜坡所需力气的方法。在上图中往山上跑，一路上花的力气并不相同。坡度一开始很陡，但后来就平缓了。这座山实际上是由许多不同的坡度组成的：它们一开始很大，但随着你的上行，便逐渐变小。微分这种方法可以确定在山坡曲线上某一特定点上你所需的上山的力气。

这个过程通常从曲线的对应代数方程开始。斜率得自"高度变化除以长度变化"（rise over run）：$y$ 的垂直距离变化（$dy$ 表示 $y$ 的变化）除以 $x$ 的水平距离变化（$dx$ 表示 $x$ 的变化）。接着，斜率被定义为 $dy/dx$，它有时被称为描述曲线方程的"导数"。直线的导数很容易求出来，但如果是一条下面这样的曲线呢？

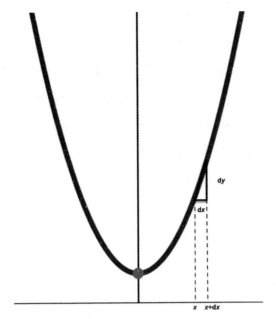

曲线的梯度等于高度变化（d$y$）除以长度变化（d$x$）

这条曲线可以用下列方程表示：

$$y = x^2$$

之前已经介绍过，曲线的斜率会随着你沿着曲线的移动而改变。在这种情况下，与斜率不变的直线相比，找到曲线上某一点 $x$ 的斜率难度更大。因为确定斜率需要知道高度变化和长度变化，涉及两个不同的点；长度变化是指一个 $x$ 值和下一个 $x$ 值之间的差，而高度变化是指我们在这两个 $x$ 值之间移动时 $y$ 值的变化。那么，哪个斜率值才是我们想要的呢？

求解这个问题需要一个技巧，就是让两点之间的差异尽可能小——其实是无穷小。这有点复杂，别急，慢慢来，看看我们上学时学到的一般规则是怎么来的。

还是以 $y = x^2$ 为例。我们想确定某一点 $x$ 的导数，也就是斜率，为了计算斜率，我们需要知道水平距离变化，于是我们从 $x$ 点移动到紧邻的 $x + dx$ 点。记住，$dx$ 很小。我们可以把 $x$ 的第二个值插入方程中，得到 $y + dy$，即发生高度变化的两点中的第二个点。因为曲线的代数表达式为 $y = x^2$（换句话说，$x$ 乘以 $x$），所以 $y + dy$ 等于（$x + dx$）乘以（$x + dx$）。

为了求解，我们必须把它展开，用第一个括号里的每一项乘以第二个括号里的每一项。于是我们得到

$$y + dy = x^2 + xdx + xdx + dx^2$$

还记得我们说过 $dx$ 是 $x$ 的一个很小的分数吗？这意味着 $dx^2$ 是一个很小的分数的平方，也就是一个更小的分数。事实上，它实在是太小，我们甚至可以将其忽略不计。这样的话，上面的等式可以整理成：

$$y + dy = x^2 + 2xdx$$

为了计算斜率，我们需要知道从 $y$ 到 $y + dy$ 的高度变化。我们的第一个点是 $y = x^2$，第二个点是 $y = x^2 + 2xdx$。因此，高度变化 $dy$，即这两点之间的差，是 $2xdx$。

长度是指从 $x$ 点到 $x + dx$ 点的距离，这两点之间的差为 $dx$。因此，高度变化除以长度变化为

$$\frac{dy}{dx} = \frac{2xdx}{dx}$$

方程右边的两个 $dx$ 相互抵消（一个 $dx$ 被另一个 $dx$ 除，其商为 1，和 3

除以 3 等于 1 一样），于是方程简化为

$$\frac{\mathrm{d}y}{\mathrm{d}x} = 2x$$

换言之，$y = x^2$ 的导数是 $2x$。

你可以用同样的过程求出其他曲线的导数，但最终你会发现，求曲线导数有一条通用规则：如果

$$y = x^n$$

那么

$$\frac{\mathrm{d}y}{\mathrm{d}x} = nx^{n-1}$$

假设我给你下列曲线方程：

$$y = 3x^2 + 5$$

为了求出导数，我取 $x$ 的"指数"（指数就是升幂后的幂，此例中为 2）和 $x$ 前面的系数相乘。如果方程里的某一项不含 $x$（此例中为 +5），它就变成了零。于是，导数就是 $6x$。因此，举例来说，曲线上对应 $x=5$ 的点的梯度是 30。

如今，怎么求其他类型的曲线的导数，有不同规则可以遵循，此外还有解若干类型表达式组合的方法。但从本质上说，这一切都可以归结为找到某

个特定点的斜率。

佩若森正是这样运用微分方程的,他把 HIV 的浓度变化率等以曲线的斜率表示。他在论文中为 T 细胞、巨噬细胞、病毒和抗原分别列出了微分方程,比如:

$$\frac{\mathrm{d}V}{\mathrm{d}t} = pI - cV$$

其中 $I$ 是受感染细胞的浓度,$p$ 是每个受感染细胞在体内产生新病毒颗粒的速度,$c$ 是身体免疫系统清除病毒的速度,$V$ 是血液中病毒颗粒的浓度。至于 $\mathrm{d}V/\mathrm{d}t$,现在你可能已经能猜到了,是血液中病毒浓度随时间变化的速度,这个速度相当于显示病情随时间变化的曲线的斜率。研究人员做完全面分析后发觉,感染可以划分阶段,每个阶段都可以用数学方法来建模。

在佩若森发表论文的那一年,美国艾滋病病例数达到了 10 万例的里程碑,国会成立了国家艾滋病委员会。佩若森的模型是一条生命线。他旋即开始与临床医生和研究人员合作,完善他的模型和其中的参数。其中,他和由物理学家改行从事生物学研究的何大一(David D. Ho)的合作意义应当最为重大,两人一起用微积分证明了,我们需要三种"抗逆转录病毒"药物的组合才能从根本上清除人体内的 HIV。[13] 这就是"三联疗法":由三种抗逆转录病毒药物组成鸡尾酒,将 HIV 感染从致死率极高的疾病变成了可控的问题。

从血液循环的分析到癌症扩散,以及化疗效果的估计,微分方程改善医疗保健的例子数不胜数。不过,微分方程对人类生活体验的改善远不止于医疗保健。如果你开车或走路经过一座悬索桥,比如纽约的布鲁克林大桥或者横跨日本明石海峡的明石海峡大桥,就说明你相信造桥工程师们用对了微分方程。造桥光靠数学当然不够,但的确始于数学运算。通常,工程师们用一组微分方程来描述桥梁材料的质量、刚度和运动阻力之间的相互作用。例如，他们可能要考虑一个体现改变悬索间距如何影响悬索张力的微分方程，然后选择一种悬索布局，使张力随着桥上负载的增加尽可能最小（也就是说，张力对负载的曲线应当有一个接近于零的斜率），最大程度保证桥梁安全。建造摩天大楼也同样如此，从地基的荷载如何随着建筑高度的增加而变化，到它在风暴中的扭曲和摇晃程度，都需要在设计阶段进行微分方程计算。在你生活的环境中，任何历史不到 150 年的建筑物、道路、隧道和桥梁，在设计过程中都进行过某种形式的微分计算。

## 累积游戏

微分只是微积分硬币的一面，硬币的另一面是"积分"，它实际上是微分的逆运算（尽管在它被发明的时候没有人知道这一点）。积分是指把一条曲线分割成微小的片段，然后把每个片段下方区域的面积相加。为什么要这样做呢？因为它往往是理解某些事物（无论是国家经济、在轨道上飞行的卫星，还是热带风暴）表现的关键。

相比上一段我给出的例子，典型的积分例题有点平淡无奇。想象一下，一辆汽车加速离开停靠地点，5 秒后它的时速达到 36 英里，10 秒后达到 50 英里。如果我画一个速度与时间的关系图，应该跟下图差不多。

如果你想知道这辆车在 10 秒内走了多远，该怎么办？车速和时间是"唯二"已知条件。没问题，你这样想：速度用每小时行驶多少英里来衡量，而时间以时为单位（如有必要，可以将其拆分为秒）。如果我把速度和时间相乘，也就是：

$$\frac{英里}{时} \times 时$$

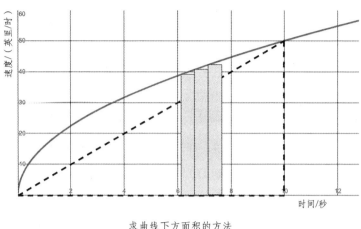

求曲线下方面积的方法

　　两个时间单位消项后就只余下了英里单位，即距离。换句话说，用图中的垂直距离乘以水平距离，就像求正方形或长方形的面积一样，可以获得新的信息。但还有一个问题没解决：上图既不是一个正方形也不是一个长方形，所以它的面积无法直接计算。如图中虚线所示，我们可以画一个直角三角形来计算近似面积，但它漏掉了很大一部分面积。更好的近似方法是将曲线下的面积分成若干个矩形（如图中的三个灰色矩形），然后将它们的面积相加。但即使这样也不是很准确，除非你画出很多很多个矩形，每个矩形的宽度都可以忽略不计。我说的"很多很多"是指无穷多，"可忽略不计"是指无穷小。

　　让我们设想一条类似上面描述汽车行驶速度、y 变量取决于 x 变量的平滑曲线。假设我们希望计算出该曲线下方的面积，即它与 y 轴相交的点和从我们所考虑的 x 轴上的任何点向上画出的垂直线之间的面积，让我们把这个区域分成细长的矩形。每个矩形的宽称为 dx，大致高为 y。于是，每个矩形的面积 dA 都是 y 乘以 dx 的积，示意如下：

$$dA = y\,dx$$

如果等式两边分别除以 $dx$，就有了：

$$\frac{dA}{dx} = y$$

还记得我们是怎么求出 $dy/dx$ 的吗？那是一个描述 $y$ 如何随着 $x$ 的变化而变化的"导数"。就这样，我们偶然间发现了导数、面积、$y$ 和描述初始曲线各点之间的关系。积分就是这么来的——本质上，它是"微分的逆运算"。莱布尼茨规定了积分（或者说求和）的符号：$\int$，旧时人称"长 s"，体现它代表了无穷个微小求和的事实。通常，你在要积分的东西后面加一个 $dx$，就知道是在探讨它是怎么随 $x$ 的变化而变化的。$y = ax^n$ 的积分是该方程对应曲线下方的面积，可以写成：

$$\int y dx = \frac{a}{n+1} x^{n+1} + C$$

$C$ 是一个未知的常数（记得吗？我们在做微分计算时放弃了任何不含 $x$ 的项，所以做逆运算的时候必须恢复它们，虽然它们是未知数）。

同微分学一样，积分学也在现代生活的许多方面发挥着作用。例如，天气预报和气候建模中有求照射在地球表面日光总量和的运算，以预测总降雨量可以判断是否有洪水风险。美国国家航空和航天局的工程师们运用积分学规划航天器飞行轨迹，当黑人先锋数学家凯瑟琳·约翰逊（Katherine Johnson）为艾伦·谢泼德（Alan Shepherd）1961 年执飞"自由 7 号"飞船和约翰·格伦（John Glenn）次年执飞"友谊 7 号"飞船计算飞行轨道时，不得不进行积分计算。幸运的是，她在这方面是个奇才——以至于格伦要求她全权负责检查新型电子计算机的运算结果。[14]

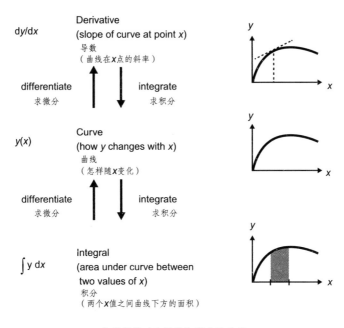

曲线及其对应导数和积分的关系

## 饱受精神折磨的微积分大师

如今，积分计算相对简单，是数学家标准工具箱的一部分。然而，它的发现过程异常艰辛。莱布尼茨和牛顿攻克它的角度不同。牛顿的推导在当时非常先进，以至于他不屑于向同时代人解释。他曾经相当傲慢地告诉后者，他只要"不到半刻钟"就能求出任何曲线下方的面积，他又补充说，这一惊人的速度归功于"一个取之不尽的喷泉，尽管我不会试图向他人证明这一点"。[15] 相反，他利用图形和几何的知识来引导时人理解相关的基本原理。

毫无疑问，牛顿的同时代人感到自己有点蠢笨。我们所有人第一次接触到微积分时都会有同感，但我们不应该自卑。尽管我们可以按照给定的步骤得到正确的答案，但微积分背后的理念、推导过程和其中所涉及的想象力飞跃确实令人难以置信，而且极其艰深。阿基米德在牛顿和莱布尼茨提出解题思路的1000多年前就已经迈出了第一步。一路走来，笛卡儿和费马等数学界名人只看到了它的影子。要真正入门，你必须想象得出无穷大和无穷小。你必须认识到（费马和笛卡儿没能悟出这一点），曲线的切线（微微触及曲线的那条直线）告诉你该点的曲线斜率，并为理解该曲线的所有属性提供途径。你必须能够像牛顿和莱布尼茨那样，创造出一长串被称为无限级数的无限项求和，并且像他们一样洞悉这些项会相互抵消，从而拨开密密麻麻的推导灌木丛，发现其后隐藏的小径。微积分酝酿了1000年才问世是有原因的。

读到这里，你可能会纳闷，什么样的人才能想出这些东西？他们是你在大多数情况下都不会想打交道的人。例如，费马白天是图卢兹法庭上的律师和法官，晚上回到家，不和家人团聚，而是关起门来研究数学问题。他无意同外界分享他的发现，在世时没有发表过任何见解，我们现在所知的研究成果是从他留下的笔记本和日记里找到的。

不过，费马倒是在写给其他数学家的信中提到过他的一些发现，正因为如此，勒内·笛卡儿才听说了费马。他们有一位共同的熟人，名叫马兰·梅森（Marin Mersenne）。不同于费马，笛卡儿相当自负，一位同时代人评价他"冷酷自私"。他吹嘘自己发现了为任何曲线作切线的方法，并说，"这不仅是我所知道的几何学中最有用和最普遍的问题，也是连我都想探究的问题"。

笛卡儿从梅森那里得知费马在十年前就解决了这个问题，深感难堪。为了挽回颜面，他仔细检查了费马的证明，然后宣称他发现了一系列令人尴尬的错误——这根本就是瞎扯。

几十年后，牛顿回敬笛卡儿，称他为"滥竽充数的数学家"之一。[16] 牛顿可能不是个外行，但他这个人总体来说相当不讨人喜欢。据说他很少笑，而且他本人承认小时候有一次威胁要把母亲和继父在家里烧死。他把那些试图理解他的研究但又做不到的人称为"半瓶子醋"，而且果断避开他看不上的人。"即使我能够获得并保持公众的尊重,我也看不出公众的尊重有什么可取之处。"他曾说,"这也许会扩大我的社交圈,而这正是我两耳不闻窗外事的原因。"[17]

莱布尼茨也相当自负,他曾经吹嘘说,他的微积分工作囊括了"关于这个主题大部分的研究成果"。同样,他也不善交际,但他至少对此感到遗憾。他曾对一位朋友抱怨说,他似乎"举止有欠优雅,因此常常破坏他人对我的第一印象"。他终身未婚,没有留下后代。笛卡儿和牛顿也没有结过婚,也没有留下后代。费马至少成家了,虽然他宁可独处也不愿意和家人共度时光。然而,他们的人格瑕疵跟第一批真正利用牛顿和莱布尼茨的研究成果来谋取私利的人的卑鄙行为相比,简直是小巫见大巫,后者把日子过成了一出狗血肥皂剧,蓄意破坏、幸灾乐祸、人身攻击和俗套的兄弟阋墙,应有尽有。你应该听说过电视连续剧《波吉亚家族》(*The Borgias*),现在准备好见识伯努利家族(the Bernonllis)了吗?

## 吵个没完的伯努利兄弟

17 世纪中叶,伯努利家族只是一个在瑞士巴塞尔从事香料生意的家族。[18] 1655 年出生的雅各布·伯努利是该家族最早展露数学天赋的成员。他遵从父母的意愿,在大学里主修神学,但同时还辅修数学和天文学——尽管他的父母对这种离经叛道的表现很不满意。雅各布比较循规蹈矩,毕业后当上了新教牧师,但他对数学如痴如狂:只要有空,他随时随地都在钻研数学,还去巴塞尔大学教授力学课程。最终,他的宗教事业告吹,学术研究却扶摇直上。1687 年,他被任命为数学教授。他和弟弟约翰一起研究莱布尼茨的微积分。

约翰也很有数学天赋,他不愿意听从父亲的安排继承家族香料生意,要求上大学。最终,家里同意他进入大学攻读医学学位。然而,他也很快便开始辅修数学。

一开始，兄弟俩的合作相当顺畅，成果卓著。他们用平实的语言解释莱布尼茨晦涩难懂的微积分，还为其指出应用方向。约翰在他的自传里写道，他们只用了几天时间研习莱布尼茨的一篇微分学论文，旋即洞悉"全部窍门"。然而，几年后，两人之间的裂痕开始显现。我们从他们的著作中可以看出，约翰认为他是在与雅各布合作，而雅各布认为约翰只是他的学生。很快，兄弟阋墙，两人的研究也因此受到影响。

1690 年，雅各布写了一篇论文，用"积分"一词来描述一种求解诸如曲线下的面积等累积属性的方法，但约翰坚称这个词是他发明的。他把雅各布描述成一个迟缓的、步履蹒跚的学习者，而他自己则是一个头脑敏锐的天才，有着近乎天启的洞察力。1694 年，雅各布在一篇公开发表的文章中指出，约翰解决某个特定问题的"反正切"方法低效、应用面狭窄。据他所说，这只是一个把戏。

两人不再遮掩，约翰在写给一位两兄弟共同熟人的信中抨击说，哥哥"对我充满愤怒、憎恨、羡慕和妒忌。他怀恨在心……他无法忍受我这个弟弟受到的尊敬和他这个哥哥一样多，他乐此不疲地折辱我"。此后不久，他给已经同伯努利兄弟建立合作关系的莱布尼茨本人写信："（雅各布）出于无法向他人言说的仇恨，对我进行了严酷的迫害。"后来，他又指责他的兄弟"像牛顿先生一样诡秘"。

与此同时，雅各布向莱布尼茨抱怨，他弟弟"话语充满恶意"。他们大张旗鼓公开决斗：约翰故意给雅各布出了一道精心设计的、与微积分有关的数学题，意图让雅各布难堪。雅各布以牙还牙，给约翰出了一道更难的数学题。一个匿名的旁观者告诉约翰，如果他能在三个月内解出这道题，就给他 50 银币。据约翰说，他花了不到 3 分钟就找到了一个解法，但这个解法并不完美。双方争论不休，雅各布在一本学术期刊上公然嘲笑约翰徒劳无功的努力。

久而久之，旁观者们兴味索然，尴尬难堪。同行们告诉兄弟俩，如果他们能消除分歧，就可以入选英国皇家科学院。雅各布反对让约翰进入皇家科学院，还对一位朋友说，他们的同行"高估了我弟弟的能力"。此时，约翰已经当上了格罗宁根大学的数学教授。他被孤立——家人们都站在雅各布那一边，但他依然桀骜。"没有他我也行。"他给一位两人共同的朋友写信说，"我什么都不靠他，我也什么都不欠他。"

他们至死都没有和解。1705 年，雅各布痛风病危，家人们强迫约翰前去探望。可约翰还在路上，雅各布就死了。因雅各布在病床上留下遗言：约翰继承了雅各布在巴塞尔的教授职位，但仅此而已，雅各布临终前指示家人，不许约翰接触任何他的著作，家人们也顺着他的意这么做了。

约翰似乎把他的挫折感发泄在了他的儿子丹尼尔身上。伯伯去世时，丹尼尔才 5 岁。他的数学天分惊人，渴望成为一名出色的数学家，探索微积分的力量。然而，令人费解的是，约翰追随自己父亲的脚步，不许丹尼尔学习数学，只许他学医。最终，约翰屈尊教了儿子一些微积分，当儿子表现出数学天赋时，他震惊不已。1734 年，丹尼尔在巴黎科学院举办的一次比赛中与父亲并列第一名。约翰因被迫分享荣誉而非常愤怒，把丹尼尔赶出了家门。几年后，丹尼尔再次获得这个奖项，遥遥领先于父亲。约翰怨气冲天地宣称，丹尼尔的获奖作品，即发表于 1738 年的《流体动力学》（*Hydrodynamica*）一书，剽窃自他本人的《水力学》（*Hydraulica*）。他在巴黎科学院里挥舞着《水力学》说，这本书 1732 年就出版了。事实上，约翰伪造了出版日期；他的书比丹尼尔的著作晚一年出版，是他抄袭了儿子的作品。

丹尼尔品格高尚，多次试图调和父子之间的分歧，每次都无功而返。但他并没有因此放弃将他父亲（和伯伯）的数学创新成果应用于重大问题，还创造出了一些有史以来最具影响力的数学应用。

## 微分，疾病和导数

"我只是希望，在与人类福祉密切相关的问题上，一切决定都应该以分析和计算为基础。"丹尼尔·伯努利在 1760 年发表论文的开头写道。这篇论文建议利用微积分计算，判定是否应当为所有人接种天花疫苗。他本人认为应当全员接种——而且他有数据为证。[19]

根据伯努利的计算，18 世纪总人口的 75% 都感染了天花。天花致死人数占总死亡人数的 10%；仅在伦敦一地，某些年份的天花死亡人数就达到了 15 000 人。成年人普遍对天花有免疫力，能活下来是因为他们的身体已经产生了疾病抗体。但儿童易受感染。孩子们是否应该接受新的疫苗接种呢？伯努利写下了几个方程式。

他的第一个方程式计算了从未患过天花的人数，这只是目前人口的一小部分。第二个方程式预测了每年感染天花、因天花死亡的人数，以及如果天花被根除多少生命能得到挽救。以下摘录自他的原文：

> 在这个年龄段没有得过天花的人数 = $s$……，$-ds$ 项等于在 $dx$ 期间感染天花的人数，而根据我们的假设，这个数字为 $sdx/n$；因为如果在一年的时间里，每 $n$ 人中有 1 人感染了天花，那么在 $dx$ 期间，$s$ 人中会有 $sdx/n$ 人感染这种疾病……

在上述分析中，我们看到了熟悉的 $dx$ 和 $ds$ 符号——都是莱布尼茨立下的规矩。伯努利在后文中还进行了积分学和微分学讨论。他的结论是，数字指向的结果非常清楚：法国应该全员接种疫苗。

这是头一回有人试图用数学来影响公共卫生政策。如果没有微积分，他根本做不到，但这次尝试没有成功。尽管有丹尼尔的数学论证，法国公民还是不愿意接种天花疫苗。

接着，丹尼尔·伯努利认识到微积分也可以应用于经济领域。他在这方面抛出的第一个见解是"货币的边际效用递减"。这个定律可能听起来有点乏味。[20] 我换个方式解释一下：如果你拥有大量货币，再多一点货币对你的影响远远小于对那些原本拥有货币较少的人的影响。或者，用他的话来说："毫无疑问，1000 金币的收益对一个贫民来说比对一个富人更有意义，尽管两者的收益是一样的。"

用微积分术语来表述的话，$x$ 是你当前的财富，它给你的效用为 $u$。伯努利说，财富增加带来的效用变化 $du/dx$ 随着财富的增加而递减。这算不上什么惊天动地的大发现，但它播下了将微积分应用于经济理论研究的种子，而且这是一个试图改变文明、不愿回到瓶中的精灵。

你还记得前文中米利都的泰勒斯是怎么盘剥橄榄种植者的吗？或许当时我们就应该意识到，数学就是力量。亚里士多德说，泰勒斯这么做只是为了说明一个观点：哲学家想发财很容易，但他们意识到了有比发财更重要的事情。然而，泰勒斯可能在无心之间证明了，如果拥有财富对你来说很重要，那么学好数学将大有裨益。难怪华尔街、伦敦金融城和全球其他金融中心都抢着招募精通微积分的数学和物理学毕业生。

泰勒斯对榨油机未来价值的预见，导致了如今人们一直在试图预测任何可能被用来赚钱的商品的未来价值。任何做过股票买卖的人都会告诉你，金融交易本质上就是赌博。这正是金融背后数学源于概率论的原因。

概率论始于杰罗拉莫·卡尔达诺，他热衷于打牌和掷骰子，希望赚到足够的钱来读完医学院。但真正完善这一理论的是微积分先驱费马与布莱兹·帕斯卡尔。[21] 他们一起合作分析了各种博彩游戏结果的概率，从而开发出了一个公式，或多或少相当于今人用来确定所谓金融衍生品价值的工具。

衍生品本质上是买家和卖家之间签订的合约，他们同意在未来某个日期按商定价格购买或出售某种资产。想象一下，你在做石油期货交易，你签下一份合约，承诺在指定日期或之后按商定价格购买商定桶数的石油。你希望在该日期到来之时，油价已经上涨，超过了合同约定的价格，这样你就可以从该笔交易中赢利，或者在该日期到来之前将合约卖给一个敏锐的下家。问题是，你不知道在这段时间里油价会怎样变化，所以你不得不建立数学模型来模拟可能的价格变动。

继丹尼尔·伯努利最初的洞见之后，微积分在金融领域的应用不断发展。1781 年，法国数学家加斯帕尔·蒙日（Gaspard Monge）用微积分计算出修建堡垒和道路时，如何将运输成本降到最低。[22] 蒙日的方法本质上与金融对冲中使用的解决方案相同。借助对冲投资，人们在其他金融活动中遭遇意外时可将整体损失降到最低。如今，微积分在各大金融市场被广泛采用，但其中有一个关键方程尤其夺目，即布莱克–斯科尔斯–莫顿（Black–Scholes–Merton）模型。

这一切都始于 1973 年。那一年，两位从事经济学研究的学者菲希尔·布莱克（Fischer Black）和迈伦·斯科尔斯（Myron Scholes）联合发表了一篇名为《期权定价和公司负债》的论文。[23] 不久之后，经济学家罗伯特·莫顿（Robert Merton）发表了《论公司债务的定价：利率的风险结构》，对两人的论点进行了发展完善。[24] 尽管你可能觉得这两篇论文听起来无聊透顶（我就是这么觉得的），但它们很有见地、新颖、影响力巨大，莫顿和斯科尔斯因此荣获 1997 年诺贝尔经济学奖（布莱克 1995 年因喉癌去世，未能获奖）。

布莱克、斯科尔斯和莫顿唤起了人们对"期权合约"的兴趣。它与我们刚才提到的石油期货类似：买卖双方签订合约，同意在某个时间期限内，如果一方有意交易，就按事先约定好的价格买卖某种商品或股票。此外，买方可以将期权卖给第三方。这只是另外一种押注股票或商品市场价值上升或下降的方式而已。

人们之所以对期权合约产生兴趣，是因为布莱克、斯科尔斯和莫顿证明，人们可以用微积分计算出一个对期权合约双方都有利的价格。[25] 具体来说，他们采用了一个"偏微分方程"，"普通"微分方程只有一个变量（而且通常很容易求出），而有两个或更多变量的方程属于"偏"微分方程。例如，一只股票的价值既随时间变化，也随相关股票的价值变化。又如，原油价格的变化取决于投放市场的原油数量，但也可能取决于天然气的价格。偏微分方程往往无法正确求解——只能求"数值解"，即使用计算机反复尝试不同的数字组合，看哪种组合可行。

布莱克、斯科尔斯和莫顿用微积分为期权等物品估值，从此改变了世界上所有市场经济体的货币运作方式。他们的影响可以用数字来证明。在两篇论文问世的 1973 年，市场上只有 16 个期权合约。现在，期权市场的价值已经高达数万亿美元。过去几十年间，研究人员不断推陈出新，以微积分学为基础演化出新方法，在金融市场上寻找价值（和赚钱）。这些创新大多需要以某种形式求解偏微分方程，而这正是布莱克-斯科尔斯-莫顿模型（以及其他类似模型）将我们引入困境的地方。

因为这些模型非常复杂，所以它们被打包成了计算机程序，交易者只要输入与当前市场条件有关的几个变量，程序就能计算出一个结果，即交易行动建议。不幸的是，这些程序很少明示自身的局限性。布莱克、斯科尔斯和莫顿在论文中坦率地说明，他们偏微分方程的解在什么地方和什么时候能成立、能派上用场，而这些新计算机程序的附属细则却常常被人忽视，而且有些模型根本没有附属细则。在金融交易中使用这种程序的人对其核心的方程一无所知，因此他们无法质疑其建议。结果就是，越来越多的金融机构不知不觉地积累起高额毒债。

全球金融危机的起因非常复杂，但从本质上说，可以归结为风险信息的匮乏。多数大型银行和金融机构的交易员不知就里地购买了大量藏有毒债的金融资产包，当人们觉察到雷曼兄弟等公司累积的债务永远无法偿还时，想要力挽狂澜也已经来不及了：这些公司无力继续交易。这等同于重蹈美第奇银行的覆辙。2008 年 9 月，雷曼兄弟倒闭了。至于后来发生了什么，你很清楚。

不过，厄运和阴霾并非全部。丹尼尔·伯努利对微积分的发展和应用还做出了第三个贡献。继公共卫生和金融之后，他用莱布尼茨和牛顿的方程式来描述和预测流体的流动，这一应用让我们再次发现了微积分的乐趣。流体流动的微积分是飞机设计的核心。掌握了它，你就可以用它来赢得改变历史进程的关键性胜利——比如不列颠之战。回顾完丹尼尔·伯努利的研究后，我们即将重返超级马林喷火战斗机的故事，让我们飞上天空，乘着微分方程的翅膀翱翔吧。

## 寻找完美飞行

伯努利的研究起步于阿基米德 2000 年前的发现。当年，阿基米德总结出了一些关于在浴缸等容器中静止不动液体属性的相对枯燥的规则。伯努利把微积分和牛顿的运动定律结合起来，钻研流动液体的属性。他的研究成果发表在后来被他父亲剽窃的那本书里——《流体动力学》。

伯努利最重大的发现之一是，如果流体的流动速度加快，那么该流体对周围世界施加的压力就会相应减少。把这个发现应用在飞机机翼上，就可以解释升力现象。如果你用微积分来计算机翼表面的压力变化，会算出一个向上的力。

说实话，我们还没有完全搞明白飞机飞行的原理。虽说乍一听觉得荒谬，但专家们仍然争论不休：伯努利原理、牛顿第三运动定律（作用力和反作用力总是大小相等），还有其他解释，到底哪一个最合适？不过，如果你知道 20 世纪最伟大的科学家力挺伯努利原理，你会动心吗？

1916 年，刚刚发表了广义相对论的阿尔伯特·爱因斯坦把注意力转向飞行问题。[26] 根据伯努利原理，他用微积分设计出了一种新的机翼形状，即机翼顶面有一个明显的隆起，以加快它上方的气流速度，从而降低该区域的压力，使机翼因下面的空气压力而获得一个净上升力。

爱因斯坦设计的机翼在风洞测试中表现不佳，但人们看在他声誉的分儿上仍然愿意给新型机翼一个机会。德国飞机制造商 LVG 在 1917 年制造了一架原型机，飞行先驱保罗·埃尔哈特（Paul Ehrhardt）自愿担任试飞员。这次飞行并不顺利，埃尔哈特事后回忆说："起飞后我像只怀孕的鸭子一样悬在空中。"[27] 爱因斯坦从此失去了对应用物理学的兴趣。"我不得不承认，我经常为那段时间愚蠢的行为感到羞愧。"他曾这样评论过自己的这段经历。

不过，名气没有爱因斯坦那么响的科学家和数学家的设计更为出色。事实上，爱因斯坦一如既往地忽视了他人取得的惊人进展。我们在本章开头介绍过，在爱因斯坦对这个课题感兴趣的同时，其他数学家正在把弗雷德里克·兰彻斯特最初的、出于直觉的机翼设计参数转换成同样基于伯努利原理的数学方程。20 世纪 20 年代，飞行方面的科学文献出现爆炸性增长，其中许多最重要的发现来自德国。贝弗利·申斯通就在德国城市德绍的容克斯工厂工作过两年，他于 1931 年回到英国，一年后，雷金纳德·米切尔让申斯通去超级马林公司上班，年薪 500 英镑。

彼时的申斯通尚未掌握设计喷火战斗机所需的所有微积分知识，不过他显然已经初窥门径。作家兰斯·科尔（Lance Cole）为撰写《喷火战斗机的秘密》（*Secrets of the Spitfire*）一书，仔细研读过申斯通的论文、书籍和日记。在一本申斯通翻阅了近 20 年的微分学课本封底内侧，科尔发现了"一则用铅笔写就、手工作图的椭圆计算……并附有微积分证明"，但申斯通明白他需要了解更多。我们之所以知道这一点，是因为他在 1934 年发表的一篇机翼设计微积分学论文中谦卑地向一个名不见经传的人致谢："最后，本文作者希望表达他对 R. C. J. 豪兰（R. C. J. Howland）教授的感激之情，感谢他为这篇论文提供宝贵的帮助和建议。"[28]

雷蒙德·豪兰是一位数学家，在位于英格兰南海岸的南安普敦大学学院供职。豪兰是一位微积分专家，有一次他和申斯通偶遇，两人交流起各自的研究工作，豪兰被申斯通在微积分应用方面的尝试吸引，两人决定进行互换：豪兰教申斯通高级微积分，而申斯通教豪兰空气动力学。

　　申斯通向豪兰公开致谢的那一年，超级马林公司着手试制椭圆机翼战斗机。"椭圆机翼是很早就决定的。"申斯通后来写道，"从空气动力学上讲，它最适合我们的目的，因为采用这种形状时，诱导阻力……最小；椭圆是一种理想的形状，理论上是完美的。"[29]

　　到最后，设计师们不得不对理论上完美的形状做出一些妥协。那年12月，超级马林公司的工匠们开始建造原型机，最终呈现的椭圆形"其实是使机翼厚度最小、保证其内部有足够空间承载必要结构和我们想装东西的形状"。申斯通还补充说："它看上去挺漂亮。"

喷火战斗机的椭圆机翼平面形状
Arpingstone，Public domain，via Wikimedia Commons

　　机翼的平面形状（俯视视角下的形状）必须由多条曲线组成，以满足设计规范。所有这些曲线都必须咬合在一起，每个交汇点的梯度都必须相同，以保持整体平滑和流线型的形状。目前还不清楚最终的设计在多大程度上归功于申斯通的计算，又在多大程度上归功于超级马林公司"阁楼工"们的技艺。"阁楼工"其实就是制图员，他们历来在车间上方的夹层阁楼里工作。不过，如果你微积分学得够好，这些工作你也可以胜任。申斯通和豪兰在 1936 年合著的一篇论文表明，申斯通的微积分确实学得很好。这篇论文是《梯形机翼和扭转机翼的反演方法》，用复杂的微积分运算描述了机翼形状的改变是如何影响其性能的。[30]

不幸的是，这篇论文标志着两人合作的终结。豪兰于同年去世，他对后世的影响不可估量。喷火战斗机一举成名，一些赞誉夸张到让人听了以为它像彗星一样轻盈。驾驶过它的飞行员们称它为"完美的飞行机器""超凡脱俗"。英国飞行员喜欢驾驶喷火战斗机很正常，但令人惊讶的是，德国飞行员也很欣赏它的机动性。不列颠之战最为激烈之时，德国空军元帅赫尔曼·戈林问，在法国作战的德军歼击机部队需要什么样的物资以战胜英国的抵抗，阿道夫·加兰德（Adolf Galland）大队长说："我希望装备一批喷火式战斗机。"[31] 另一位在不列颠之战中与喷火战斗机交过手的德军飞行员海因茨·克诺克（Heinz Knocke）对敌人的优势也有同感，他在一本自传中写道："这些混蛋可以在空中鬼魅般地急转弯，似乎没有办法击中它们。"[32]

不列颠之战是希特勒遭受的首个重大军事挫折，改变了第二次世界大战的结局。拉尔夫·英格索尔报道说："英格兰上空的德国空军从此一蹶不振，士气肯定被打垮了，而英国皇家空军的力量每周都在增加。"人们第一次意识到希特勒有可能最终落败，美国人民也因此倍受鼓舞、决意参战。这个事例，加上城市建设、金融和医疗领域上发生的奇迹，都证明了微积分的力量。

一直以来，学生们把微积分视为标准数学和高等数学之间的分水岭。不知何故，我们在微积分之前所学的一切都相对容易理解，如果你微积分学不好，后续在数学方面可能不太会有建树。但是，如果微积分让你崩溃，请振作起来，正如我们所看到的，几代最聪明的人前仆后继，才完全吃透变化的数学原理。不过，人类一旦掌握了微积分，便一往无前。微积分成为数学学科的多面手，解决了医学、军事、金融和建筑等众多问题。金融衍生品市场、喷火战斗机、艾滋病的三联疗法，以及布鲁克林大桥，都是这门学科令人难忘的馈赠。而这门学科得以发展，只是因为当初有人对无穷这个数学概念产生了兴趣。

　　至于我们下一章主题的起源，与微积分相比真可谓天差地别。有一个名叫约翰·耐普尔[①]的人，为了帮助天文学家进行计算，专门发明了对数这个概念。不过，就像研究无穷的微积分学一样，它的应用似乎也无穷。

---

① 约翰·耐普尔（John Napier，1550—1617），英国数学家，1614 年建立对数，并制定了对数表，给出数字计算的简化方法，对当时世界贸易和天文学中数字计算的简化起了重要作用。著有《奇妙的对数规律的描述》《奇妙的对数规律的构造》《筹算法》等。

# 第五章　对数

## 人类进军科学

　　一位苏格兰领主创造了对数，它不过只是一个把乘法变成加法、把除法变成减法的工具，但这种简单性掩盖了对数的重要作用。它助力我们对天体轨道进行无误差计算，从而巩固了太阳是我们所在太阳系中心的新认知。它衍生出一系列力学计算工具，促进了几个世纪的科学和工程设计发展，其中包括原子弹的设计和制造。它还为我们引入了 e 这个处于无数自然过程中心神秘的无限不循环小数。细察之下，它还描述了大家都很熟悉的病毒性大流行病暴发时感染的指数式传播。

　　1601 年，为了在婚礼上省钱而发明了积分学的约翰内斯·开普勒公开发表了他花 4 年时间计算出来的火星轨道。15 年后，他得知了一项新的数学发明，要是他能早点知道这项发明的话，4 年时间有一大半都能省下来。

　　"这是一位苏格兰男爵提出来的，他的名字我不记得了。"他在给朋友的信中写道，"但他提出了一些奇妙的方法，把所有必要的乘除运算都转换成了纯粹的加减运算。"开普勒似乎为将来计算能省时省力而喜形于色，但他的导师迈克尔·马斯特林（Michael Maestlin）斥责了他。开普勒抱怨说，他的同事们告诉他，"作为一名数学教授，因计算时间缩短而高兴得像个黄口小儿，很不得体"。[1]

要是把这句话告诉那些在接下来的 350 年里没有某项数学发明就没法完成工作的人们，他们估计会嗤之以鼻——这项发明就是对数。开普勒的解读很正确，对数为我们提供了一种操纵数字的方法，将计算化难为易。后来，有人把对数表刻到两把相对滑动的对数尺上，从此，对数推动了几个世纪的科学和工程设计发展。滑尺促进了启蒙运动、工业革命、核时代和太空竞赛。如果你想了解它的持久重要性，请记住：艾萨克·牛顿有一把滑尺，制造第一台蒸汽机的人使用过滑尺，科学家们引爆第一颗原子弹时使用过滑尺，"阿波罗号"宇航员携带滑尺登上月球。20 世纪的交通运输、工业和住房基础设施都是用对数尺设计的，工程师们把滑尺放在皮套里，然后串在裤腰带上，因为它们是必不可少的随身工具。对数可以说是现代史上最具影响力的一个发明，这归功于一个人非凡的毅力。

开普勒没记住的那个名字是约翰·耐普尔。约翰·耐普尔 1550 年出生于爱丁堡，是一个坚定的新教徒，生活在一个教派纷争、充满恶意的时代——他当然也受到了影响。耐普尔出身高贵，是默奇斯顿（Merchiston）第八代领主，对天主教徒怀有刻骨仇恨。即使在数学领域，他狂热的个性也表现得淋漓尽致。耐普尔致力于通过解读《圣经》中的数字来发现隐藏的知识。首先，他试图预测世界末日的具体日期。为此，他分析了《启示录》，但无法得出明确的结论，只能将末日的最迟降临时间定在 1786 年，并认为任何人类集体罪孽的增加都很可能使之提前。耐普尔的第二次数学征战旨在证明时任教宗是敌基督者，他下了苦功，还曲解经文，但因为他精通数字，最终获得成功。耐普尔说，他此次的成果《朴素的发现》（*Plaine Discovery*）是他一生最引以为豪的作品。[2]

不过，上文开普勒所言由耐普尔提出的"奇妙的方法"跟宗教没有任何关系。对数——英文"logarithm"是希腊语"logos"（比例）和"arithmos"（数字）的组合——的诞生源于对天文学家的怜悯。

任何有意标注天体运行轨迹并绘制对占星家、天文学家或水手有用的天体图的人都必须进行长篇累牍的三角学计算。他们用六分仪测量角度，计算它们的正弦和余弦，方能标注并预测恒星和行星的位置变化。然而，这些计算涉及海量数字的乘、除、求平方和立方。耐普尔意识到，但凡有人想要进行天文观测，就得重复上述计算，这种时间上的浪费令人发指。即使撇开他所谓的"无趣的光阴虚掷"问题不谈，计算错误也免不了。"因此，我开始思考，有什么确定的、现成的方法可以消除这些障碍。"他在出版于1614年提出解决方案的著作的序言中写道。他的著作的标题相当大胆，名为《论对数的奇迹》(*Mirifici Logarithmorum Canonis Descriptio*)。

耐普尔将书中内容描述为节省乘法时间的"一些极好的简要规则"。这些规则读起来可能很简单，但它们的推导一点都不简单。耐普尔花了整整20年才计算出书中列举的1000万个数值，但这项工作是值得的。开普勒非常感激，于是把自己1620年发表的《星历表》(*Ephemerides*)献给耐普尔，不承想这位对数发明者已经不在人世了。

## 指数增长

在我撰写本书之时，即2020年3月，总能在新闻中看到耐普尔首创的数学概念。不过，对数只是偶尔被提及，我们大多数情况下用到的是对数的相反数——"指数"，也就是描绘全球新冠感染病例增加数的线条。如果你把病例数随时间推移而增长的情况绘制在二维图上，你就会得到一条快速上升的"指数曲线"，就是那条当局鼓励我们大家通过戴口罩和保持社交距离等避免感染的行为来"压平"的曲线。

即使没有病毒性大流行病，"指数"也算不上罕见词，我们随口用它来指代某种增速快到不合常理的东西。然而，奇怪的是，我们对指数比例的直觉一点都不准。要是有人告诉我们，事物正在呈指数增长，然后请我们预测它们在未来某个时点的状态，我们往往会大大低估增长幅度。这是因为我们的大脑会竭力回避极端情况，把指数增长想象成普通增长，在脑海中画出或多或少呈线性的曲线来。

美国物理学家艾伦·艾伯特·巴特利特（Allan Albert Bartlett）在一次演讲中用一个十分妥帖的例子说明了指数增长令人目眩神迷的属性。[3]想象一下，现在是上午11点，他边说边递给你一个瓶子，瓶子里有一个细菌。他告诉你，该细菌通过分裂进行自然复制，这意味着瓶子里的细菌数量将每分钟翻一番，1小时后瓶子就会装满。

这似乎是可信的。但巴特利特问道，在11点56分的时候，也就是1小时差4分钟的时候，瓶子有多满？数学运算告诉我们，它的容积才用掉了3%。这跟我们的直觉大相径庭：在那个时候，如果你是瓶子里的细菌，你不会感觉空间很快将被用完。即使在差2分钟1小时的时候，瓶子的容积也只用掉了四分之一。离正午差1分钟的时候，瓶子是半满的。然后，随着最后一次细菌分裂翻番（发生在最后1分钟），瓶子就满了。

更令人震惊的是，如果巴特利特在11点58分，就是细菌才占据这个瓶子四分之一空间的时候，再给你三个瓶子，你会怎么想？你看看手里那个大部分还空空如也的瓶子，然后看看架子上另外三个瓶子，会觉得这么多空间还需要很久才能装满，但你错了。第二瓶在12点01分就满了，到12点02分，四瓶全满了。

在细菌生长到58分钟的时候，你还很乐观。4分钟后，你的乐观情绪便完全被搅乱了。巴特利特说，无论指数用于表述疾病的暴发，还是人口的不可持续增长，都是人类在对指数理解上的悲剧故事。演讲伊始，他就指出："人类最大的缺点是无法理解指数函数。"

这个缺点有一个专属学名，叫指数增长偏差（EGB）。它的适用范围远远大于流行病和人口增长。事实上，关于指数增长偏差的大部分研究文献都集中在它与个人财务的关系上——尤其是复利。

复利为谨慎的储蓄者赚取更多资金。如果储蓄者不提取期初投资额所产生的利息，而是将其（比如一年后赚取的利息）存进同一个账户，那么它也可以生息。如果你存入 100 英镑，年利率为 10%，那么在第一年年底你会有 110 英镑。但到了第二年年底，你获得的利息将为 110 英镑的 10%，也就是 11 英镑。以此类推，在第三年年底，你获得的利息将是 121 英镑的 10%。通过复利，投资回报不断增长——指数增长。

不幸的是，复利计算也适用于贷款。如果你贷款后没有及时偿还，也没有付息，那么你的债务就会呈指数增长，这可能导致你的财务状况捉襟见肘。[4] 更糟糕的是，我们不但低估了指数增长的速度，还高估了自己应对数字的能力。换句话说，我们不但不懂指数，还自信爆棚——我们往往不会质疑自己的直觉，或向金融专业人士寻求帮助。[5]

正因为指数增长偏差，我们在流行病暴发后会产生类似的错觉，以为自己还很安全。[6] 在病毒暴发的初期，每天新增感染人数往往呈指数上升，如下图所示的 2020 年 3 月美国每日新增新冠肺炎病例数。可是，乍一看到初期数据，我们的大脑会告诉我们，这只是线性增长而已。

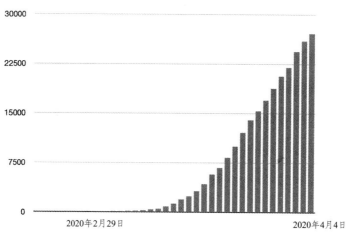

2020 年初美国每日新增新冠肺炎病例数（来源：美国疾控中心）

假设第一天有 50 个病例，第二天共有 100 个案例。指数增长偏差意味着我们自然而然地认为第三天会新增 50 个病例。然而，如果病例数指数增长的话，从第一天的 50 例到第二天的 100 例意味着这个数字每天都翻番。因此，第三天的累积病例数将达 200 个，而非 150 个。到了第十天，实际病例数比我们假想中的线性增长场景多出 25 000 个。指数增长偏差导致自满：我们以为自己会接触到的感染者比实际接触到的少得多。有时候，不懂数学的大脑造成的风险会超越我们的认知。

## 飞跃到对数

"Exponential"（指数的）这一英文单词源自 "exponent"（指数）。你应该见过指数：它们是写在数字右上方的上标，告诉你这个数字应当自乘多少次。因此，算式 $2^3 = 8$ 的意思"数字 2 自乘 3 次"。也就是 $2 \times 2 \times 2$，其积为 8。但是，我们也可以用对数进行逆运算。我们可以把注意力从指数身上移开，换一种表达方式：我们可以说"以 2 为底 8 的对数等于 3"。你可能觉得多此一举，但幸亏约翰·耐普尔有头脑，因为他意识到，这样一来就可以把繁杂的乘法运算变成简单的加法运算。

长期以来，数学家们对这两种运算的相对难度心知肚明。有这么一个好玩的（可能是捏造的）故事，说的是一位 15 世纪的德国商人希望自己的儿子学数学。[7] 为此他咨询了当地大学的一位教授。

"如果你只想让他学会加减。"教授说，"在德国上大学就够了。"

"那要是我想让他学会乘除呢？"商人问。

"喔，那你一定要送他去意大利。"

这故事暗里的意思是，德国人还没有高深到会做乘法。然而，耐普尔求证过，没有必要去意大利学乘除，那里可是敌基督高踞宝座的地方。相反，他证明人们可以通过三角函数由乘变加。

你还记得三角学里正弦和余弦是怎么来的吗？它们是半径为1的圆中内接三角形两条边的边长之比。事实证明，这里还有一个有趣的副产品。取两个角，角 $A$ 和角 $B$，分别求出它们的余弦。将两个余弦相乘，然后将乘积加倍，这个数字等于角 $A+B$ 的余弦与角 $A-B$ 的余弦之和。数学表达式如下：

$$2\cos A \cos B = \cos(A+B) + \cos(A-B)$$

也就是说，你可以从三角函数表里查到两个数字相乘的结果。如果你想把 $X$ 和 $Y$ 相乘，那就设定 $X$ 等于 $\cos A$，$Y$ 等于 $\cos B$。打开三角函数表，找到 $A$ 和 $B$ 的对应值，然后算出 $A+B$ 和 $A-B$，再去三角表里查到这两个结果的余弦。把它俩加起来，就等于 2 乘以 $X$ 乘以 $Y$ 的积。这个积的一半就是你要的答案。

只要你有一本三角函数表，你就可以把这个过程应用于任何乘法运算。耐普尔不但知道这个方法，还知道其他方法，例如，你可以利用角的正弦来进行类似运算。他还知道，水手和天文学家们经常使用这些"三角函数属性"来计算天体运行轨迹。不过，当他从一位名叫约翰·克雷格（John Craig）的熟人那里得知第谷·布拉赫运用这些方法取得了一个伟大的发现之后，耐普尔兴趣大增。[8] 克雷格到访过布拉赫在文岛（Hven Island）建造的天文台，住在乌拉尼亚堡（Uranienborg，"天空中的城堡"之意），目睹布拉赫和助手们运用这种方法。布拉赫在发现一颗新星的过程中使用了三角函数属性，而耐普尔显然认为，如果更多的天文学家能够轻松地借助三角函数属性，那么他们就能加快发现新星的步伐——尤其是在所有繁杂的计算都已经有人代劳的情况下。于是，他一头扑进这些繁杂的计算中。

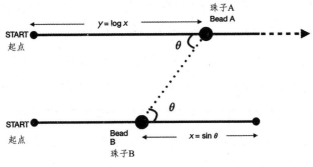

约翰·耐普尔的对数计算法

　　耐普尔的对数革命从想象两颗珠子沿着两条平行线移动开始。一条平行线是线段，另一条则是无限长的直线。无限长的直线位于上方，珠子 A 以恒定的速度沿着它移动。定义其位置的数字以"算术"级数递增，即每一个数字均等于前一个数字加一个常数。比如，1 秒后，珠子在 100 的位置；2 秒后，珠子在 200 的位置；3 秒后，珠子移动到 300 的位置。线段则位于下方。两颗珠子的起点持平，起动速度相同，但珠子 B 的位移速度越来越慢，具体来说，它的速度与它离线段末端的距离成比例。例如，它的起动速度为 100，1 秒后它的速度降到 50；2 秒后降到 25，以此类推。这有两个后果：首先，定义珠子 B 位置的数字以"几何"级数递减，即等比递减，而非等差递减；第二，在两颗珠子开始移动后的任何时点，沿上方直线移动的珠子所在的位置总是比下面的珠子所在的位置更远。如果你画一条线把这两个位置连起来，这条线和下方线段之间的角度会越来越小。

　　这相当于生成了貌似无穷无尽的三角形。正如你所见，连接上下两颗珠子所在位置的线段是一个直角三角形的斜边，不断缩小角度的余弦取决于上面那颗珠子领于下面那颗珠子的距离。耐普尔首先将该角度的正弦定义为下面那颗珠子尚未覆盖的线段长度，然后他定义了他真正感兴趣的数字：这个正弦的对数，就是此刻上面那颗珠子沿着上方直线走过的距离。针对每一个可能的角度，他以 1 分钟为增量（1 分钟等于 1/60 度——这是一个从古巴比伦传承下来的度量衡单位）计算了正弦、下方线段的剩余长度、上方直线上珠子已经覆盖的距离，以及对数。为了符合天文学家和航海家们对精确度的要求，耐普尔不遗余力。他将下方线段的长度设定为 1000 万个单位，这样就可以精确到小数点后七位，他希望对数从 0 开始，每一步都增加 1，于是，他的对数表令人瞠目地记录了 1000 万个数值，每一个数值都是艰苦苛刻的数学运算的结果。现在，天文学家们可以把涉及乘除的烦琐计算转换成加减，而加减所需的相关数字可以在耐普尔的表格里查到。为了减轻他人的工作量，耐普尔独自一人埋头苦干了 20 年，还有比这更无私的行为吗？

## 换底

耐普尔的对数表终于完工，可以出版的那一刻，他一定如释重负。然而，事实证明，这项工作远未结束。伦敦一位名叫亨利·布里格斯（Henry Briggs）的数学教授阅读了耐普尔的著作之后，深表钦佩。"我从未见过一本让我如此高兴，或者说让我如此称奇的书。"布里格斯写信给他的朋友詹姆斯·厄谢尔（James Ussher）说。[9] 但是，布里格斯又写道，该书尚需一些调整。

耐普尔和布里格斯的为人相差甚远。布里格斯是约克郡人，担任格雷沙姆学院几何学教授，他不苟言笑，对狂热宗教、神秘主义或灵性兴趣全无。而耐普尔不但是坚定的新教徒，还喜欢把自己想象成魔法师，他看星象占卜，且有迹象表明他也践行黑魔法。1594 年，一位名叫罗伯特·洛根（Robert Logan）的男爵与耐普尔签订合约，聘请后者寻找洛根名下的法斯特城堡某处湮没的珍宝，寻宝方法由耐普尔酌情决定。因为耐普尔 20 年避世不出，苏格兰教会牧师于 1795 年（彼时他已经去世很久）撰写教区报告《统计资料》（*Statistical Account*）时，给他贴上了疑似撒旦教徒的标签。"此前就有人认为他与魔鬼有约，现在也有相关报道。他醉心于研习黑魔法并与魔鬼对话。"

《统计资料》如是记载。[10]

无论如何，布里格斯是耐普尔最热忱的拥趸。两人鸿雁传书，布里格斯计划起爱丁堡之行。"如果上帝允许，我希望今年夏天能见到他。"布里格斯于 1615 年写信告诉厄谢尔。他后来如愿以偿。事实上，据一位同时代消息灵通的人士说，他们相互倾慕，见面后默默对视了一刻钟才开口说话。

言归正传，布里格斯说，用耐普尔的对数表进行三角学计算没有问题，但建议做些调整，方便普通数字运算。耐普尔给出了 1000 万个数值，以便精确到小数点后若干位。然而，布里格斯指出，这样一来，运算过于复杂了。

布里格斯一眼看出，耐普尔的设置无意中造成了这样的局面：

$$\log（A \times B）= \log A + \log B - \log 1$$

依照耐普尔的设计，1 的对数不等于零。布里格斯建议改变对数的计算方式，使 1 的对数等于零，这样就会出现一个相当理想的情况，即：

$$\log（A \times B）= \log A + \log B$$

如此操作之后，加法和乘法之间的关系变得非常简洁。

从本质上说，对数只不过是表达数字之间关系的一种方式。正如我们之前所看到的，$2^3 = 8$ 表达的信息与"以 2 为底 8 的对数等于 3"相同。然而，我们可以改变对数的"底"，方便计算。布里格斯正是想到了这一点，他认为 10 是最有用的底之一。对数以 10 为底时，10 的幂很好计算，因为 1 的对数被定义为零，所以 10 的对数就是 1，100 的对数就是 2，1000 的对数就是 3，以此类推。因此，对数可以简洁地描述阿拉伯数字 1 后面跟了多少个零。100 等于 $10 \times 10$（10 的平方，也可以写成 $10^2$）；1000 等于

$10 \times 10 \times 10$（10 的立方，即 $10^3$），以此类推。显而易见，这样改进后的对数与乘法运算既紧密又简单。

布里格斯看得很通透，耐普尔后来也领悟了，如果对数以 10 为底，天文学家和耐普尔对数表其他用户的复杂计算将大为简化。那么，这两人下一步要做的就是重新计算耐普尔对数表里的 1000 万个数值。为此，他们用了差不多两年。

1617 年春天，耐普尔死于痛风，两人的合作就此结束。布里格斯独自奋力前行。1628 年夏天，新版对数表在一位名叫阿德里安·弗拉克（Adriaan Vlacq）的荷兰数学家的帮助下完工，并在荷兰豪达镇出版。这就是我们今天所知的"十进"对数表，它对从 1 到 100 000 的自然数进行对数计算，精确到小数点后 14 位。表格还给出了精确到小数点后 15 位的自然正弦函数表和其他三角学数据。出版两年后，布里格斯跟随耐普尔长眠地下，但两人的成就对世界的影响持续至今。

## 大为简便的计算

皮埃尔·西蒙·拉普拉斯[①]后来说，对数所减轻的工作量绝对"把天文学家的人生延长了两倍"。[11] 至于开普勒，对数的发明不但将他的有效工作时间翻倍，还似乎影响了他的思维方式。我们有理由相信，开普勒的行星运动第三定律——科学史上最具突破性的见解之一——在很大程度上归功于这些数字比例的发现。

开普勒早在 1609 年就发表了三大定律中的前两条，但直到 1618 年，开普勒第一次接触到耐普尔对数表两年后，他才发现了第三定律。第三定律为

---

① 皮埃尔·西蒙·拉普拉斯（Pierre Simon Laplace，1749—1827），法国数学家、天文学家和物理学家，在概率论、天体力学和势函数理论方面都有重要贡献。其研究成果大部分收集在《概率论的解析理论》和《天体力学》两大著作中。

行星围绕太阳运行的周期与其运行轨道"长轴"的空间长度找到了数学关系。用数学术语来说,轨道周期的平方与"半长轴"(半长轴是长轴的一半)的立方之比为一个常量。开普勒没有从立方和平方的视角,而是从比率的视角来理解这一点。他说,1618 年 3 月 8 日那天,"我突然想到""任意两颗行星的周期之比正好是平均距离之比的 1.5 倍"。[12] 我们可以用对数来解释周期和距离之比。如果行星 A 绕太阳运行的周期为 $T_A$,其轨道半径(它与太阳的平均距离)为 $r_A$,而行星 B 绕太阳运行的周期为 $r_A$,其轨道半径为 $r_B$,那么

$$\log\left(\frac{T_A}{T_B}\right) = 1.5\log\left(\frac{r_A}{r_B}\right)$$

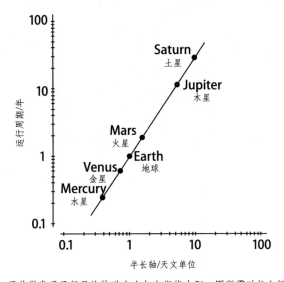

约翰内斯·开普勒发现了行星的轨道大小与它们绕太阳一圈所需时长之间的对数关系

如果我们将其绘制成今人所知的双对数坐标图,这种关系显而易见。在 1609 年和 1618 年之间的某个时刻,开普勒大脑中的某些东西似乎实现了对

数飞跃。耐普尔（和布里格斯）对天文学做出了巨大的、未曾预料到的、无名英雄般的贡献，这么说应该不过分。

这些计算的简化还能进一步减少人们的工作量。为此，耐普尔率先进行尝试，他设计了一些后来被称为"耐普尔算筹"的木棍（或称耐普尔骨筹，因为后来有人用象牙来制作算筹）。耐普尔算筹的目标与对数一样，即将计算化繁为简。这些算筹被分成若干个正方形，每个正方形被对角线分成两个三角形，每个三角形中间都刻有一个数字。通过改变这些数字的排列，耐普尔算筹把乘法转化为加法。

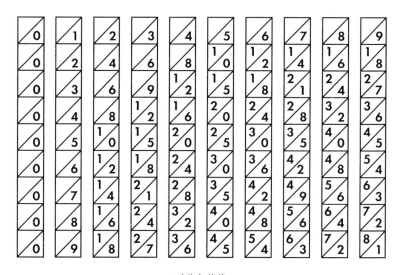

耐普尔算筹

假设你想算出 423 乘以 67 的积，你应当选取顶格写着 4、2 和 3 的三根算筹，将它们并排放置，接着，你把这三根算筹上的第六行的数字写下来，两根算筹上同处一条对角线上方或下方的数字要相加：它们分别是 2、4+1、2+1 和 8，所以得数是 2538。现在对第七行做同样的处理，你看到的分别是 2、8+1、4+2 和 1，于是得数为 2961。

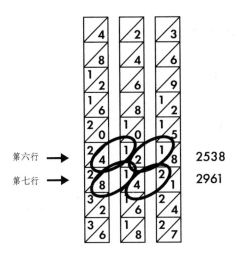

第六行 ➡ 2538
第七行 ➡ 2961

用耐普尔算筹计算 423 乘以 67 的积

现在，将这两个四位数相加，不过第六行的那个得数要向左移一位（因为乘数 67 中的 6 是十位数，而 7 是个位数）。所以把 25 380 同 2961 相加，其和为 28 341，正是 423 乘以 67 的积。

耐普尔算筹简化了乘法、除法和求平方根运算，因此深受欢迎，还衍生出多种不同形式，包括专门计算平方根和立方根的工具，然后发展成更复杂的工具。有些工具可以自动计算，比如威廉·施尼卡德（Wilhelm Schnikard）在 1623 年研制的一台机器甚至为你把相关的数字加在一起，省去心算的麻烦。17 世纪 50 年代，法国工程师皮埃尔·珀蒂（Pierre Petit）把印有数字的纸条绕在一个滚筒上，这样它们就可以相对移动，使乘法运算变得更容易。此后不久，德国博学家阿塔纳修斯·基歇尔（Athanasius Kircher）更上一层楼，制作了一台乘法机，结合耐普尔算筹及他本人的补充设计，转动手柄即可进行必要的计算。但无论这类机器如何成功地实现了乘法自动化，它们的影响与我们所知的半自动多用途数学武器——滑尺——相比，都是小巫见大巫。

## 数世纪进步背后的计算器

耐普尔和布里格斯对数表的影响之一是，人们意识到，严格来说，表格不是必要的。你可以把数字写在对数尺上，确保 1 和 2 的间距与 2 和 4 的间距或 4 和 8 的间距相同。

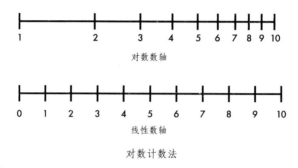

对数数轴

线性数轴

对数计数法

两个这样的标尺相对移动，你就可以进行计算了，事实上，这两个标尺就是一套便携式对数表，其首创者是格雷沙姆学院的另一位教授——埃德蒙·冈特（Edmund Gunter）。他在一块 2 英尺长的木头上刻下了必要的数字，这块木头后来被称为冈特尺。数学家使用两脚规（一头用联轴节相连、另一头削尖的两把尺子，用于测量两点之间的距离）就可以通过测量长度来进行加减运算了。冈特把他的对数尺与表示恒向线、折返航线和三角函数的标记结合起来，为水手们提供了一个多功能的导航工具。这个工具后来被使用了数百年之久。

菜鸟水手们很快就有了一个更好的工具，这要归功于威廉·奥特雷德（William Oughtred）。他的创新之处在于将两块均标有对数分度的木头联结起来，使它们可以沿着对方的长边相对滑动。因为这些分度排列有致，所以使用者经过适当培训后便能进行各种计算。奥特雷德的"滑尺"对任何想要进行快速、精确计算的人来说都是革命性的。艾萨克·牛顿显然是其拥趸：1672年，他向约翰·科林斯（John Collins）解释了他怎样运用滑尺解答某个三次方程。柯林斯很感兴趣，因为他可以用同样的方法求出半满桶中液体的体积——这是数学在税收方面的又一应用。[13]

牛顿还看到了仪器设计的改进空间，他是第一个提出游标概念的人，现在你看到的几乎所有的滑尺都有游标。18世纪末，詹姆斯·瓦特[①]施行改进，令滑尺刻度符合工程计算需求，将其命名为"索霍"（Soho），并用它来计算新式蒸汽机的必要技术参数，而他同时代的许多人都把索霍滑尺作为研究辅助工具。从瓦特的成就来看，工业革命紧随对数技术的发展而兴起。化学家约瑟夫·普里斯特利（Joseph Priestley）用滑尺来处理他的实验结果并确定空气的化学成分。在英吉利海峡彼岸，法国公务员资格考试要求考生们必须熟练使用滑尺。[14]

对对数滑尺的需求在20世纪达到顶峰。科学、工程和工业都在蓬勃发展，都需要进行高精度的数学计算：滑尺是整个西方世界实验室、工厂车间和设计工作室的标配。而且，因技术的不断发展，滑尺功能更多、精度更高，仅在20世纪的第一个十年，有记录可查的新设计就多达90种。诺贝尔奖获得者朱利叶斯·阿克塞尔罗德（Julius Axelrod）在研发被称为"选择性5-羟色胺重摄取抑制剂"现代抗抑郁药物的过程中使用了滑尺。凯瑟琳·约翰逊在计算载有美国太空第一人艾伦·谢泼德飞船的飞行轨道时使用了滑尺，约翰逊还用它来计算"阿波罗号"登月任务的飞行轨道。与此同时，美国国家航空和航天局的工程师们也在使用滑尺（他们称其为计算尺）设计和建造阿波罗任务所用的火箭和着陆器。事实上，滑尺是执行阿波罗任务宇航员的标准装备之一，在1969年登月任务的紧急关头，巴兹·奥尔德林（Buzz

---

① 詹姆斯·瓦特（James Watt, 1736—1819），英国发明家，工业革命时的重要人物，对当时已出现的原始蒸汽机进行了一系列重大改进和发明，提高了蒸汽机的热效率和工作的可靠性，使蒸汽机成为工业上可用的发动机，并由此得到广泛应用。

Aldrin）必须有一把滑尺来协助计算。那一年，他使用的皮克特 N600–ES 型（护眼版）双对数速算尺的售价为 10.95 美元，在 2007 年的一场拍卖中，被人以 77 675 美元的价格收入囊中。

巴兹·奥尔德林用过的滑尺
Heritage Auctions，HA.com

尽管这个金额令人印象深刻，但有一把滑尺在人类历史上发挥的作用比奥尔德林的滑尺还要大，它的主人是物理学家恩里科·费米[①]，这把滑尺协助他创造了原子弹技术，世界因此而改变。

## 原子弹的降生

目击者报告说，1942 年 12 月 2 日下午 3 点 25 分，费米的脸上绽放出笑容。当时他正和一群科学家和工程师一起站在芝加哥大学斯塔格大操场西看台下的一个壁球馆里。据说，他收好滑尺，转向他的同事们。"这是自持反应，"他宣布，"曲线呈指数型。"[15]

他说的反应是史上第一个受控的核链反应。费米花了数年时间进行实验和计算，滑尺不离手，探索制造这个事件的可能性——这在当时是一个非常

---

[①] 恩里科·费米（Enrico Fermi，1901—1954），美籍意大利物理学家，在现代物理理论和实验物理方面都有重大贡献，后领导建成世界上第一个原子核反应堆。因利用中子辐射发现新的放射性元素，及利用慢中子轰击原子核引起有关核反应，他 1938 年获得了诺贝尔物理学奖。著有《基本粒子》《热力学》《量子力学讲义》等。

有争议的问题，当然现在这个问题也极其重要。因为这个反应的成功，原子弹才诞生，核能才得以发展。这个基于对数滑尺和对指数曲线详尽研究所创造的时刻，设定了接下来半个世纪的全球叙事。

费米出生于罗马，转道斯德哥尔摩来到芝加哥。1938 年，他荣膺诺贝尔物理学奖，因为他"证明了由中子辐照产生的新放射元素的存在，及有关慢中子引发的核反应的发现"。中子是从铍、铀和其他放射性元素的原子核中释放出来的，费米掌握了减缓中子运动速度的方法——最初使用的不过是一块固体石蜡，以便中子与其他金属中的原子相互作用并释放出核粒子，使这些金属也具有放射性。但他的最终目标是实现这一过程的自持，利用中子释放更多的中子，而这些中子又会释放更多的中子。这一过程释放出大量的能量，如果它能够被控制，世界将拥有一种几乎取之不竭的新能源。

在斯德哥尔摩举行的诺贝尔奖颁奖典礼上，费米按惯例打了黑领结、穿了燕尾服。第二天，意大利媒体发表了典礼照片，引起一片哗然。评论家们说他应该支持他的政府，即贝尼托·墨索里尼领导的独裁政权，穿上法西斯制服参加典礼，并向瑞典国王行法西斯礼。被法西斯分子激怒的费米没有再回意大利，相反，他去了美国，定居纽约，与哥伦比亚大学的物理学家们一起研究他的想法。

一发现可持续的、大规模释放能量的构想有望实现，费米的哥伦比亚大学同事之一利奥·西拉德（Leo Szilard）便致信罗斯福总统，建议美国政府发起一项原子能计划，并警告如果这种技术落入坏人手中会带来危险。阿尔伯特·爱因斯坦递交了这封信，曼哈顿计划由此诞生。

费米知道，如果每个加速的中子只从其目标中释放一个中子，或者目标中没有足够的中子，原子弹就造不出来。这意味着他必须针对每个原子核的放射性发射和"临界质量"——自持反应所需的最小放射性物质数量——进行复杂的计算。这些计算都要用到滑尺。结果表明，100 个加速的中子只需要释放 103 或 104 个其他中子——比每个中子释放一个中子多那么一点点，反应就会自持并以指数形式增长。铀可以做到这一点：费米的计算表明，平均而言，分裂一个铀核能释放 1.73 个中子。因此他设计了一个实验：他的第一个反应堆用到的氧化铀方块（和控制反应用的石墨块）重达 7 吨，塔高 11 英尺。哥伦比亚大学橄榄球队的球员应召前来将这些沉重的块状物搬放到合适的位置。

费米把这个反应塔称为"指数反应堆"。不过，一开始，核反应未能呈指数式增长。受限于安装的实际情况，每个中子平均产生 0.87 个其他中子，他们将设计改进后，这一数字上升到 0.918，但这仍然不够。费米团队需要重新设计一个更大的反应堆，于是他们全员奔赴芝加哥。鉴于第二版反应堆的潜在风险，费米设计了一个用于吸收中子的镉安全控制棒，它可以插入反应堆，防止中子生成速度过快，以防万一。芝加哥 1 号堆中子呈指数增长的那一天，费米用滑尺精确地计算出了控制棒应该插入反应堆多深，以保证周围人的安全。

这不是费米的滑尺唯一一次在历史关键时刻出场。1945 年 7 月 16 日，美国引爆第一颗原子弹时，费米也带着它，当时他在距"三位一体"核试验场西北 20 英里处的观察掩体里，根据碎纸片的运动来测量冲击波的力量。纸片被吹走后，费米拿出他的滑尺，进行了一些计算，然后宣布此次爆炸当量为 10 000 吨。[16]事实证明，他算错了——实际当量超过了 20 000 吨。不过，切记，滑尺和其他任何工具一样，其有效性取决于输入的数据。

滑尺的升级版一直到 20 世纪 70 年代仍有人使用。即便你从来没用过，你的父母或祖父母的家中某处也很可能放着一把滑尺，甚至你可能有这么一只手表，它的旋转表圈上有一个环形飞行滑尺。飞行员们经常佩戴这种手表：许多飞行员至今训练有素，仍会用老派的方法计算速度、距离、高度和耗油量。然而，电子计算器一问世，滑尺就惨遭淘汰，我们很快就忘记了对数为构建我们的世界做出的贡献。

## e 的奇迹

威廉·奥特雷德当然不知道自己发明的对数滑尺会在人类故事中发挥如此重要的作用，但他似乎并不是非常在乎自己在历史上的地位。1618 年出版的耐普尔首部对数著作的第二版有一个附录，学者们认为是奥特雷德写的，[17] 有些遗憾的是，他没有署名，这篇附录标志着另一个历史性时刻：这是我们第一次看到如今被称为 "e" 的非凡数字。

奥特雷德似乎和布里格斯一样注意到耐普尔的对数计算方式可以改进，他写的附录（如果真是他写的话）里有一个与耐普尔构建的对数表无关的表格，例如，数字 8 的旁边写着数字 2 079 441。这串数字是我们现在称为 8 的 "自然对数" 的位数（2 后面的小数点被省略了），换句话说，2.718 281 828 升到 2.079 441 的幂等于 8。

你可能会问，这些数字到底有什么 "自然" 的地方？会有这样的疑问合情合理。光看 8 和 2.079 441，的确不怎么自然，但是，奥特雷德选择的 "底"，即 2.718 281 828（这还是个简写，它其实是个无限小数）似乎是无数自然现象的关键所在。

没有人知道奥特雷德为什么把这个表放到书里。他没有给出任何解释，似乎默认它会对读者有用。事实上，过了 65 年才有人再次提及自然对数，这个人就是雅各布·伯努利，他做了一个关于应计利息性质的计算。

1863 年，伯努利正在研究一个问题：作为储户，你希望银行每隔多长时间向你的账户支付利息？想象一下，你在银行存了 1000 美元，他们答应的年利率为 100%（权且天马行空地想象一番吧）。如果他们在年底支付利息，那你就会有 2000 美元。但如果他们在 6 个月后就先行支付半年的利息呢？那么在接下来的 6 个月里，你将会有 1500 美元的本金，赚取 100% 的年利率，这样一来，到了年底，你会有 2250 美元。这是好消息，于是我们再接再厉，要求银行提高付息的频率——于是本金越来越多。按季度付息的话，到年底你会有 2414 美元。按月付息的话，到年底你会有 2613 美元。那如果按日付息呢？你的账户总计将为 2715 美元。伯努利觉得很奇怪，多计 30 次（或更多）利息，你只能多得 102 美元，从每月付息改成每日付息似乎不值得。他发现，之所以会这样，是因为利息收益让总金额趋近一个几乎不变的极限。这个极限被称为"e"，它的值是 2.718 28……这是一个无穷小数，但我们可以通过各种数学表达式来定义 e。

莱昂纳德·欧拉[①] 完成了关于 e 的大部分基础研究。欧拉很可能是有史以来最优秀的数学家。他 1707 年出生于瑞士巴塞尔，几乎完全是自学成才，没有在学校学过任何数学知识，而且拜师不成，被挑剔的约翰·伯努利拒之门外。伯努利对他下了逐客令，让他先去读点书，结果，欧拉写的书成了其他数学家拜读的大作。"去读欧拉的书，好好读欧拉的书。"拉普拉斯反复建议他的年轻弟子们，"他是我们所有人的老师。"[18]

欧拉的天赋与生俱来，他在数学上的发明似乎信手拈来，且跨越学科。虽然欧拉后来双目失明，成群的儿女在他工作时绕膝嬉闹，他的研究照样成果斐然。欧拉并不只是一位数学家，他曾经担任过普鲁士国王弗里德里希二世的总顾问，为工程项目、火炮问题甚至国家彩票的运营出谋划策。他还在俄罗斯海军里当过医疗官，在圣彼得堡科学院做过研究，似乎无所不能。

欧拉率先用 e 来指代自然对数的底，可能是因为以下原因：欧拉以自己姓的第一个字母来命名它。不过，很少有人觉得欧拉会自命不凡到用自己的姓命名，他之所以选中 e，或许只是考虑到已知的数学符号体系没有用到过它，书写起来也方便。不过现在，它通常被称为"欧拉数"，而且我们已经

---

① 莱昂纳德·欧拉（Leonard Euler，1707—1783），瑞士数学家、力学家、天文学家、物理学家，变分法的奠基人，复变函数论的先驱者，理论流体力学的创始人。在 18 世纪数学的各个领域都有重大成就，所著《无穷小分析引论》对微积分的发展贡献较大。

把它计算到了小数点后数万亿位，但我们似乎仍然无法吃透这个数字的力量有多强大。坦率地说，乍看之下这个字母荒谬不堪。1898 年，俄国经济学家拉迪斯劳斯·约瑟夫维奇·博尔特凯维奇（Ladislaus Josephovich Bortkiewicz）发表了普鲁士骑兵 20 年来被马踢伤的数据，[19] 据称，在 200 份受伤报告中，109 份报告显示无人死亡，但平均每 1.64 年就有一名骑兵被马踢死。把这些数字放在一起，你会得到 e：

$$\left(\frac{200}{109}\right)^{1.64} = 2.71$$

如果这还没有让你侧目，请看下面这些例子。如果绘制出第二次世界大战期间德国 V–1 飞行炸弹在伦敦的落地点，你会得到 e；如果追踪自身 DNA 的变异速度，你也会发现 e。然而，这些均非偶然或神秘事件，而是因为 e 和描述某些类型事件的数字密切相关。如果某个事件重复发生，但很罕见，而且每次发生都相互独立，你就可以用一个叫"泊松分布"的东西来描述它们所生成的模式（无论是在时间上还是在空间上）。我们在第七章讨论统计学的时候还会遇到泊松分布，届时你会明白，概括其原理，泊松分布少不了欧拉数 e。不过，到目前为止，e 最重要的一点与微积分计算有关，因为 e 是它本身的导数。让我们来看看为什么这很重要。

我在微积分一章中提到过，计算曲线的导数（实际上是斜率）有多个规则。根据这些规则，当曲线的形状为 $y = b^x$ 时，它的导数就是 $kb^x$，其中 $k$ 是一个未知的因子，数值上与 $b$ 有关（具体是什么关系，有点复杂）。换句话说，任何指数函数的导数等于 $k$ 乘以原始函数。鉴于此，有一个问题呼之欲出：是否存在数字 $k$ 等于 1 的情况？如果存在，那么此时的函数正好是它本身的导数，微积分计算将简单得令人难以置信。

这个问题的答案显然是肯定的。当 $b$，即我们原始表达式 $y = b^x$ 中的底，为 2.718 28……时，$k$ 等于 1。换句话说，如果你求 $y = e^x$ 的微分，则 $dy/dx = e^x$。

于是，e 的重要性怎么说都不算夸大。如果你能把指数函数的底转换成 e，你就可以轻而易举地进行微积分运算，解决各种有趣的问题。例如，如果你想算明天会有多少新增病毒感染病例——你知道它将与今天的病例数存在某种关系，可以用任意数写一个指数函数出来。但是，如果你想玩转数学，求出变化率等函数属性，用欧拉数 e 做底，将其升至给定时期的某个倍数，往往会更容易，这是因为该倍数将是病例总数和增长率之间的比例常数。出于同样的原因，我们用 e 来帮助我们理解大量现象。e 是复利等金融事务的核心，人体血管的分布、细菌菌落的繁殖、从热体到冷体的热流速度（引发工业革命的方程式因此成形），以及某样本中放射性物质的自然衰减，都有 e 的身影。以上述最后一个现象为例：最初的质量 $m_0$ 以 $r$ 的速度发出射线，在时间 $t$ 之后，剩余的放射性质量为 $m_0 e^{-rt}$。原子时代的诞生，在很大程度上有赖于对 e 这种应用的把握（当然了，相关计算是在滑尺上进行的）。

或许最重要的是，你可以在任意对数表的基础上换一个数字做底，创建一个新的对数表，但没有哪个底的价值比得上 e，这似乎正是奥特雷德为耐普尔原著补充附录的用意。我们永远无法得知他的洞见是怎么来的，但他绝对没错。下一章中我们将会看到，e 打开了通向 20 世纪所有技术创新的大门——除了银行业务和炸弹制造，还有电气创新，例如无线电、电网和横空出世的计算机。

不过，在我们进入下一章之前，我们应该赞扬一下耐普尔的另一项成就。从许多方面来看，他的对数成就已然不泯，如前文所述，对数为几个世纪的创新做了铺垫：天体图、蒸汽机、原子时代，以及"阿波罗号"宇航员进行关键性计算的滑尺。除此之外，耐普尔还引进了小数这个概念。

## 小数的意义

本书已经写到过小数，甚至都不需要专门去解释它，这证明了小数的成功。现在，让我们花点时间来探讨一下小数究竟是什么。

小数实质上不过是分数的不同表达方式。小数点后面的第一位是十分位，第二位是百分位，第三位是千分位，以此类推。目前已知小数的首次使用是在 10 世纪伊斯兰数学家阿布·哈桑·艾哈迈德·伊本·易卜拉欣·乌格利迪西（Abu'l Hasan Ahmad ibn Ibrahim al–Uqlidisi）写的一本书里，他甚至提出用一个符号（实际上是一个撇号）来表示小数点的起始位置。

十进制分数的概念直到 1585 年才引起西方数学学者的注意。当时，出生于布鲁日的数学家西蒙·斯泰芬（Simon Stevin）出版了一本名为《论十进》（*La Thiende*）的小册子，解释十进制分数的基础知识。斯泰芬对它的效用深信不疑，认为十进制货币的普及只是时间问题。

如果沿用他的符号，我们大概不可能普及十进制。斯泰芬用一个带圆圈的数字 0 来表示小数的开始，十分位后面跟一个带圆圈的数字 1；百分位后面跟一个带圆圈的数字 2，以此类推。1612 年，为简洁起见，德国数学家巴塞洛谬·皮蒂斯楚斯（Bartholomeo Pitiscus）推出了我们今天所熟悉的小数点。多亏约翰·耐普尔在他那神奇的对数表里采用了小数点，皮蒂斯楚斯的符号才得以普及。

我们现在已经集齐了迈出下一步所需的各种要素，这是一个惊人的飞跃，我们将冲出地球，走向太空。还记得耐普尔当初研究对数是为了方便水手和天文学家计算吗？因为对数是从三角学（顺便提一句，"三角学"这个词也是小数点的发明者巴塞洛谬·皮蒂斯楚斯创造的）发展出来的，所以对数、指数和被我们称为正弦、余弦和正切的三角比率之间存在有趣的关系。不过这涉及一个我们尚未介绍的概念：虚数。如下文所言，"虚数"是一个令人遗憾的误称：这个奇特的数学概念一点都不"虚"，它几乎为现代世界的所有东西提供着动力。

# 第六章　虚数

## 人类挺进电气时代

　　还有哪一项数学发明的命名比"虚数"更具有误导性吗？虚数衍生自代数，自成一个领域和势力范围。虽然它们是不同的数，但都是真实存在的：现代世界中几乎没有任何东西可以在没有它们的情况下运作。美国的电气化、移动电话的内部结构、电影院的音响和马歇尔音箱的通道过载音色，究其本质均归功于虚数。硅谷简直可以说是建立在虚数之上。即便如此，数学家查尔斯·勒特威奇·道奇生（Charles Lutwidge Dodgson），也就是大家熟知的刘易斯·卡罗尔①还是没弄清虚数的用处。这是一件好事，否则我们就不会在《爱丽丝漫游奇境记》里读到疯帽匠那臭名昭著的茶会了。

克拉伦斯·莱昂尼季斯·芬德（Clarence Leonidis Fender）和数百万美国人一样，在20世纪30年代经济大萧条期间失业。芬德曾在加州富勒顿学院主修会计学，毕业后在加州公路局担任会计，他乐在其中，所以跳槽后还是当会计。失业前，他在为一家轮胎销售公司做账。失业后，芬德决定开启人

---

① 刘易斯·卡罗尔（Lewis Carroll，1832—1898），英国童话作家，原名查尔斯·勒特威奇·道奇生，曾做过数学讲师。所作童话《爱丽丝漫游奇境记》等，通过虚幻离奇的情节，嘲讽19世纪后期英国的社会现象，流传很广。

生新篇章，他重拾儿时爱好，借了 600 美元，开了一家无线电修理店。

那是 1938 年。除了修理收音机，芬德的无线电服务公司还出售和出租定制音箱——主要用于公共广播系统。不过，最重要的是，芬德以创新闻名，他听说了新兴的电吉他，得知电吉他自带的音箱声音尖细，便转而设计并制造出了更上乘的电吉他。谁都不清楚他是怎么鼓捣出来的，貌似他奉行"拿来主义"，参考了美国无线电公司（RCA）介绍怎样组装无线电设备的入门读物《电子接收管手册》上的音箱电路，然后做了改进。

1945 年，芬德的作坊售出了第一批电吉他。第二年，他开始销售改进版电吉他，这种电吉他因硬木箱体而被称为"木吉他"（Woodies）。后来，芬德的音箱和吉他声名鹊起、誉满全球。如今，位于富勒顿的芬德无线电服务公司原址墙上钉着美国"国家历史遗迹名录"的铭牌。不过，芬德早期研制的音箱听起来很像是会计设计的了，业余电气工程师们很快就开始对其加以改进。

其中一项改进工作也荣膺了一块历史标记铭牌，它被钉在伦敦西部汉韦尔的阿克斯布里奇路 76 号的墙上。铭文非常简洁：吉姆·马歇尔（Jim Marshall）在此售出他的第一台吉他音箱。

马歇尔的店铺主要卖鼓——他教人打鼓，但也出售芬德牌音箱。然而，到了 20 世纪 60 年代初，吉他手们觉得芬德音箱发出来的声音过于纯净，希望能有别的选择。鼓声越来越响时，吉他手们需要能够盖过噪音的音箱——如果音箱的声音听起来还能比较有趣就更好了。马歇尔觉得，他可以自行设计和制作系列音箱赚钱，音箱应当有一种别具一格、震耳欲聋的音色，但他不懂工程设计，他的修理工肯·布兰（Ken Bran）也不在行，但布兰认识一个懂行的孩子。

布兰是业余无线电发烧友、格林福德无线电俱乐部成员。俱乐部每周五晚上有固定活动，他在那里结识了 18 岁的达德利·克雷文（Dudley Craven）。克雷文在位于伦敦西部海斯的 EMI 电子公司当电工学徒，俱乐部成员都知道他是电子天才。一次周五俱乐部活动后，布兰请克雷文去一家快餐店喝咖啡，其间提议他帮忙完成马歇尔的计划。[1]

有赚外快的机会，克雷文很乐意。于是下班、大学下课后，他借助自己的电子学知识在父亲的工具棚里研究如何改进芬德的设计。他更换并新增了一些元器件，试图满足吉姆·马歇尔对通道过载音色、失真和骇人音量的追求。1963 年 9 月，即将组建"谁人"乐队（The Who）的彼得·汤曾德（Pete Townshend）买下了克雷文制作的第一台音箱，这下克雷文知道自己走对了路。汤曾德付给马歇尔 110 英镑。

克雷文的佣金还不到 0.5%：10 先令 [①]。马歇尔音箱的经典音色——同摇滚乐的诞生息息相关的音色——归功于一位打工挣零花钱少年的才华。但是，如果没有虚数，所有的先决条件，包括无线电的诞生和美国的电气化，根本不可能实现。

## 什么**的平方根？**

虚数根本就不虚。事实上，它们对我们生活的影响远远超过任何真正的虚幻之物。如果没有虚数，住宅、工厂和互联网服务器农场 [②] 就无电可用，现代世界就不会存在。但也许，我们的探索之旅应该从解释什么是虚数开始。

我们已经知道怎样求一个数的平方了（用这个数乘以同一个数），也知道负数的平方是正数：负负得正，所以（−2）×（−2）= 4。我们还知道，取平方根是求平方的逆运算，所以 4 的平方根既可能是 2 也可能是 −2。虚数这个概念的出现正是因为人们想知道 −4 的平方根是多少。

---

① 英国 1917 年以前的货币单位，1 先令值 12 旧便士，20 先令合 1 英镑。
② 互联网服务器农场（internet server-farms），指计算机服务器的集合，通常由一个组织维护，所提供的服务器功能方面远远超过单个服务器的能力。服务器农场往往由几千个计算机构成，这需要大量的电力来运行，并保持服务器的冷却。

美妙的数学

　　这个问题想必没有意义吧？如果你求一个数字的平方，无论它是正数还是负数，答案都是正数。因此，如果你想为一个负数开平方，这个逆运算你做不了。亚历山大城的海伦似乎也是这样想的。如前文所述，海伦是一位埃及建筑师，他写在《测体积学》书里的数学技巧造就了圣索菲亚教堂的穹顶。在同一部著作中，他示范了如何计算被截断的方形金字塔的体积，即一个尖顶缺失的金字塔的体积。在一道例题中，他给出的解法是用 225 减去 288，得到差后开平方。然而，这个差是负数：–63，所以答案应等于 $\sqrt{-63}$。

　　出于某种原因——或许海伦觉得出了差错，或许有人抄错了，或许因为这太荒谬了，现存的手稿显示海伦忽略了减号，认定答案为 $\sqrt{63}$。[2]

　　负数的平方根就是我们现在所说的虚数。第一个提出不应该忽视它们的人是意大利占星家杰罗拉莫·卡尔达诺。我们在代数那一章介绍过卡尔达诺，他正是在求索三次方程解法的过程中意识到了虚数问题。起初，他称虚数为"不可能的情况"。在他 1545 年出版的代数著作《大术》中，他举了一个例子：怎样的两个数彼此相加之和为 10，彼此相乘之积为 40？在求解过程中，你会遇见 $5 + \sqrt{-15}$。

　　卡尔达诺并没有回避这次相遇，甚至还写下了一些想法，但因为他是用拉丁文写的，翻译家们对他的本意争论不休。[3]有的译者说，他称之为"试位法"（false position）。其他译者则认为，应该翻译成"虚构"（fictions）数字。还有人说，卡尔达诺把这种情况定性为"不可能"有解。至于遭遇此种情况后该怎么办，有人把他的某句点评翻译成"撇开这种精神折磨"和"空中楼阁"。在《大术》的其他地方，他把这称为"算术的微妙之处，其结果……既精致又无用""确实很复杂……在纯负数的情况下，人们无法进行其他运算"。他所说的纯负数是指标准的负数，比如 –4。他能接受负数，并且写道："$\sqrt{9}$ 不是 +3 就是 –3，因为一个正数（乘以一个正数）或一个负数乘以一个负数会产生一个正数。"然后他又写道："$\sqrt{-9}$ 既不是 +3，也不是 –3，而是某种深奥的第三类东西。"卡尔达诺显然认为负数的平方根是一种难解而抽象的东西，但同时他也知道它们很重要——并且值得数学家去研究，但不是他本人。卡尔达诺后来的著述无一提及负数的平方根，他把这个研究课题留给了后人。几十年后，他的同胞拉斐尔·邦贝利（Rafael Bombelli）脱颖而出。

1572 年，邦贝利自称"异想天开"，提出可以将 $5+\sqrt{-15}$ 中的两项视为两个相互独立的东西。"整个问题貌似建立在诡辩而非真理之上"，虽然这么说，但他还是这样处理了。我们今天仍然采用他的方法应对，因为真的有效。

邦贝利所言两个相互独立的东西分别是现在的实数和虚数，两者的组合被称为"复数"（"复合体"的"复"，不是"复杂"的"复"）。但有一点一定要清楚，如果在重温数学的过程中我们只学会了一件事，这应该是，所有数字都是"虚"数，它们只是一种有助于理解"多少"概念的符号。因此，称负数的平方根为"虚数"是贬义且无益的。

话虽如此，我们得分清，数学家们所称的"实数"是你更熟悉的数字，比如"2 个苹果"中的"2"、π 里的 3.14……和分数。就像正数在某种意义上同负数互补那样，我们所说的实数也和现在约定俗成名为"虚数"的东西互补。请把它们想象成阴和阳，或者硬币的正面和反面。千万别"虚"看了虚数。

"异想天开"的邦贝利证明了这个新的数字部落在现实世界中发挥的作用。他着手求解一个卡尔达诺觉得无望而放弃的三次方程：$x^3 = 15x + 4$。按卡尔达诺的解题步骤，他必须计算一个包含 $-121$ 的平方根的表达式，但他束手无措。邦贝利则认为，他可以尝试将正常的算术规则应用于平方根，于是他说，也许 $\sqrt{-121}$ 等同于 $\sqrt{121} \times \sqrt{-1}$，开平方根之后就得到 $11 \times \sqrt{-1}$。

邦贝利的重大突破在于，他认识到在计算过程中，这些奇特的、看似不可能的数字一旦同其他我们更熟悉的数字类型分离，就会服从简单的算术规则。快刀斩乱麻之后，问题迎刃而解。

他继续求解难倒卡尔达诺的三次方程，最终得出以下结果：

$$x = (2+\sqrt{-1})+(2-\sqrt{-1})$$

把等号右侧分成我们现在所说的实部和虚部，就可以简化为 2 加 2 和 $\sqrt{-1}$ 减 $\sqrt{-1}$ 了。虚部两项相互抵消，只余下 $2+2$，所以 $x=4$ 是 $x^3 = 15x+4$ 的一个解。你把它代入原三次方程，验算一下。

## 如何想象实在

如今我们习惯用 i 来代表 $\sqrt{-1}$，这个用法最早由瑞士数学家莱昂纳德·欧拉创制。因为"虚数"的英文单词的首字母是 i，所以我们很容易误解 i 的来历，但事实上，欧拉可能就像他命名 e 那样，随意选中了这个字母。无论出于什么原因，欧拉一锤定音，i 从此指代虚数，对后人的误导颇多。

为了更好地理解什么是虚数，让我们想象一条从 −1 到 1 的标准数轴（你可以把它想成面前桌上放着的一把尺子上从左边 −1 刻度到右边 +1 刻度的那一段）。我们把沿着数轴移动的过程称为加法和减法（我起初在 0.3 的位置，加 0.3 之后我就移动到了 0.6 的位置）。但我们也可以想象通过乘法进行位移，如果我起初在 1 的位置，我怎样才能位移到 −1 呢？我可以用 1 乘以 −1。让我们把乘以 −1 想象成逆时针绕一个圆（1 和 −1 在这个圆的圆周上）旋转半周，其实就是旋转 180 度。按照数学家们的惯例，180 度等于 π 弧度（旋转 360 度，也即整圆，等于 2π 弧度）。

如果我们只旋转一半会怎样？那就相当于乘以 −1 的一半，可以视为乘以 $\sqrt{-1}$，这个仅为 π/2 弧度（或 90 度）的旋转让我们的数字孤悬在圆周的上部，远离标准数轴。于是我们可以想象，−1 的平方根落在一条与我们所熟悉的数轴成直角的数轴上。这第二条数轴也可以被想象成一把尺子，它和第一把尺子 90 度相交，形成一个十字，+1 在尺子离你远的一端，而 −1 就在你面前。

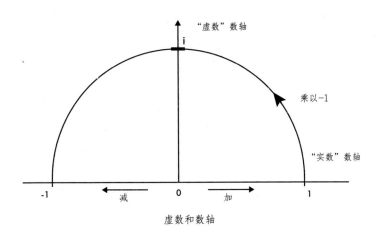

虚数和数轴

这下有意思了。既然涉及绕圆周旋转，那么 i、π 和角的正弦、余弦就存在着某种关系，这种关系由我们在上一章介绍过的奇特数字 e 来介导。欧拉采用一种特殊的无限级数（被称为泰勒级数）进行计算，推导出如今被称为欧拉公式的精确关系：

$$e^{\pm i\theta} = \cos\theta \pm i\sin\theta$$

它表明自然对数的底和虚数之间存在着根本性关系，更重要的是，你可以将这个关系简化为所谓的欧拉恒等式：

$$e^{i\pi} + 1 = 0$$

在某些人看来，这是一个近乎神秘的公式。它包含了自然对数的底 e、整条数轴上独一无二的数字 0 和 1、本身就是一个特例的虚数，以及 π，我们已知的数学中的力量源泉。尽管研究不同数学问题的人在不同的时间发现了它们，但事实证明它们相互关联，共存于这个优雅的一次方程式中。

换一个稍微不同的角度来看，或许我们不应该感到惊讶。就像 π 本身一样，这个公式其实没有什么神秘之处。它源自如下事实：数字通过旋转改变和转换自身，并且相互改变和转换。而这又起源于数字的本质：数量之间关系的表示。我们没觉得通过加减法沿着熟悉的"实数"轴移动有什么神秘的地方，而且，说真的，通过乘法和除法产生的转换也实属正常。要记得，正弦和余弦都只是同三角形内的角度有关的比率——用一个数字除以另一个数字的结果，而这些角度可以用 π 的分数或倍数来表示，其单位为弧度。因此，我们在这里发现的不是某种宇宙玄奥，而是一套清晰而有用的关系，是以各种不同方式定义数字的结果。

事实上，称这些关系为有用尚属轻描淡写——它们可谓至关重要。以它们在科学中的应用为例，对自然的全面数学描述似乎需要虚数的存在。我们熟悉的"实数"不够用，必须与虚数结合在一起，形成邦贝利首创的"复数"。数学家罗杰·彭罗斯（Roger Penrose）说，其结果是一种美丽的完整性。"复数的重要性与实数媲美，甚至可能更胜一筹。两者协同，找到了与自然界的统一，这确实很了不起。"他在《通往现实之路》（*The Road to Reality*）一书中写道，[4]"仿佛大自然就像我们一样，被复数系统的范围和一致性所打动，并将她麾下最细微的精确运筹委托给这些数字。"换句话说，人类必须发现虚数，因为它们是描述自然不可或缺的部分。

虚数最大的科学影响应该体现于它们在薛定谔方程中的核心作用。该方程是量子理论的基本假定，是我们描述和预测自然界一些基本构成元素的行为的最佳手段。无论是光子（电磁能量包，如光）、电子（原子的负电荷部分）、质子和中子（构成原子核），还是这些粒子之间的各种作用力，自然界的一切似乎都遵守这个方程所概括的定律。奥地利物理学家埃尔温·薛定谔于 1925 年提出了这个方程式，并凭此于 1933 年赢得了诺贝尔奖。直至今日，它仍然是关于自然世界行为最重要、最简洁的表述之一。我们有必要大致了解一下它，囫囵吞枣即可。请注意虚数 i 在其中占据的重要位置：

$$\hat{H}\psi(r,t)=i\hbar\frac{\partial}{\partial t}\psi(r,t)$$

很多人认为，量子理论有如天书。因其量子电动力学理论而荣膺诺贝尔奖的美国物理学家理查德·费曼（Richard Feynman）曾经宣称："我认为我可以有把握地说，没有人真正理解量子力学。"[5] 量子力学的确很奇异，薛定谔方程揭示了一些奇特的量子态现象，例如"叠加态"，亚原子粒子似乎会分身，同时出现在两个地方，或同时向两个不同的方向移动。然后是"纠缠态"，即被爱因斯坦称为"鬼魅般的作用"的现象。它之所以形同鬼魅，是因为相互纠缠的量子粒子，无论在空间上相隔多远，都会影响彼此的属性。如果你踢其中一个量子粒子一脚，和它纠缠的孪生量子粒子即使远在半个宇宙之外也会受到这一脚的影响。

早在科学家通过实验观察到所有奇特的量子属性之前，量子理论方程式中就预示了它们的存在，而这些方程式都涉及复数。

事实上，把量子现象称作"波"最为恰当。第一个把波与量子联系起来的人是法国贵族路易·德布罗意亲王（Prince Louis de Broglie），他在巴黎大学理学院攻读博士学位期间提出了波粒二象性，即我们认为是粒子的一切也可以表示为波，反之亦然。

德布罗意的主要观点是将原子内的电子视为一种波，其波长取决于其能量。当它被赋予更多的能量时，它的波长会减少。写出这种波完整数学描述的唯一方法是使用复数，该描述中最重要的因素是被称为"相位"的东西。相位通常为相对判定值：例如，月相衡量的是太阳、月亮和地球的相对位置。至于物理学中的波，如水波或声波，相位衡量的是你相对于波周期的起点和终点的位置：如波周期的正中。但量子波的相位截然不同，它就是量子粒子的一个属性。你可以说电子有一个特定的位置、一个特定的动量和一个特定的相位。但奇怪的是，这个量子相位实际上并不和粒子本身共存于同一个物理空间。

为了配合爱因斯坦的相对论，德布罗意不得不将额外维度的概念引入自己的思想。如果波带着粒子的能量和动量穿过物理空间，它的运动就会快过光速，而相对论不允许这样的事情发生。于是，德布罗意将其设定为"相波"，而非"物质波"。信不信由你，这个相波是一个波状起伏的复数，在一个抽象的维度上振荡。

你听了之后可能觉得不可思议，但更不可思议的还在后头。量子物理学为每个电子的每个物理属性分别赋予了一个额外的维度，所以埃尔温·薛定谔才把他对德布罗意创想的发扬称为"多维度波动力学"。[6] 薛定谔方程里的那个小小的 i 看似不起眼，但它创造了一个巨大的、复杂（复数）的、由几乎无限多维度组成的景观。

这个多维景观用于构建所谓的"希尔伯特空间"，它得名于数学家戴维·希尔伯特[①]。希尔伯特在研究微积分和几何学的过程中提出一个概念，即我们所熟悉的三维空间分化出无限多维度。这是对量子理论的"多世界"诠释的根源，它声称我们所处的世界之外还存在平行宇宙，每一个平行宇宙的

---

① 戴维·希尔伯特（David Hilbert，1862—1943），德国数学家。19 世纪和 20 世纪之交国际数学界的领军人物。他早年从事代数不变量研究，后专注几何学研究，1899 年出版《几何基础》，将欧几里得几何学严密化。20 世纪后，他抽象地研究积分方程，得到一类线性算子的谱理论，在此过程中，把通常有限维的欧氏空间推广成无限维的完备的内积空间，现称"希尔伯特空间"。后期在理论物理、数学基础上都有研究。

现实都和我们这个世界的现实有着微妙差别。

但是，令人震惊的是，量子多世界理念还算不上复数最复杂的外延，这是因为量子力学并非宇宙终极理论。为了解释后者，我们还需要引入一组复数，其中包括四元数和（或）跟四元数沾亲带故的八元数。现在，我们该踏上去都柏林的旅程了，我们得去见一见在桥上涂鸦的数学家威廉·罗恩–哈密顿 [①] 爵士。

## 《爱丽丝漫游奇境记》里的 i

我们先回忆一下前几章介绍过的毕达哥拉斯学派。该学派的学者们经过一个上面写着"万物皆数"的拱门进入公社，据传他们曾经把他们当中的一员扔进海里淹死，就因为后者暴露了他们信仰体系的一个缺陷。

他们的狂热始于对音乐的热爱和尊重。希腊音乐——毕达哥拉斯学派视之为宇宙的音乐——可以简化为 1∶2、3∶2 和 4∶3 这样的数字比例。两根张力相同的弦，如果其长度比例为 1∶2，则产生的音高相距一个八度音阶。两根长度比为 3∶2 的琴弦产生的音高间隔则为"完全五度"。如果两根琴弦的长度比为 4∶3，它们产生的音高间隔就是所谓的四度音程。数字 1、2、3、4 对希腊人来说是神圣的，而且它们的总和为 10，是完美的数。他们用一个由十个点组成的三角形（一个点在顶端、第二层有两个点、第三层三个点、第四层四个点）来表示这四个数的集合，即"圣十"（tetractys）。他们还用圣十来赌咒发誓："以那赐予我们圣十的神的名义起誓，它是绵延不绝的自然之源。"换句话说，他们对待数字非常认真，认为它们是帮助理解整个宇宙的关键。

---

[①] 威廉·罗恩–哈密顿（William Rowan-Hamilton，1805—1865），英国数学家、物理学家。首先提出四元数的概念，把代数学从乘法可交换的公理中解放出来。

古希腊圣十

他们的想法可能没错。1960 年，一位名叫尤金·维格纳（Eugene Wigner）的匈牙利数学家写了一篇论文，题为《数学在自然科学中不可思议的有效性》（*The Unreasonable Effectiveness of Mathematics in the Natural Sciences*）。[7] 维格纳的观点很简单：在他看来，人类发明的数字概念和运算规则使我们能够描述和预测任何数量的真实世界现象。但是，他的疑问是，数字和它们的规则——数学——是人类大脑的产物，凭什么能给我们这样的洞察力？维格纳认为，"数学在自然科学中的巨大作用是一种近乎神秘的东西"。他还补充说，"没有合理的解释"，他称其为"奇迹"。

60 年后，这一奇迹仍在继续，但它已经扩展到了令毕达哥拉斯学派如此痴迷的自然数领域之外。正如我们所看到的，它延伸到复数领域，人类因此得以创造出音箱并探明亚原子粒子的行为。但它仍然没有停下脚步，因为接下来我们即将看到所谓的"超复数"。我知道这听起来令人生畏，但请给我一些耐心。勇敢地进入这一领域非常值得，因为回报将是非同寻常的后毕达哥拉斯式的洞见，我们将会了解宇宙的真正构成。

此次冒险的主人公是一位爱尔兰数学家。威廉·罗恩-哈密顿于 1805 年出生于都柏林。他的传记作者们说他非常聪明，以至于在 10 岁时就掌握了十种古代语言，包括迦勒底语、古叙利亚语和梵语，这可能有些夸张了。但他确实是位天才少年，17 岁时，他阅读拉普拉斯新出版的天体力学论文，发现了一个其他人都没有注意到的错误。22 岁时，他成为爱尔兰皇家天文学家。30 岁时，他因为对科学进步的贡献而被封爵。

此次冒险发生在 1835 年，也就是哈密顿迷上复数的那一年。他的心愿是将其发扬光大。根据他的推断，如果虚数 i 给了我们数字空间的另一个维度，谁又能说没有更多的维度等待我们去发现呢？他决定进行实验，发明了两组额外的数字——实际上是数轴的另外两个维度，他把它们命名为 j 和 k，测试是否能用它们做算术，就像三个世纪前邦贝利用 –1 的平方根（现在称为 i）做算术那样。

事实证明，哈密顿可以为 j 和 k 赋予数学属性，在他所称的 i、j 和 k "三元数组" 之间进行加减运算，但是他对乘除运算无计可施。从他的孩子们每天早上对他的提问可以看出，他孜孜不倦地试图扩大可接受的运算集。"嗯，爸爸，"他们会在父亲下楼吃早餐时问他，"你会做三元数组乘法了吗？"用哈密顿自己话来说，他会 "伤感地摇摇头"。[8]

后来，哈密顿找到了破解之道。这个醍醐灌顶时刻是数学史上著名的逸闻趣事：1843 年 10 月 16 日，他与妻子在都柏林皇家运河边散步，突然意识到了什么样 i、j 和 k 之间的关系可以解决这个问题。哈密顿后来说："彼时彼刻，我感觉到思想的电流回路闭合了，它溅落的火花就是 i、j、k 之间关系的根本性方程。"他兴奋不已，迫切地希望留住这个灵感，于是把方程式刻在了附近一座石桥上。因为年代久远、触碰者众，当时哈密顿一时冲动留下的涂鸦早已荡然无存。如今，人们在那立下了铭牌，以纪念哈密顿当时的开悟，铭文写着：

$$i^2 = j^2 = k^2 = ijk = -1$$

美妙的数学

　　哈密顿把他的三元数组加进我们已经熟悉的实数集合里，创造了他所谓的四元数。他说，四元数这个名字衍生于古希腊的圣十概念，即原始的、神秘的四元集合。这并不是一种偶然的联系。哈密顿深信，科学家与古希腊思想家同根同源。他说，科学家们应当"学习希腊语并解读宇宙的神谕"。[9]他甚至和希腊人一样推崇诗歌，与浪漫主义诗人华兹华斯[①]和柯勒律治[②]结为密友。在哈密顿看来，人类迫切需要将科学与哲学、对神性的探索重新联系起来。有了四元数，他觉得自己已经迈出了第一步。

　　重大发现次日，哈密顿给他的朋友约翰·格雷夫斯（John Graves）写了一封信，后者是一名律师，对代数兴趣浓厚。格雷夫斯的回应极其大胆：为什么止步不前？他在10月26日给哈密顿的回信中写道："对于我们在多大程度上可以任意创造虚数，赋予它们超自然的属性，我还没有任何明确的看法。"两个月后，格雷夫斯再次写信，他又把虚数的数目翻了一倍，提出了八元数。这两个人创造了一个由数字组成的八度音阶，仿佛是为了迎合古人的音乐品味。

　　他们俩试图走得更远，但没有成功。我们现在知道，这是因为不可能走得再远了，自然界似乎是用数字集写成的，但数字集的数目并非无限多。数学家们已经证明，有了八元数之后，人类就有了一整套合理的数系，可以用它们来完成用数字描述宇宙这一不可思议的、有效的工作。

　　那么，四元数的原理是什么？你应该已经预料到了，它很复杂。事实上，它的复杂性给了刘易斯·卡罗尔灵感，让他在《爱丽丝漫游奇境记》里写出了英语荒诞派小说中最伟大的场景之一。

----

[①] 华兹华斯（William Wordsworth，1770—1850），英国诗人，湖畔派代表，1843年被封为桂冠诗人，1798年与柯勒律治共同出版《抒情歌谣集》。他主张以自然清新的诗风、日常质朴的语言开掘人的内心世界。代表作有长诗《序曲》，抒情诗《孤独的割麦人》等。

[②] 柯勒律治（Samuel Taylor Coleridge，1772—1834），英国诗人、文艺评论家、湖畔派代表。其诗作多采用象征手法，描写超自然的事物，充满神秘色彩。主要作品有长诗《老水手》《克里斯特贝尔》等。

刘易斯·卡罗尔是牛津大学数学家查尔斯·勒特威奇·道奇生的笔名，道奇生在牛津基督教堂学院担任几何学讲师。他生性保守，最喜欢的书是欧几里得的《几何原本》。在题为《好奇数学》(*Curiosa Mathematica*)的著作中，他赞美了偶像欧几里得的纯数学："我认为其魅力主要在于其结果的绝对确定性：因为这正是人类智力所渴望的，它几乎超越所有精神财富。让我们对某些事情有把握该多好！"可以说，道奇生真心不喜欢实验性的想法或进步。

他最著名作品的原型是 1864 年完成初稿的《爱丽丝地下历险记》，它相当沉闷，里面也没有什么茶会。然而，在写作过程中，道奇生对他钟爱的学科的发展方向越来越感到沮丧。欧几里得的代数已然过时，流行的是抽象代数，特别是复数和四元数。道奇生把他的担忧写信告诉了他的姐姐，并与同事们讨论，还在数学杂志上大声疾呼，但似乎无人理睬。于是他采用了欧几里得最喜欢的修辞手法之一——归谬法。

《爱丽丝漫游奇境记》里充满了道奇生对他最看不上的数学风潮的讽刺和抨击，[10] 其中有对负数、符号代数和一个名为"射影几何"的领域及其"连续性原理"的微妙嘲弄(为了嘲仿其观点，道奇生把一个婴儿变成了一头猪)。英国文学专家梅拉妮·贝利（Melanie Bayley）经过考证，认为道奇生应该会因为把这些文字偷偷放进基督教堂学院院长亨利·利德尔（Henry Lidell）家里而窃喜不已。[11] 利德尔是道奇生原著中主角爱丽丝的父亲。贝利发现的记载显示，就在道奇生撰写《爱丽丝漫游奇境记》一书时，他对牛津大学教学大纲引入符号数学一事非常生气，还就这个问题同利德尔院长私下里吵了一架。在贝利的想象中，道奇生把他的观点偷偷写进他送给利德尔一家的作品修订稿里，这样一来，他的反对意见就会堂而皇之地放在院长家的客厅桌子上，多好笑啊——或许跟道奇生志同道合的人才笑得出来。

虽然道奇生百般看不上符号代数，但正是哈密顿的四元数激发了他最尖刻的抨击。在帽匠的茶会上，爱丽丝遇到了三个奇奇怪怪的角色：疯帽匠、三月兔和睡鼠，爱丽丝注意到他们"不停地围着桌子转"，这似乎意指哈密顿最伟大的创新之一：他为四元数找到了一种做乘除法运算的方法。可以用下图来概括。

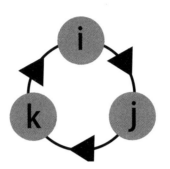

威廉·哈密顿的四元数乘法循环

上图的意思是，就四元数而言，你用什么乘以什么的顺序很重要。我们一般认为 2 × 3 和 3 × 2 没区别，但 i × j（等于 k）与 j × i（等于 –k）是不一样的。循环移动的方向很重要。爱丽丝与三月兔的对话反映了道奇生对这种新数学的不信任：正如疯帽匠所言，"怎么想就怎么说"跟"我说的就是我想的"不一样。

此时，第四个角色"时间"并不在茶会现场。他的缺席导致了一个问题：时间永远停在 6 点——也就是喝茶的时间，这似乎是道奇生对哈密顿观点的回应，哈密顿认为四元数与物理学家们研究的时间表现问题密切相关。1835年，哈密顿写了一本题为《作为纯时间科学的代数》（*Algebra as the Science of Pure Time*）的书，发明四元数后，他提出这四个数字中有一个是时间。在他自创的一些（有点惨不忍睹的）诗歌中，哈密顿指出，"时间为一，空间有三，或合围于符号链"。他预见了作为第四维的时间——不是那种流逝的时间，而是那种存在的、静态的和绝对的时间，并将其描述为"之前和之后，提前、随后和同时，从过去到现在再到未来的连续不确定的进程"。事实证明，哈密顿颇有哲学头脑。"时间这个概念里有一些神秘和超验的东西，"他写道，"但也有一些明确和清晰的东西：玄学家们沉吟前者，数学家们从后者出发进行推理。"这比时间维度的另一位伟大倡导者阿尔伯特·爱因斯坦的名言稍微啰唆一点。我特别想到了爱因斯坦曾经说过的一句话，他说："时间存在的唯一原因是为了让所有的事情不会同时发生。"但这跟哈密顿的观点基本一致：时间只是头脑中的一个幻觉。道奇生则用故事场景表明他不敢苟同：如果时间缺席，进步就荡然无存。

至于相对论，证明它的人是爱因斯坦，不是哈密顿。爱因斯坦的狭义和广义相对论描述了空间和时间的属性，以及事物在其中运动时的可允许行为，但他在构思这些理论的过程中甚至没有用到过哈密顿的四维四元数。数学界曾经发生过一场论战，类似于贝泰麦卡斯（Betamax）和家用录像系统（VHS）之间的录像机制式之争。最后，四元数输给了被称为"向量"的数学创新，后者在相当于导航图的数值图上用方向和距离指示数字。从此以后，四元数就成了矢量的穷亲戚。然而，尽管爱因斯坦使用了四维向量，哈密顿仍然是有功之臣，因为他提出的四维概念在所有希冀解开毕达哥拉斯学派向往的宇宙奥秘的人心中生根发芽。虽然四元数在现实世界中的应用很少，但它的延伸八元数，很有可能解锁物理学的终极理论。


## 八维法

威廉·罗恩–哈密顿孜孜不倦地弘扬四元数。至于八元数的推广，他迟疑不前。四维代数能对时间做出解释，可八维代数能派上什么用场呢？那些额外的空间该怎么处理呢？再说了，它的数学规则也太繁复了。

四元数之间的数学关系相当简单。然而，格雷夫斯为了能在八个维度上进行算术运算，不得不开辟新的（而且貌似荒谬的）天地。例如，此前小括号的位置从来都不重要，可对八元数来说，$3 \times (4 \times 5)$ 和 $(3 \times 4) \times 5$ 不一样。

面对普通数字，数学家首先进行括号内的计算。例如，他们会先把 $3 \times$（$4 \times 5$）变形为 $3 \times 20$，然后得出其积 60。如果括号的位置变动，他们也觉得并无二致，他们会先把（$3 \times 4$）$\times 5$ 变形成 $12 \times 5$，其积仍然为 60。

然而，对八元数来说，普通运算规则不再适用。四元数涉及 i、j 和 k 这三个数字，而八元数用到 $e_1$、$e_2$、$e_3$、$e_4$、$e_5$、$e_6$、$e_7$ 这七个数字。如果你想知道，$e_1$、$e_2$ 和 $e_4$ 相当于四元数里的 i、j 和 k。八元数运算规则请参见图解。

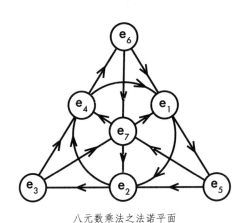

八元数乘法之法诺平面

这套运算规则颇具美感。该八元数景观图被称为法诺平面，得名于意大利数学家吉诺·法诺（Gino Fano），它有一种神秘的特质，令人想起美国大国玺背面和 1 美元纸钞上的全视之眼——亦称上帝之眼。文艺复兴时期的数学家们看到它，会认为这是代表基督教神圣三位一体的三角形中包含着上帝之眼。现代数学家（至少部分现代数学家）的观感则不同：这是宇宙如何成形的简略描述。

这个数学概念尚未改变人类历史。在很大程度上，八元数的应用正在进行中，可能会有成果，也可能一无所获。然而，这些奇特数字有其魅惑之处，它们的属性反映了我们对自然界的力量和粒子如何工作的认识，足以让一些物理学家心甘情愿地掉进兔子洞。

我们已经提到过量子理论的一些奇异性。当我们用数学运算描述各种亚原子粒子如何运作时，一些奇异之处反映出四元数的属性。以海森伯不确定性原理为例，根据该原理，一个粒子的某些属性对（如位置和动量）不可能同时具有精确值。这是因为在量子数学中，事物的排列顺序就像四元数 i、j 和 k 的排列顺序一样重要。

因为量子理论无法解决的奇异性，爱因斯坦和薛定谔最终放弃了它。两人曾一起揭露了量子理论的缺陷，并试图说服其他人——尤其是被世人尊为量子理论鼻祖的尼尔斯·玻尔（Niels Bohr）——最好另辟蹊径。1939 年，爱因斯坦向包括玻尔在内的听众发表了一次演讲，爱因斯坦盯着玻尔直言，他现在的目标是要另创一个理论取代量子力学。[12]

薛定谔几乎与爱因斯坦同时放弃了进一步研究量子理论。两人都开始研究——各自研究——一种将量子物理学和相对论统一起来的理论，他们想创建一个伟大的、终极的理论，既包括相对论的宇宙属性观，又涵盖量子理论对亚原子世界及其间力量，这将为整个宇宙提供一个单一的数学描述。两人均未成功，还因为公开苛责对方的研究而割袍断义。[13] 薛定谔在一次新闻发布会没管住自己的嘴巴，批评了爱因斯坦的思路。此后，爱因斯坦便冷落了这位前好友，连续三年拒不回复任何信件，极其痛苦（至少薛定谔很痛苦）。

现在，接力棒传到了其他人手里，但没有人会声称自己快要实现这一目标。数学家们、物理学家们，以及那些在两个学科之间的富饶领域耕耘的人们，仍在探索各种不同的路径。虚数的数学，特别是八元数的数学，是他们乐观精神的主要源泉，了解这一点便足矣。

弦理论是新的起点，它试图从能量弦的振动这个尚算不复杂的概念开始，构建物理学的所有粒子和力。弦以一种方式振动，就会产生一个电子，以另一种振动，则会产生电磁力。这不由得让人联想起音乐的数学与宇宙的数学难解难分的理念，毕达哥拉斯学派的人会喜欢的。

不过，这个理论必须援引空间的"额外"维度（有别于路易·德布罗意引入的额外维度）才能自圆其说。根据弦理论，在我们生活的三个维度之外，或许还有七个隐藏的维度，在这些维度里，物质属性之间的相互关系可以用八元数来定义。虽然弦理论不太有望成为终极理论，但可以说它是人类迄今为止在"量子引力理论"方面最出类拔萃的成果，它暗示着终极理论很可能跟八元数数学有关。

这主要源于粒子物理学家们组装粒子动物园 ① 的方式。"标准模型"是一种动物学分类系统，它将每个粒子与其他具有类似属性的粒子归为一组。例如，有一组粒子叫强子，它们都是由我们在讨论代数的那一章里遇到过的夸克组成的，强子的电荷是电子电荷的倍数（这个倍数可以是零）。你可能很熟悉原子核里的质子和中子：它们都是强子。还有许多其他组别，包括轻子（电子所在之处）和玻色子（例如希格斯玻色子）。

这些粒子的各种不同分类、属性和行为把标准模型变成了一团乱麻。我们不太明白它的各种规则从何而来，但有迹象表明，它之所以看似一团乱麻，只是因为我们还没有找到它同错综复杂的法诺平面之间的映射关系，没有搞清楚引力在其间扮演的角色。正如获得阿贝尔奖的数学家迈克尔·阿蒂亚所言："我们真正希望得出的应当是所有包含引力的理论，而引力可以用八元数推导出来……这将会是一个艰深的理论，因为我们知道八元数很艰深，可一旦你找到这个理论，它将展现自己独一无二的美丽。"[14]

迄今为止，这还只是虚数的一种假设性应用。不过，还有另外一个美丽的理论，它非常实用，一个多世纪来为我们所用。它的创建者出生于德国，名叫查尔斯·普洛透斯·斯泰因梅茨（Charles Proteus Steinmetz），他和他的理论的故事也许比其他任何故事都更能说明数学对人类文明的贡献。

————————————————

① 粒子动物园（particle zoo）在粒子物理学中被用以形容数量庞大的基本粒子，粒子多而庞杂，如同动物园中的动物一样。

## 美国的电气化

这个故事里会有一些我们耳熟能详的怪人：有脾气暴躁、不善社交的托马斯·爱迪生，电灯泡的发明者，因为他的首个实验室位于新泽西州门洛帕克，所以又被称为"门洛帕克的巫师"。有尼古拉·特斯拉[①]，经常被描绘成一个疯魔的天才，痴迷于用复杂的电气装置创造效果惊人的闪电秀。有迈克尔·法拉第[②]，铁匠的儿子，虔诚的教徒，第一台电动机的发明者。还有苏格兰裔的电磁理论先驱詹姆斯·克拉克·麦克斯韦[③]，因为脚蹬外形奇特的自制鞋子而被他的同学们戏称为"笨笨"。然而，我们的主人公比上述所有人更古怪。

卡尔·奥古斯特·鲁道夫·斯泰因梅茨 1865 年出生于普鲁士的布雷斯劳（Breslau）。他遗传了父亲和祖父的病症：脊柱后弯，一种导致驼背的脊柱疾病。他身高约 4 英尺 9 英寸，但背偻让他看上去比实际矮得多。斯泰因梅茨智力超常，学业一帆风顺。同学们知道他聪明，愿意花大价钱私下请他辅导功课。他们给斯泰因梅茨起了个绰号叫普洛透斯，在希腊神话里，普洛透斯具有随意变化外形的神力，触碰到他的人可以得到他的智慧。后来斯泰因梅茨参加了一个希望结束贫困、实现人人平等、摆脱统治阶级的非法社会主义团体，遭到当局的追捕，只得逃往美国。在美国，24 岁的卡尔摇身一变，成了查尔斯·普洛透斯·斯泰因梅茨。他于 1889 年抵达美国，到了 1893 年年底，他的天才已经改变了美国人的生活方式。

1821 年，迈克尔·法拉第提出了电动机背后的理念。他最初的装置由一碗水银、一块磁铁、一节电池和一根硬金属线组成。在金属线中运动的电流

---

① 尼古拉·特斯拉（Nikola Tesla，1856—1943），电工发明家，发明了著名的特斯拉电动机和特斯拉线圈。

② 迈克尔·法拉第（Michael Faraday，1791—1867），英国物理学家、化学家，1831 年发现电磁感应现象，从而确定了电磁感应的基本定律，为现代电工学奠定了基础。

③ 詹姆斯·克拉克·麦克斯韦（James Clerk Maxwell，1831—1879），英国物理学家、数学家。经典电磁理论的创始人，统计物理学的奠基人之一。

与磁场相互作用，使金属线围绕磁铁做圆周运动。几个月后，工程师们在法拉第的发明的基础上创造出了我们今天的电动机。十年后，发明家们逆转了这一过程，让金属线围绕磁铁旋转来发电。到了1882年，电报、电话、用电照明的灯塔和发电站都问世了。但那时的人类还缺乏一种将电力输送到住宅和工厂的可靠、有效的方法。

主要问题在于，发电站输出的电能在途损耗太大。如果使用交流电，它在电流的正负值之间以平滑的正弦曲线循环，损耗较少。然而，对托马斯·爱迪生来说，问题没那么简单，爱迪生在直流电方面投下了重资。直流电就是你从普通电池中获得的恒定电力。可以说，爱迪生拿自家农场下注，研制了一大堆直流电路、开关和灯泡，因此他主张直流电才是最佳选择，建议每栋建筑都要安装小型直流发电机，以尽量减少电力传输过程中的能量损失。不幸的是，爱迪生通用电气公司的董事会认为这将是一个错误。

他们的主要竞争对手西屋电气公司是一家实力雄厚的基础设施公司，希望在城市以外的地方建设发电厂，例如，利用尼亚加拉大瀑布的水力资源打造一个发电站。西屋电气公司看好交流电，部分原因是主办闪电巡展的天才尼古拉·特斯拉已经设计出了一个完整的交流电网络，可以满足一个城市的电力需求——或许服务整个国家也可行。生性倔强的爱迪生为直流电摇旗呐喊，结果被赶出了董事会，爱迪生通用电气公司变成了通用电气公司。随后，通用电气公司一门心思地投入交流电，开始收购拥有他们需要的经验、工程师和专利的其他企业，查尔斯·普洛透斯·斯泰因梅茨就在其中一家供职。

彼时的斯泰因梅茨已经是众所周知的大佬，他的研究大大降低了电力在不同电压之间转换时造成的能量损失，行业因此面貌一新。然而，他在进入通用电气公司工作的那一年，就让先前的拥趸再次赞叹不已。他成功的秘诀是什么？将虚数纳入研究。

斯泰因梅茨的思维突破发生在1893年8月的国际电气大会上，该大会是1893年芝加哥世界博览会的议程之一，整个博览会由尼古拉·特斯拉的交流发电机供电。斯泰因梅茨应邀在大会上发言。会前，他苦苦思索，为了普及电力，电气工程师需要什么？最后，他决定不谈新的硬件，而是倡导新的思维工具。

斯泰因梅茨的发言内容被人泄露了。在他演讲之前，会议主持人亨利·奥古斯塔斯·罗兰（Henry Augustus Rowland）教授做了铺垫。"我们越来越多地使用这些复合数，而不是正弦和余弦，因为我们发现复合数有很大优势。"他告知听众，"在这一领域所做的任何研究对科学都大有好处。"[15]

他说的复合数就是如今的复数：一个"实数"和一个"虚数"的组合，例如 $5 + \sqrt{-15}$。斯泰因梅茨在演讲中建议电气工程师们在所有计算和设计中使用复数。这个观点立即获得了赞同。

如果没有复数，研究交流电的工程师们就会陷入僵局。当发电机涡轮在诸如尼亚加拉大瀑布翻腾的水流等外力的驱动下旋转时，它产生的电力也在旋转。请你把电想象成发电机轮毂圈上的一个点：轮毂转动时，该点相对轮轴（零点）的高低位置变化正好符合正弦波的平滑上升和下降曲线。交流电也以同样的方式变化，其电流在正负值之间平滑地交替。也就是说，它从零上升到一个最大值，然后减少到零，并切换极性，直到降至最大负值（最小值），然后再向零回归。

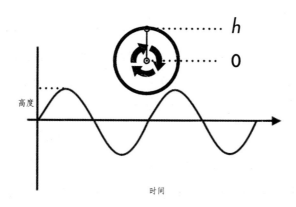

旋转中轮毂上的一点画出一道正弦波

只要有交流电流动，这个周期就会持续。这就意味着，如果你想知道电流值，你必须了解电流处于正弦波周期的哪个位置，换句话说，时间是一个影响要素。这本身并不难：我们可以用正弦和余弦来描述交流发电机不断变化的电流（和电压），但是，一旦我们引入电路元件，如家庭电路或制造机械中使用的开关、电阻、电容器和电感器，需要进行的数学运算就会变成一团乱麻，因为它们会改变各种波的"相位"。相位告诉我们某个波进展到了其周期的哪一个位置，但当你用一个电容器或电感器诱导相位移动时，代数运算就会变得非常痛苦。这是因为，取任何一个时间点，各种不同的波都处于其周期的不同相位。因此，从电气时代一开始，工程师们就不堪计算之苦：所有他们感兴趣的数值均取决于他们分析电路的时间点，而斯泰因梅茨把时间从方程式里剔除了——他的方法就是弃用正弦和余弦、改用复数。在某种程度上，这是一个相当简单的创新。他用数学证明，求正弦曲线的总和相当于（像邦贝利那样）使用适当的算术手段将两个复数相加。这涉及欧拉在正弦、余弦和虚数方面的研究成果：

$$e^{ix} = \sin x + i \cos x$$

借助这个关系，工程师们不再需要担心交流电路运行时的各种相位变化。有了复数，他们能轻松地在任何时间点上为电路性能拍下快照，电路计算中随时间变化的部分消失了。斯泰因梅茨在演讲开头是这么说的："以前我们必须应对一个独立变量——时间——的周期函数，而现在我们只需要对常量进行加减，使用初级代数就足够了。"

这改变了一切。从此，工程师们在计算电容器（通过产生电场来储存能量）和电感器（在电感应磁场中暂时储存能量）对电路的影响时，可以简单地将它们的贡献作为"虚数"部分加入方程。使用复数的分析也揭示了一些令人困惑现象的成因，例如为什么电路分支、原来的电流一分为二时，某些电路的总交流电流会产生浪涌。复数运算清楚地表明，这些浪涌是工程师使用的电流测量设备对交流电的反应所致。

突然间，电气工程变容易了——或者说，容易了很多。短短几年后，这个行业就在世界上独领风骚，查尔斯·普洛透斯·斯泰因梅茨成了英雄、名流。他同特斯拉、爱因斯坦、爱迪生、马可尼①，以及无数其他著名人物交往。和他们一样，他也被人们视为怪人。他在家里养了鳄鱼、黑寡妇蜘蛛和希拉毒蜥。人们经常看到他在莫霍克河上划独木舟，身边堆满了书籍和文件。他喜欢恶作剧，曾经在通用电气公司的研究实验室里建造了一个12万伏的人工闪电发电机，然后用它摧毁了一个专门建造的模型村（《纽约时报》的专题报道大标题是《现代朱庇特随心所欲地挥动闪电长矛》），为此，他获得了一个绰号——“斯克内克塔迪的巫师”。[16] 但尽管他很有个性，他的声誉还是靠才华维系的。1965年《生活》杂志上发表的一个迷人故事证明了他受人爱戴的程度。[17] 有一次，为亨利·福特刚刚起步的汽车制造公司生产线提供动力的一台发电机出了故障，他们把斯泰因梅茨请来咨询。他解决问题的办法在放置发电机的房间里躺了整整两天两夜，倾听机器的运行，在记事本上龙飞凤舞地计算。终于，斯泰因梅茨起身爬到巨大的机器上，用粉笔在机器侧面某处画了一个十字标记，爬下发电机后，他让工程师们更换发电机的16个线圈——粉笔标记背面的那些线圈。工程师们照做之后重新启动发电机，惊异地发现发电机运转正常了。

写到这里，故事已经很妙了，但更精彩的部分还在后面。通用电气公司从其位于纽约州斯克内克塔迪的总部给福特公司寄来了一张金额为10 000美元的斯泰因梅茨咨询服务费账单。福特对这个天文数字质疑，要求提供费用的明细。斯泰因梅茨亲自答复，他在明细账单上写道：

---

① 马可尼（Guglielmo Marconi，1878—1937），意大利工程师，专门从事无线电设备的研制和改进，推动了无线电通信的实际应用。

在发动机上画一个粉笔标记，1 美元。

知道在哪里画标记，9999 美元。

据说，福特公司立即支付了账单。

电力行业一旦转向复数就再也没有回过头了。如今，电力工程师们非常清楚他们设计出来的电网和组件、发电机和变压器的性能。正如亨利·罗兰所言，这对科学大有好处：电力的普及提升了实验室的能力，科学机构的研究成果如雨后春笋般涌现，几年后，无线电、电视信号传输和阴极射线管都成为现实。无线电工程创造出音箱电路，芬德和吉姆·马歇尔后来将其变身为文化和商业里程碑。在那个时代，大放光彩的不但有通用电气和西屋电气公司，还有贝尔实验室、美国电话电报公司（AT&T）、飞利浦和欧司朗灯泡公司，以及国际商用机器公司（IBM）。例如，1901 年，第一个半导体装置获得了专利。几年后，二极管和三极管问世——它们是新兴高科技企业在接下来几十年里创造的电气和电子机械最重要的组件。在本章的最后，让我们特别研究一下一项创新：一种创造和放大音频信号的电路，也许这听起来没那么重要，但没有它，就没有硅谷。

## 虚数挣来真金白银

如果你到访加州帕洛阿尔托的艾迪生大道 367 号，你会发现另一块铭牌，它被贴在一个被列入美国国家历史遗迹名录的车库门前。铭文显示，这个车库是"世界上第一个高科技区域的发端地"。

当年，车库的主人是戴维·帕卡德（David Packard），他和朋友威廉·R.休利特（William R. Hewlett）在这里成立了他们的电子公司，创业基础是休利特设计的"声频振荡器"。休利特在斯坦福大学攻读电子工程硕士学位期

间开发了这种振荡器——其实就是一台声波发生器。他于 1939 年 6 月 9 日
提交了学位论文，题为《一种新型的电阻容量振荡器》。论文只有 15 页，并
称该设计轻巧便携、制造和使用简易，且"性能优良，成体低廉，是理想的
实验室振荡器"。

我们感兴趣的是休利特论文的附录，因为它让我们看到了复数的重要
性。请注意，电气工程符号系统使用"j"而不是"i"（因为 i 已经被指定代
表电流）来指代复数。休利特用几行方程式阐述了他的振荡器性能的核心方
面，而这些方程式里用到了大量的 j。

休利特的毕业设计导师是弗雷德里克·特曼（Frederick Terman）。特曼鼓
励自己所有的学生在西海岸创业，不要去电气和电子行业集中（以贝尔实验
室为中心）的东海岸。于是，在帕卡德的帮助下，休利特开始创业，他把车
库改造成了后来被称为"硅谷"的第一个制造机构，复数也因而成为西海岸
技术的中心支柱。在销售第一代振荡器时，两人将其命名为"HP200A"①，这
样外人就听不出来该公司才开发了一款产品。HP200A 后来迭代成 HP200B。
沃尔特·迪士尼公司购买了 8 台这样的振荡器，用于一个振奋人心的新项目：
一部名为《幻想曲》（Fantasia）的创新动画电影。就这样，惠普公司开启了
一场娱乐革命。

上映沃尔特·迪士尼《幻想曲》的电影院需要安装"幻想之声"
（Fantasound）环绕立体声系统，以便忠实再现交响乐团在电影中演奏的音乐。
这涉及使用一系列复杂的电子系统，包括惠普公司的设备。这部 20 世纪 40
年代上映的电影示范了嵌入 HP200B"电子音箱"的声音逼真度。惠普公司
声名大噪。

但他们当时还没挣到大钱：第一年的交易只为两人带来了 1563 美元的

①HP 是 Hewlett–Packard 的简写，即休利特和帕卡德名字的组合，也是两人创办的公司名。
中文翻译为惠普公司。

利润——折合约今天的 3 万美元。[18] 第二次世界大战期间，公司业务不断增长，美国军方授予该公司 "E 奖"，以表彰其受虚数启发的产品的卓越表现。到 1951 年，公司销售额已经达到 550 万美元——折合约今天的 5700 万美元。帕卡德于 1996 年去世，个人遗产价值超过 40 亿美元。帕卡德的大部分财富都用于慈善事业，休利特和帕卡德一向慷慨，无论是在利润、时间还是资源上。一位名叫史蒂夫·乔布斯的 12 岁男孩就是他们的受益人，他在 1967 年夏天当上了惠普公司的实习生，这是他和史蒂夫·沃兹尼亚克（沃兹尼亚克曾在惠普公司担任过计算器设计师）创建苹果电脑的第一步。你可以把企业巨头苹果公司——世界上最富有的公司之一——的起源直接追溯到虚数的力量。

在 21 世纪，怎么强调虚数对日常生活的影响都不过分。电台广播、吉他音箱和电影院立体环绕声系统只是其文化遗产的开端，我们大部分的基本数字工具都有赖于某种复数处理。就拿你的手机举例吧，它的 MP3 音乐文件是用一种名为快速傅里叶变换的数学方法创建的，其中涉及复数计算（我们将在下一章讨论傅里叶变换）。信号从基站传送到你的手机也受傅里叶变换的控制。为你的手机设计电池需要用复数来为它的发热情况建模。手机屏幕亮起来——确定哪些像素显示哪些颜色，还有以何种强度显示，也要依靠复数计算。事实证明，iPhone 里不只有一个 "i"。

如果上学时你曾经向数学老师抱怨，根本没必要学习虚数，那么现在你可以考虑放下手机、关掉音乐、拔掉宽带路由器、切断家里的总电闸、从此绝不踏足电影院或音乐厅；或者，你就承认自己当时年少无知吧。

当然，你可能没有学过虚数，几十年来，学校课程设置不断变化，课程选题也经常有所增减。有一个肯定会添加进课程——希望会一直保留——的选题是统计学。这门学科经常遭到诋毁，有一句流行语是这么说的："世界上有三种谎言，谎言、该死的谎言和统计学。"马克·吐温曾经宣称："事实宁折不弯，但统计学是墙头草。"据称，就连伟大的物理学家欧内斯特·卢瑟福[1]，也中伤过统计学："如果你的实验需要统计学，那你应该把实验设计得好一点。"下一章将会让我们看到，这些看法都极其不公。

---

[1] 欧内斯特·卢瑟福（Ernest Rutherford，1871—1937），英国物理学家，生于新西兰，被誉为"核物理学之父"。著有《放射性》《放射性变化》等。

# 第七章 统计学

## 人类精益求精

在公众的想象中，统计学是狡辩的典范，但它事实上寻求真理。这套数学工具就像瑞士军刀套装，有探针、镊子、手术刀和刮刀，可能不漂亮，但能够揭示数据的真正含义。有人因为它声名远扬——吉尼斯、弗洛伦斯·南丁格尔[1]、JPEG，但也有人因为它翻船，研究成果没能经得起它的审查。如果没有统计学，我们现在还会买假药，对接种疫苗的好处一无所知，也无法播放流媒体电影和音乐。换句话说，我们的人生会更短、愉悦会更少。至于这些好处是否足以弥补统计学黑暗的、令人不安的起源，以及其早期使用者的恶行，只有你能下定论。

1662 年，也就是最后一次有人看到渡渡鸟的那一年，伦敦一位布商发表了第一份关于公民骤然死亡率的统计分析。时值鼠疫暴发，英王查理二世渴望建立某种预警系统，让伦敦人意识到日益增长的风险。约翰·格朗特[2]自认为能帮上忙，他的原始数据来自每周出版但基本无人阅读的《死亡率清

---

[1] 弗洛伦斯·南丁格尔（Florence Wightingale，1820—1910），英国女护士，生于意大利，欧美近代护理学创始人，克里米亚战争期间率领 38 名护士赴前线参加伤病员护理工作，建立医院管理制度，因经常在黑夜中提灯巡视病房，又被誉为"提灯女士"（the Lady with the Lamp）。

[2] 约翰·格朗特（John Graunt，1620—1674），英国统计学家。

单》(*Bills of Mortality*)。[1]他在《关于死亡率的自然和政治观察》(*Natural and Political Observations Made upon the Bills of Mortality*)的序言中写道："在思考这些被忽视的文件时，我发现了一些真相，而不是大众的普遍看法。我在进一步思考这些知识将给世界带来什么好处。"他决心不进行"闲散无用的猜测，而是……向世界展现一些从灵动的花朵中结出的真正果实"。此前从来没有人把《死亡率清单》上的死亡名单称为"灵动的花朵"，但也没有人分析过全部人口活过未来一周的机会。

很多人都表示，格朗特是个讨人喜欢的人：他好客、勤学、聪明、慷慨。他曾经向以日记出名的塞缪尔·佩皮斯 [1] 展示过他收藏的建筑版画，佩皮斯说，那"几乎是我见过最好的藏品"。格朗特的著作也同样受到喜爱，佩皮斯称其"非常漂亮"，而刚成立的皇家哲学家协会则认为其令人印象深刻，以至于格朗特在著作出版当年就当选了会员。他的会员资格得到英王查理二世的亲自批准。英王对一个伦敦店主能完成如此有见地的工作感到震惊，他说："如果再发现这样的商人，不要大惊小怪，必须全部接纳。"

除了根据年龄预测寿命——人寿保险业的基础，格朗特在他的《关于死亡率的自然和政治观察》中还提出了若干创新性观点。他不但查看了受洗记录，还查看了受洗记录，并注意到女性的出生率较低，而男性的死亡率较高，从而使两性比例趋于平衡。他对伦敦的人口进行了合理的估计，并编制了一张表格，比较了该市市民罹患不同疾病的死亡率。他表明，鼠疫并不直接在人与人之间传播（没有数据表明它实际上是由鼠蚤传播的），并破除了鼠疫往往在君主加冕之年暴发的迷信。他甚至创建了"生命表"，预测有多少人会活到多大岁数，以及每一代人的平均预期寿命。最重要的是，他知道他的分析可能不可靠，便对一个问题进行多角度分析，以核查自己

---

① 塞缪尔·佩皮斯（Sameul Pepys, 1633—1703），英国作家、政治家，著名的《佩皮斯日记》的作者，他在日记中详细记录了17世纪英国社会现实和重大历史事件（伦敦大火、大瘟疫等）。

得出的结论。

尽管格朗特的著作受到好评,但他在晚年皈依了广受唾弃的天主教,导致生意陷入困境,格朗特家族也陷入贫困。十多年后,格朗特去世,布商公会"鉴于她的处境不佳"每年向他的遗孀支付 4 英镑的养老金。但格朗特的书仍在重印,1674 年他因黄疸病死亡,变成了他所统计数据中的一个。

## 因数字而生

格朗特实际上战胜了数字。他在 54 岁生日之前去世,寿命超过了当时英格兰人口预期寿命约 20 年。英国作为拥有最悠久数据集的国家,从 16 世纪 40 年代到 19 世纪初,国民寿命一直在 30 到 40 岁之间徘徊。其他地方的情况同英国类似:1800 年,世界上所有国家的预期寿命都不超过 40 岁。但在 2019 年,全球平均预期寿命为 73 岁。[2] 为什么?这是因为我们开发了有效的药物并控制了传染病。没有统计数据,我们根本不可能做到。

统计学本质上只是一套工具。你将这些工具应用于一组数字,以确保对这些数字的解读具有合理的准确性。这听起来没什么大不了的,但它其实是一个非常强大的发明。统计学允许我们改变所测量的东西,然后采用一套新的测量方法,看看这种改变是好是坏,并且知道我们对自己的结论应该抱有多大的信心。

这套相当简单枯燥的工具对人类产生了深远的影响,也难怪,据说,护士暨医学统计学家弗洛伦斯·南丁格尔认为,统计学研究将揭示上帝的想法。这可能是夸大其词,但能够使用统计学的人肯定很强大。所以,时任谷歌高级副总裁的乔纳森·罗森堡(Jonathan Rosenberg)宣称:"数据是 21 世纪的利剑,那些善于挥舞它的人是武士。"[3]

对理解统计学的人来说,这把剑实际上是双刃剑。虽然我们往往倾心于武士，景仰他们的武艺，但事实上，许多武士终其一生不过是收集、处理统计数据的官僚——那种我们觉得有点无聊的人。了解到这一点的确有些令人失望，但武士是日本社会中受过高等教育的成员，在社会对武士的需求消退之后，他们放下了手中的武器，成为公务员。

公务员们一向负责收集数据、履行统计职能：英语中的"统计"（statistics）一词来自 1749 年创造的德语新词"Statistik"，意为"关于国家的事实"。在英国，这门学科最初被称为"政治算术"，1791 年出版的《苏格兰统计报告》（*The Statistical Account of Scotland*）首次使用了 statistics 这个单词。[4] 到了 19 世纪，统计学突飞猛进。不过，必须指出的是，这背后的原因并不崇高。

尽管统计学给我们带来了诸多好处，但我们不能假装它的发明过程完美无缺。事实上，我们有理由将统计学称为数学中最有问题的分支。对数工具为制造原子弹助了一臂之力，可能你对此颇有微词，但至少对数不是为了制造原子弹才发明的。你可能会说，我们应该像塔尔塔利亚一样，对使用代数改进战争机器持保留态度，我可以反驳你说，战争就是人类历史的一部分，且代数和博弈论一样也曾被用来避免战争。然而，每当谈到最早运用统计学的优生学——建立在病态的观点上对种族、智力、犯罪等进行人口控制——时，统计学界不得不羞愧地垂下头。这种羞耻感大部分是弗朗西斯·高尔顿[①]的研究造成的。

高尔顿很聪明，家资丰厚（查尔斯·达尔文是他的表兄，两人都受益于优渥的成长环境），并且有能力超然于众生。在发展统计学和测量学方面做了大量工作后，他有了一个新的目标，那就是培育出一个不受贫穷、孱弱和残疾——甚至丑陋——玷污的超级人种。

---

[①] 弗朗西斯·高尔顿（Francis Galton，1822—1911），英国遗传学家、统计学家、生物统计学、人类遗传学及优生学的创立者。他在遗传学研究中，最初导入数学方法，从事数量性状遗传的研究。

这并不是什么秘密计划，他在 1869 年出版的《遗传的天才》（*Hereditary Genius*）一书中提出了这个想法。他在书中建议，科学应该"控制劣等人的出生率，并敦促上等人尽早结婚生子，提高生育率，从而改善种族"。高尔顿绘制了一张英国美貌地图，得出的结论是，英国最丑陋的女人——他叫她们"望而生厌者"——聚居在苏格兰城市阿伯丁。在《遗传的天才》一书中，高尔顿根据希腊语词"出生良好"创造了"优生学"（eugenics）一词。在 1904 年的一篇题为《优生学：定义、范围和目标》的论文中，高尔顿写道："自然界盲目地、缓慢地、无情地做到的事情，人类可以深谋远虑地、快速地、仁慈地做到。因为人类有这个能力，朝这个方向努力就是人类的责任。"[5]

高尔顿的观点引起了许多人的共鸣。一大帮英美知名知识分子都应声附和，支持创造优等种族、阻止"不受欢迎的人"繁衍后代。例如，H. G. 威尔斯[①]曾经宣称，"对失败者进行绝育，而非选择成功者进行繁殖，才有可能改善人类的品质"。在伦敦优生学教育协会的一次演讲中，剧作家萧伯纳更为极端，主张"广泛使用无痛毒气行刑室"。[6]"为了创造一个更美好的世界"，他宣称，"许多人将不得不走向死亡，因为照顾他们会浪费其他人的时间。"

弗朗西斯·高尔顿是优生学教育协会的创始主席，也是该协会的终身会员。温斯顿·丘吉尔是另一位支持优生学的名流。（1910 年，丘吉尔给当时的英国首相赫伯特·亨利·阿斯奎斯写了一份备忘录，[7]警告说："低能者的增多对种族来说是一个非常可怕的危险。"两年后，他担任了第一届国际优生学大会的副主席。）1989 年，为了摆脱围绕优生学的争议，优生学教育协会亡羊补牢式地改名为高尔顿研究所。这并不是第一个以高尔顿命名的赞成优生学的团体，在美国，他的研究催生了很多优生学协会，其中最著名的当属高尔顿协会。其创始人之一麦迪逊·格兰特（Madison Grant）在 1916 年写

---

① H. G. 威尔斯（Herbert George Wells，1866—1946），英国作家，提倡改良主义。

了一本书，题为《伟大种族的消逝》（*The Passing of the Great Race*）。他对美国的移民政策痛心疾首，主张通过强制绝育和其他各种措施来确保一个超级人类种族的诞生，让社会更美好。这本书被称为"美国科学种族主义最有影响力的传单"[8]，但其影响是国际性的。20 世纪 30 年代初，阿道夫·希特勒给格兰特写了一封信，感谢他分享这些理念，并把这本书称为"我的圣经"。纳粹在德国掌权后，下令重印《伟大种族的消逝》。

我们不能为高尔顿和他的同时代人开脱，说什么时势塑造观念。高尔顿的远房表兄查尔斯·达尔文也是一位优秀的思想家和科学创新者，同样愿意开拓新天地。但他对那些声称人类可以按种族划分等级的伪科学论点感到惊骇，并且字里行间主张废除奴隶制。[9]达尔文曾经写道："奴隶主驱役黑人同胞，自甘本性堕落，违背了所有的善意本能。"

归根结底，我们很难对高尔顿下定论。他的观点骇人听闻、不可宽恕。他的研究为许多科学探索的途径定下基调，其影响持续到现代，至今还有人在歧途上奔走，试图用种族特征遗传论来制造人类群体之间的分裂。[10]尽管如此，我们不得不承认，高尔顿的遗产还包括我们现在使用最广泛的一些数学方法，他的现代发现后来被称为"群体的智慧"，指可以从多个不了解事实真相的猜测中挖掘出一个较为准确的近似答案。

"群体的智慧"的古代版本是这样的：公元前 5 世纪伯罗奔尼撒战争期间，一位普拉提亚的指挥官让他的手下数一数围城的伯罗奔尼撒人和皮奥夏人在城池周围建造的一段未抹泥的墙有多少层砖。指挥官取了士兵们报告的数字中最常见的那一个（统计学里称为"众数"），乘以他对砖块宽度的估计，算出了墙的高度。随后他便建造了足够长的梯子，好让他们爬上高墙逃走。

在重新发现这一方法时，高尔顿使用了中位数。1907 年，他在英格兰南部海滨城市普利茅斯举行的家畜家禽展览会参观时，正好遇上一场竞猜比赛，参赛观众需要猜测一头牛的重量。高尔顿的注意力被公开展示的一系列猜测数字所吸引，比赛结束后，他说服组织者把写有猜测数字的门票全部交给他。扔掉了那些字迹难以辨认的门票后，高尔顿将其余787张门票按顺序排列，找出了它们的中间值——中位数——1207磅，与实际牛的重量1198磅相差不到1%。他在给《自然》杂志的一封信中写下了这一经历。[11]

读到这里，我们有必要停顿一下，因为我们可以看出，如果囫囵吞枣地应用这篇论文里的统计学方法，风险很高。高尔顿在信的开头指出："当今民主社会，对民意可信度和特殊性的任何研究都是有意义的。"他还宣称："普通竞猜者很可能做出正确的判断……就和普通选民判断他所投票的大多数政治问题的是非曲直一样。"在信的最后，他承认，竞猜结果说明"民主裁决值得信赖"。然而，这样的类比还是很危险的。统计学家已经认识到，一种情境下有效的方法在另一种情境下不一定有效，即使是粗略的分析也会告诉我们，民主进程与给牛称重不同。例如，民主进程并不依赖于取中位数，甚至不取决于全体民众投票的平均数。你不能把一种情境下的成功作为在另一种情境下采用同样工具的理由，这就是为什么统计学家们对统计分析和分析结果的使用都非常谨慎。

尽管高尔顿的社会观骇人听闻，但在让数字自曝其秘方面，他对自己最为苛求。在他关于"群体的智慧"的《自然》杂志论文中，他小心翼翼地为每个数值附上了"概率误差"估计值。他还为我们提供了许多统计工具，后人将这些工具发扬光大，直至今日都还在使用。高尔顿是相关性研究的先驱，即探索一个变量是否随另一个变量的变化而变化。[12]他在介绍这一概念时指出，可以测量一批手臂和腿的长度，然后判断这两个长度是否相关。我们现在可以依样画葫芦地探索相关性，例如污染水平与因呼吸困难入院人数之间的关系。

高尔顿还是分离多元因果关系的第一人。在他的启发下，他的长期合作伙伴卡尔·皮尔逊[①]创建了跟踪多元因果关系的复杂数学模型，并最终发明了卡方检验。我们现在使用卡方检验来解读医学试验的数据，如为儿童接种疫苗的最佳年龄。高尔顿还创造了"均数回归趋势"这一短语，用于描述一系列测量值在进入"异常值"区域后向均数回归的趋势。一开始，他称其为"回归平庸"，都是一个意思。这是一种统计学上的观察结论，我听说后，便知道生病的自己将会有所好转。我之所以知道，因为我去看过病，我只有在病情非常严重的情况下才会去看病，而一旦病情达到极端，它朝相反方向发展的可能性就会大得多。换句话说，均数回归趋势告诉我，疾病最严重的阶段就是我即将好转的阶段。

高尔顿还发明了问卷调查，这是医学、心理学和社会学研究的支柱。他将其用于他的另一项创新：孪生子研究。孪生子之间的生物变量值最小，研究人员得以在（几乎）不考虑先天因素的情况下探究后天教养对人的影响。他说，孪生子研究提供了"公平权衡先天因素和后天教养的影响，并确定它们各自在塑造人的性格和智力方面作用的可能性"。[13]他向育有孪生子女的父母发出数百份调查问卷，询问双胞胎之间的异同及生活经历对他们的影响。

有一点高尔顿始终不太明白，那就是数字并不是每个人的全部。有时候，你希望人们对你的研究结果做出本能反应，不希望他们用脑子想。因为人类大脑天生不擅长数字，这意味着大脑会以原始回路呈现它们。就像一张尖叫的人脸图片可以引起肾上腺素激增那样，数据可视化可以让我们克服大脑的局限性，说服我们相信艰深的真相。例如，如果我让你思考人类在过去 10 年中购买的 4 万亿个塑料水瓶对环境的影响，你不太能想象到迫在眉睫的环境灾难，但如果我向你展示一座即将倾覆于曼哈顿上空的 2.4

---

① 卡尔·皮尔逊（Karl Pearson，1857—1936），英国哲学家、数学家，现代统计学创始人之一。

千米高的塑料水瓶山，你顿时就会紧张起来。[14] 而擅用这一策略的大师莫过于"提灯女士"了。

## 图形的力量

弗洛伦斯·南丁格尔最令人称道的一点是，克里米亚战争期间，她每晚在土耳其斯库塔里的英国陆军医院巡视护理。1855 年 2 月 8 日伦敦《泰晤士报》的一篇报道令她声名远扬，该报道是这样描述她的："救死扶伤的天使……她纤细的身影轻巧地掠过一条条走廊，可怜的伤员们一看到她，就心存感激，表情温柔。所有的军医都就寝了，寂静和黑暗笼罩着这几英里长的病房里俯卧着的病人，她独自一人，手提一盏小灯，不停地巡视。"[15]

士兵们对她多加青睐是有原因的：她是唯一一位晚上 8 点后有权进入病房的女性。为了保护她的护士们的贞洁，南丁格尔把她们锁在房间里，房门钥匙压在枕头下。

南丁格尔似乎认为这种措施很有必要。医院里发生的事情让她震惊，在写给朋友亨利·博纳姆·卡特（Henry Bonham Carter）的信中，她提到，有一名中士利用手头执掌的军需品仓库钥匙，同一名在医院工作的女子在那里过夜。"后果很快就不言自明。"南丁格尔圆滑地提到了那名女子怀孕的消息。她试图让营地指挥官惩戒这名中士，但结果让她感到非常愤怒。她写道："没有任何处分——甚至没有对这个人进行训斥。"[16] 不过，南丁格尔不仅有着坚持纪律、崇尚操守的品格，而且是一个用数字说话的人。她知道，经过适当剖析的数字可以拯救生命。

南丁格尔很小就开始研习数学。在法国和德国受训时，她收集了医院的各类报告、统计数据，以及医院卫生情况和护理系统的组织等信息。去了斯库塔里之后，南丁格尔对那里和其他地方死亡病人的数量做了大量记录和数字分析，发现斯库塔里的伤员死亡率为 37.5%，而战地医院的死亡率只有

12.5%。掌握了这些数字后，她开始寻找原因，并采取对策。她是怎么做的？
她制作了令人震撼的信息图表。

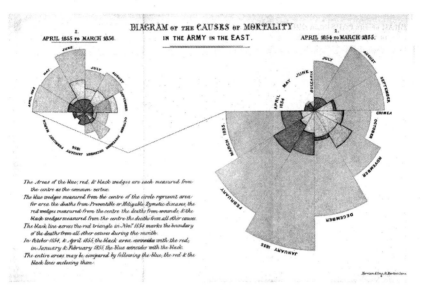

弗洛伦斯·南丁格尔的楔形图
Wellcome Collection, Attribution 4.0 International (CC BY 4.0)

　　南丁格尔的楔形图一目了然地表明，在克里米亚，死于疾病的士兵比战
伤致死的士兵更多。每个楔形的面积代表一个月的死亡人数，死因以颜色区
分。她把这张图提交给了英国陆军大臣，然后把它收录进了 1858 年出版的
《关于影响英国军队健康、效率和医院管理事项的说明》（*Matters Affecting
Health, Efficiency, and Hospital Administration of the British Army*）一书。她
给维多利亚女王寄了这本书，女王随即宣召南丁格尔当面解释她的调查结
果。召见后，女王决定成立一个皇家委员会调查军队健康问题，从而启动
了军事医疗实践的改革。南丁格尔说，图表是成功的关键："图表对于说明
重大统计数据非常有用，它让眼睛可以直观地看到不太好用数字表述的相关
信息。"

弗洛伦斯·南丁格尔不仅是一位护士，也不仅是一位统计学家，她还是一位卓有成效的说客。《泰晤士报》的报道让她声名鹊起后，她开始利用名利让人接受自己的观点。成名也有坏处——1856 年 8 月，南丁格尔不得不用假名潜回英国，以免被人围观脱不了身，但也正因为她的声誉，南丁格尔基金会募得 4 万多英镑，足以在伦敦的圣托马斯医院建立南丁格尔护士培训学校。最重要的是，南丁格尔于 1859 年当选皇家统计学会的第一位女性成员，这不是给名人挂的虚衔，而是为了表彰她在统计学领域数十载的杰出工作。

## 寻找显著性

弗洛伦斯·南丁格尔开图表风气之先时，统计学家们早已汇集了一系列用于解读数据的工具。第一种工具是找到拟合一组离散数据点主要趋势的最简单曲线的方法，被称为"最小二乘法"，它能让曲线尽可能地串联起每个数据点，同时保持平滑。

至于谁提出了最小二乘法，数学家们仍有争议。法国人阿德里安–马里·勒让德[1]于 1805 年发表了一个版本，但德国人卡尔·弗里德里希·高斯[2]在 1809 年发表了一个更完整的演绎（比罗伯特·阿德雷恩[3]同样优秀的解读晚一年问世）。勒让德、高斯和阿德雷恩都给出了一个"残差"分析公式。残差是指每个数据点到拟合直线的垂直距离，因为数据点分布在直线的上下两边，有些为正值，有些为负值，所以第一步是取它们的平方，去掉负号，

---

[1] 阿德里安–马里·勒让德（Adrien–Marie Legendre, 1752—1833），法国数学家，在数论、测量学、天体力学、椭圆函数论等方面都有所成就。所编教本如《几何学》《椭圆函数和欧拉积分》等都有深远影响。

[2] 卡尔·弗里德里希·高斯（Carl Friedrich Gauss, 1777—1855），德国数学家、物理学家和天文学家，对超几何级数、复变函数论、统计数学、椭圆函数论有重大贡献。

[3] 罗伯特·阿德雷恩（Robert Adrain, 1775—1843），出生于爱尔兰，后在美国作为数学家出名，对数理逻辑有所研究，推算出地球的椭圆率，并研究了地球的直径。

最小二乘线是使残差平方和最小的一条直线。

更有意思的是高斯 1809 年提出的"正态分布"。"分布"指数据的离散分布情况，它可以用各种方式绘制出来。在正态分布（或称高斯分布）中，数据的三个特定属性相等，这三个属性分别是均值、众数和中位数。我们在讨论弗朗西斯·高尔顿的研究成果时已经提到过其中的两个，它们与众数一起，提供了三种不同的方法来计算我们外行人所说的"平均数"。

比如，想象一下，你有一个由你所有街坊邻居身高组成的数据集。要计算均值的话，先把所有的身高相加，然后除以人数。众数则是这群人中最常见的身高。让所有人从矮到高排成一队，然后取站在队伍正中间的那个人的身高，这就是中位数。在正态分布中，均值、众数和中位数全部相等。正态分布里的数据分布还有其他有趣的属性，我们过一会儿再讨论。

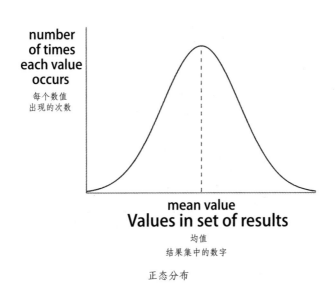

正态分布

身高只是倾向于服从正态分布数值的一个例子。学校考试成绩的分布也是如此，人口中的血压值分布也是如此。任何精算师或人寿保险专家都会告诉你，人类的寿命服从正态分布，只有少许偏斜（准确把握偏态是他们赚钱的机密）。正态分布无处不在，虽然我们不太清楚这个名称的起源，但你完全可以把正态分布看作数据的常态。

当大量独立因素分别对被测量事物施加非常小的影响时，测量数据就会出现正态分布（如决定人类身高的各种遗传、社会和进化因素），但数据还有其他分布方式。例如，西梅翁–德尼·泊松[①]就发现了另外一种分布。

我们在第五章讨论欧拉数 e 的时候提过，如果某个事件重复发生，但很罕见，而且每次发生都独立于其他事件，就会出现泊松分布。泊松研究的是19 世纪 20 年代巴黎法院的错误定罪率，以及陪审团对同胞的定罪意向是否降低（否）。[17]如今，我们可以在各种系统中看到泊松分布，例如足球比赛中的进球数（在英超联赛中，2 个和 3 个进球最常见），以及在一年中超过一定大小的陨石撞击地球的可能数量（对直径超过 22.4 米的陨石来说，10 次、11 次或 12 次撞击最有可能）。

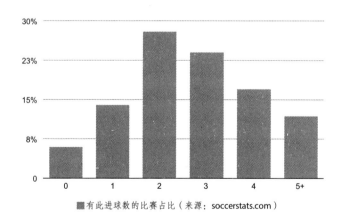

泊松分布的一个例子：2019 年—2020 年赛季英超联赛各场比赛进球数的分布

---

① 西梅翁–德尼·泊松（Siméon–Denis Poisson，1781—1840），法国数学家、力学家和物理学家，在有限差分理论、概论率、微分方程、电磁理论、理论力学等方面都有贡献，发现了泊松分布。

我们在每一个案例中，都可以先计算出一个平均值，然后将它代入泊松统计进行预测。想象一下，我经营一家酒吧，平均每晚卖掉 10 箱啤酒，我应该怎样未雨绸缪地做好应对客流激增的准备呢？我不能为了应付所有可能发生的情况而每天进 20 箱啤酒，因为支出太高。如果进的货太少（比如只进 12 箱啤酒），就有可能断货，别人会觉得我经营不善，头一次进店就没喝上啤酒的客人便会一去不返。

事实证明，我可以根据泊松统计推测。有一个公式能告诉我需要进 $x$ 箱啤酒的概率，这个公式用到历史平均需求箱数 $\lambda$ 和（当然——它无处不在）欧拉数 e：

$$P(x) = \frac{e^{-\lambda}\lambda^x}{x!}$$

（$x$ 后面的感叹号表示"阶乘"，就是用 $x$ 乘以 $x-1$，$x-2$，$x-3$……直到 1 为止。）

需要 15 箱啤酒的概率（$P$）仅为 3.5%，只有 7.3% 的晚上我会卖掉 13 箱啤酒，库存 12 箱可以满足 9.5% 的晚上的需求。

那么，我应该储存多少库存？如果负担得起的话，也许 15 箱……一年里只有（大约）12 个晚上能卖掉这么多。但说真的，这是一个主观的判断。

这一点很重要。统计学从本质上说是主观判断，如果你愿意的话，可以称它为一门据理猜测的科学。它看起来像数学，闻起来像数学，但缺少数学的完美确定性。它告诉我们，鉴于给定的数字，以及给定的若干关于这些数字可信度的假设，什么是可能的。也许这就是我们这些下功夫学了点数学的人仍然对统计学感到困惑的原因。

我们从本书一开头就看到，我们的大脑并不擅长数字。至于统计学，大脑应对起来更是吃力。我们看到统计数字，就会把伴随它们的警示说明抛在

脑后。或者，我们无法正确解读它们的含义。如果世界卫生组织说，每天吃
50 克的加工肉制品——相当于一个夹了两片培根的三明治——会使你患肠癌
的概率增加 18%，你觉得问题严重吗？[18]

如果你听了之后忧心忡忡，那可能是因为你没有正确理解这句话里的
"增加"。每天吃一个培根三明治并不会使你某天得癌症的概率增加 18%，它
增加了你成为那 6% 不每天吃培根三明治，但最终在生命中的某个时刻患上
肠癌的人的可能性。这就是增加 18% 的真正含义：你成为肠癌患者的机会增
加了 6% 里的 18%。

6 的 18% 是 1.08，因此，你罹患肠癌的概率不是 6%，而是 6% + 1.08%，
也就是 7.08%。你很可能从未为 6% 患肠癌的可能性担心过，那么会因为过
于担心 7% 患肠癌的可能性，以至于每天不再吃培根三明治吗？

无论如何，这不会是不吃那么多加工肉制品最理性的原因，而且可能你
本来就没吃那么多。此外，考虑到吃培根三明治给你带来的快乐——而做令
你愉快的事情往往对健康有益——这绝对是一个主观判断问题。

粒子物理学家们是否于 2012 年在日内瓦的欧洲核子研究中心（CERN）
检测到希格斯玻色子的问题也是同理。他们不能百分之百确定这不是粒子探
测器中的某种意外事件（或者说，是一系列意外事件，因为结论建立在探测
器中发生的多个事件的基础上）。当我们在科学上说确信某件事情时，实际
上的意思只是说它非常、非常不可能是偶然发生的。

统计学家们通过对数据的各种属性（例如其均值和样本量）进行数字计
算来量化这种确定性。统计学计算的一个重要组成部分是"标准差"，它衡
量各种样本值与均值之间的平均差异。它的单位与你测量对象的单位相同：
如果你测量 101 只斑点狗的身高，那均值可能是 60 厘米，标准偏差则可能
为 3 厘米。

标准差为我们解读数据提供了一个有用的视角。假设狗的身高服从以 60
厘米为中心的正态分布，那么 3 厘米的标准差告诉我们，68% 的狗的身高在

57 厘米和 63 厘米之间。在此种情境下，这个范围被称为 1 个标准差，或 1σ（西格玛），两个标准差（2σ）覆盖 95% 的狗的身高，而 3σ 囊括了 99.7% 的狗的身高。

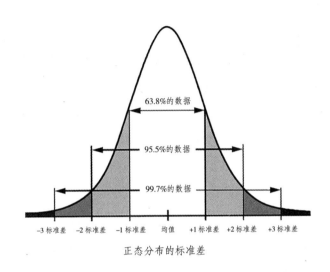

63.8%的数据

95.5%的数据

99.7%的数据

-3 标准差　　-2 标准差　　-1 标准差　　均值　　+1 标准差　　+2 标准差　　+3 标准差

正态分布的标准差

让我们回到上面那个是否检测到希格斯玻色子的例子。对实验结果的信心归根结底来自从标准差和数据的其他属性推导出来的数字，它被称为"P值"，其定义很难简单说清楚。统计学家们在你的逼问之下会给出一个让你云里雾里的解释，比如"P 值是在假定假设正确的情况下，获得至少与假设检验的观测结果一样极端结果的概率"。我的简易版解释是：P 值衡量的是，如果一个特定结果不是由你认为的那个原因导致的，你得到这个结果的可能性有多大。我这样说吧，如果在欧洲核子研究中心测得的结果与希格斯玻色子无关，而只是实验中背景噪声的偶然波动，那么欧洲核子研究中心的科学家们重复这个实验，他们会得到多少次这样的——表明希格斯玻色子存在的——结果？

在下定论之前，我们必须做出另一个主观判断。第一次这样做的人是英国统计学家罗纳德·费希尔（Ronald Fisher），1925 年，他出版了一本题为

《研究工作者的统计方法》(*Statistical Methods for Research Workers*)的著作。[19]
他在书中指出，对大多数试图确定一个观测到的现象究竟源自一个值得研究
的原因还是偶发事件的实验来说，二十分之一是一个合适的分界线。这就是
所谓的"统计显著性"。

费希尔所说的二十分之一相当于5%。然而，他划下的分界线不能简单
地解读为："如果我们95%的情况下都能测得这个结果，它就是我们要的答
案。"事实上，证明统计显著性需要顺利走完一系列复杂的步骤。

首先，我们必须建立一个假设并测试它是否成立。就希格斯玻色子而
言，我们需要来自探测器的数据，测量探测器被特定能量击中的（大致）次
数。根据该理论，如果希格斯玻色子存在，某个特定能量值的测得次数将会
奇特地猛增。

当然，探测器中的随机波动有可能导致这种奇特的模式出现，比如电噪
声的波动或者大量高能粒子在穿越星际空间后恰好同时撞击探测器。这意味
着你永远无法确定某个特定的数据猛增是由希格斯玻色子引起的，但你可以
精心设计实验，尽量降低从仪器中得到非希格斯玻色子造成某个特定的数据
集的可能性。接下来，你只需要决定"尽量降低"的力度。

欧洲核子研究中心针对"发现"希格斯玻色子所采用的科学金标准是
$5\sigma$，相当于99.999 94%的记录值位于该范围内。这是什么意思呢？如果你对
复杂的统计学程序理解正确的话，你就会明白，平均而言，如果希格斯玻色
子不存在，我们会在每350万次实验中看到一次这个为实验人员赢得诺贝尔
奖的数据集。如果你感兴趣的话，不妨记住，这相当于$P$值为0.000 000 3。

如果我们把发现的标准从$5\sigma$降低到$1\sigma$，那我们只需要（平均）重复实
验6次，就可以得到一个貌似发现的偶然结果。如果阈值设为$3\sigma$，那么平均
每741次实验运行就会出现一个误导性的"发现"。你可以主张，为了万无
一失，我们应该坚持把标准设在$5\sigma$以上——为什么不是$10\sigma$？这是一个主
观判断问题。事实上，如果我们要求$10\sigma$，我们可能永远无法宣布任何发现。

此外，值得一提的是，5σ 这个要求并非一成不变。1984 年，欧洲核子研究中心的科学家卡洛·鲁比亚（Carlo Rubbia）和西蒙·范德梅尔（Simon van der Meer）因为一年前"发现"了 W 和 Z 玻色子而荣膺诺贝尔物理学奖，但他们实验结果的统计显著性远远低于 5σ。[20]

这个主观判断问题很重要，因为这是决定某种拯救生命的药物是否能够上市，或某个被告是否会在法庭上被定罪的关键。先讨论它在法律上的应用吧，因为很多人大大低估了它的重要性。

## 罪与罚

你一生中大约有三分之一的概率会依法担任陪审员，具体视居住地而定。担任陪审员期间，可能需要评估统计学证据。你很可能没接受过这方面的培训，而呈现证据的人也完全有可能没有受过足够的统计学训练。这是司法体系中的一个严重问题，而且已经有人因此被误杀。

写下前一句话的时候，我想到了萨莉·克拉克（Sally Clark）。这位英国妇女在 1999 年 11 月被判定杀害了她诞下的头两个婴儿。辩方坚称两个宝宝死于自然原因——要么是一些未确诊的家庭健康问题，要么是令人心碎的、无法解释的"婴儿猝死综合征"（SIDS）。儿童虐待问题专家暨医学教授罗伊·梅多（Roy Meadow）爵士告诉法庭，在萨莉·克拉克这样的家庭中，孩子死于 SIDS 的统计学风险为 1/8453。他说，同样的事情再次发生的概率是 $1/8453^2$，即 1/73 000 000。换句话说，可能性极低。

陪审团判定萨莉·克拉克有罪。她立即上诉，未获成功。她的第二次上诉得到了支持，理由是定罪时采用的统计学数据有谬误，萨莉被释放。同时，可怕的是又有一名妇女在相似的案件中被判定犯有双重谋杀罪（梅多也作了证）。萨莉·克拉克的精神健康受到严重伤害，以至于获释 4 年后酗酒致死。

萨莉·克拉克的案件中存在几个问题，但我们将只关注其中两个。[21, 22]首先，即使克拉克家的生活方式和条件确实有 1/8453 的概率导致婴儿猝死，也不等于她家出现第二例婴儿猝死综合征的可能极低。你不能粗暴地取概率的平方。如果某些未知的因素导致了一次死亡，这样的情况再次发生也有合理的可能性，换句话说，原因不明的死亡再次发生的可能性反而更大了（估计表明其概率高达 1/60）。第二，即使被告辩称自己无罪的辩词非常不可思议，也并不意味着她有罪的可能性很高。这种在法庭上引入虚假的或误导性的统计数字，来暗示被告无罪可能性很低的策略，被称为"原告的谬论"。

值得一提的是，被告的谬论同样存在。O. J. 辛普森案件中就用到了它：辛普森辩护团队提出这样一个事实，即每 1000 个家暴妇女的人中只有不到一个最终会杀死受害者。如果你是陪审团成员，这时你会问自己，O. J. 辛普森是不是比那千分之一的烂人更烂？但你不应该这样想，他们这样做是为了扰乱你的思绪，转移你的注意力。关键在于，妮科尔·布朗已经死了，而真正相关的统计数字是这个：每 5 个被虐待并杀害的妇女中有 4 个死于她们的伴侣之手。

如果统计学运用失当，即使是科学上合理的证据，如 DNA 匹配，也会产生误导。例如，在美国，一起抢劫案的陪审团可能得知，嫌疑人的 DNA 与在犯罪现场发现的 DNA 之间的匹配率为"百万分之一"。陪审团可能会因此认为案情一目了然。然而，美国有 1.52 亿成年男性，这意味着除了嫌疑人，或许还有 151 个人的 DNA 与犯罪现场发现的 DNA 相符。所以，必须有比这更多的证据才能定罪。

在最近的新冠肺炎大流行中，对人群进行病毒检测也出现了类似的问题。在一个不完美的世界里，一个"99% 准确率"的检测方法听起来足够接近完美，不是吗？因此，无论人们是否有症状，我们都应该用它为每个人检测，对吗？如果测试结果呈阳性，他们可以花点时间康复（如果需要的话），然后该做什么就做什么，因为人们知道自己有了免疫力，不会再次感染。然而，这有可能是一个非常糟糕的主观判断。

　　假设每1000人中有一个人真的患上了新冠肺炎，而我们要对1000人进行检测，一个准确率为99%的测试将向99%的病人和99%的健康人给出准确的结果。这意味着在999个没得新冠肺炎的人当中，它会误判出1%的阳性结果，即高得吓人的9.99人。实际上，1000人中将有11人被判阳性，而其中只有1人会真正产生免疫力。因此，如果你的测试结果呈阳性，你只有10%的把握自己有免疫力。这是不是没什么用？而且这还是我们手握全面信息的情况。如果你不知道人群中的新冠肺炎患病率，便也不知道存在着多少假阳性。

　　正因为这些有违直觉的属性，许多统计学家宁可采用另一套系统，那就是所谓的贝叶斯分析。它完全不是一个新发明，托马斯·贝叶斯（Thomas Bayes）牧师早在18世纪中期就提出了这套系统。我们不知道确切的时间，因为贝叶斯从未将他的想法告诉任何人。

　　统计学家们至今还在为贝叶斯统计系统（发现于1761年牧师去世后留下的文件）争论不休。到底它比我们讨论到现在的标准"频率论"系统好还是不好，统计学家们没能统一意见。我们熟悉的系统之所以被称为频率论系统，是因为它依赖于通过分析一个结果发生的频率来找到一个概率。例如，如果我不用任何花招反复掷骰子，长远来看，我掷出每个数字的频率将相同。贝叶斯系统与之不同，它看重"条件概率"：在A已经发生的情况下，B发生的概率是多少？

　　例如，如果你是一名陪审员，你听到的证据让你有70%的把握认为我犯下了侵犯人身罪，但你还没有听到法医提供的证据。当法医证据呈堂时，你得知在受害者身上发现的血液血型与我的血型相同。啊哈！但等一下，世界有35%的人都是这种血型。这会让你更相信，还是更不相信我有罪？或者这对你来说是不相关的信息？

　　借助贝叶斯统计，你可以坐在陪审席上，拿出纸笔来计算。事实上，计算结果对我极其不利：现在你确信我无辜的把握只有之前的一半。顺便说一句，这并不意味着你有 140% 的把握认为我有罪。贝叶斯统计应该这样用：你之前有 30% 的把握相信我是无辜的，但法医证据加强了你对我有罪的预感，现在你只有 14% 的把握相信我是无辜的，因此有 86% 的信心认为这桩罪行是我犯下的。[23]

陪审员可以根据他们对被告罪行的认知来进行计算，这听起来可能很牵强，但相信我，早就有人这么做了。让我们试以 1993 年新泽西州诉斯潘一案为例，[24] 在此案中，一位名叫约瑟夫·斯潘（Joseph Spann）的黑人男性狱警被指控令一名女囚犯怀孕——鉴于他的职位，这是一种犯罪。一切都取决于检方是能否证明斯潘是孩子的父亲。

检方拿出了基因检测法医证据。他们声称，斯潘为孩子生父的概率达 96.55%。这个数据基于这样一个事实，孩子拥有一组特殊的基因，它们在母亲的 DNA 中没有，但在美国大约 1% 的黑人男性 DNA 里有——而斯潘就属于这 1%。陪审团被告知可以酌情根据"先见"来判断斯潘是否有罪，他们同时也被告知，检方专家证人认为斯潘有罪的概率为"中性"，即 50%。这个案件的来龙去脉读起来颇让人着迷。[25] 专家证人作证，由此产生的亲子关系概率如果低于 90%，则被认为"无用"，90%～94.99% 的概率可解读为"可能"，95%～99% 的概率为"非常可能"，而 99.1%～99.79% 的概率则"极其可能"。

陪审团先得到了专门的指导，学习如何使用选定的先见来计算各自的判断。然而，并没有人向他们解释先见会怎样影响他们的估算。最后，他们认定被告有罪，这至今仍是一个有争议的案件，原因不止一个——尤其是判决结果依赖一个缺乏统计学知识的陪审团。

如果你已经被上述数字弄得晕头转向，你绝对不是一个人。如今，法医证据在司法体系中的重要性与日俱增，其中涉及的数学运算几近成为老大难。由普通民众来决定被指控者是否有罪的理念是社会的核心支柱，但我们很难反对统计学最好留给专业人士的提议。在接下来即将考察的——决定制药企兴亡的——试验里，统计学显然应该交给专业人士。让我们依据标准频率论，来看一个假想的药物试验的统计数据吧。

## 疼痛、药物、安慰剂和 $p$ 值

在人类还没有掌握数学的艺术时，医学治疗的有效性属于个人观点，往往只基于道听途说或直觉。例如，著名的天才艾萨克·牛顿曾经说服自己，蛤蟆呕吐物中的酊剂可以治愈黑死病。如今的我们可以做得更好。想象一下，人们希望测试这样一个假设：服用某种止痛药（给它编一个名字：痛减）比不服用任何药物或服用安慰剂（貌似药物但不含药物成分）的效果好。首先，我们对所有病人施加轻微电击，并要求他们对疼痛程度进行评分。然后，给当中的一半人服用痛减，另一半人服用外表和味道都跟痛减一样，但没有镇痛效果的安慰剂。接着，再次对所有人进行电击并请他们给出评分。我们有可能得到三个不同的正态分布：痛减组曲线、安慰剂组曲线和原始曲线。那么我们应该如何判断痛减是否值得生产呢？

通过"假设检验"来判断，究其本质，我们希望得知偶然因素导致任何所记录的疼痛减退的可能性有多大。比如，50 个人给出的原始痛感评分均值为 5.71 分（满分为 10 分），这个数据集的标准差是 1.97。服用痛减的一组受试者在第二轮电击后给出的评分为 4.28 分（满分为 10 分），标准差为 1.72。安慰剂组的评分则为 4.80（满分为 10 分），标准差是 1.42。

我们把痛减组和安慰剂组的数字代入标准统计公式，得出 $p$ 值。首先我们需要创建一个关于安慰剂和痛减效果的假设，这个原假设是：两组之间的差异纯属偶然。然后，我们再用教科书上的统计公式来检查，并求出一个 $p$ 值，量化我们对痛减功效的信任程度。把痛感评分均值、标准差和受试人数代入这个公式，我们可以得出一个名为"$t$ 统计量"的东西。用统计软件将其转换为 $p$ 值，转换过程会计入我们向受试者提问的类型和试验参与人数。在这个例子，$t$ 统计量为 1.5116，转换成 $p$ 值约为 0.072。

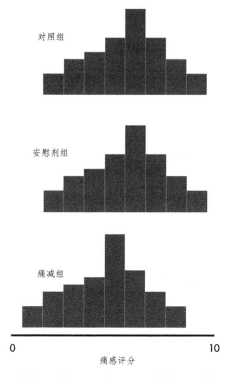

痛减组、对照组和安慰剂组的痛感评分分布

　　这比通常的统计显著性标准 0.05 略高一点。鉴于 $p$ 值是指我们观测到的评分均值差异，与该药物除了作为安慰剂实际上毫无作用的评分均值差异一样的概率，$p$ 值 0.072 表明，我们不能拒绝原假设，也就是说，我们似乎没法可靠地声称痛减这个东西比安慰剂效果好。这个过程一如既往地以主观判断收尾，但它是一个非常有用的创新。现代医学建立在统计学的基础之上，遵循统计学常规使我们能够量化药物、手术和其他医疗干预措施的效果，从根本上改善无数人的生活——有时甚至拯救生命，同时不浪费宝贵的医疗保健资源，如手术室时间，当然还有金钱。

## 巧妙的外推法

尽管我们可能反感统计学的起源，且认为用它来做决策有点主观，但它在现代世界的重要性和影响力不可否认。医学、政治、经济、司法和日常科学实践均使用统计学工具。然而，有一个统计学领域的影响远比其他领域要深，那就是抽样。

抽样是一种艺术，利用你对某种事物一小部分的了解，可靠地进行推断，以便对事物的整体有所了解。抽样在生活中很常见，但可能是出于直觉，而非严谨的数学。比如，你想知道锅里在煮的意大利面熟了没有，于是会测试不止一根面条。如果你想雇一个电工，要是没找几个电工请他们分别报价，你心里会不舒坦，只怕有人狮子大开口。你在网购前浏览其他客户的评论，这也是一种基于抽样的主观判断，有 6 个五星评论的产品是不是比有 200 个四星评论的产品更好？

商界也同样存在抽样难题。如果我从农田里拔来 10 秆成熟的大麦，测试麦粒的质量，它们能在多大程度上代表整块地里大麦的质量？如果从工厂的传送带上挑出 10 件产品进行压力测试，我对其余同批产品的抗压能力有多大信心？我能不能只让少数人参与药品试验，就证实该药品对大多数人有效？如果我只能通过电线或光纤发送一小部分信号，能不能选择性地发送，以便另一端的人能够重建原始信号？这些问题已然是当今消费者主导经济的核心问题。

抽样的历史至少可以追溯到公元 400 年。梵文史诗《摩诃婆罗多》记载，古印度国王瑞图帕纳（Rituparna）估算了一棵尾避多伽（Vibhitaka）树两个相对生长枝条上的果实数量，他数了数几个小树枝上的果实，然后宣布整棵树有 2095 个果实和 10 万片叶子。他的同伴那洛（Nala）国王彻夜不眠地核验，最终确认这个数字没错。英国皇家铸币厂自 1282 年以来就一直在对新铸钱币进行类似的抽样，这个过程被称为"铸币年检制度"（Trial of the Pyx），为了检查铸币的品质是否如一。

Pyx 这个英语单词来自拉丁语中的"小盒子"。各种面额的铸币被随机挑选出来锁进一组木箱，然后由专人开箱检验：它们的重量、成分、大小和标记都要同设计标准进行比较。每种面额的送检铸币数量与铸造数量成正比，这样做的逻辑是，如果它们的特征在许可的限度内，那么整个批次的铸币也几乎都在这些限度内。

铸币年检每年都在伦敦的金业公会大厅举行。仪式盛大，色彩夺目，严格遵循古礼。财政大臣（或财政大臣指定的代表）必须到场，同时出席的还有金业公会的荣誉成员和铸币厂的各级官员。由金业公会成员组成的评审委员会负责裁定铸币厂的新币质量。如果一切正常，那么在流通中发现的任何劣质硬币都会被合理地视为假币。

皇家铸币厂一直以铸币为荣，在打假方面毫不留情。1696 年，一个特别热心的人被任命为铸币厂的督办，负责防范伪币等事务。艾萨克·牛顿此前从未担任过公职，但他上任后为这个岗位倾注了所有的观察力、计划力和洞察力。1699 年，他亲自追踪并逮捕了臭名昭著的伪造货币者威廉·查洛纳（William Chaloner），查洛纳伪造货币技巧高超，为人也十分自负，甚至提出过"黑吃黑"的建议，愿意用自己的专长帮助政府遏制造假祸患。不过，他不是牛顿的对手，于 3 月 16 日被送上了绞架。[26] 此后不久，牛顿得到了一份报酬更为丰厚的工作：皇家铸币厂厂长。担任厂长期间，他跟负责货币年检的人发生了冲突。

以我们对艾萨克·牛顿的了解，不难想象他对 1710 年评审委员会报告中所说的铸币成色不足、贵金属含量比标准少千分之一的愤怒。牛顿认为，在他的管控下，铸币厂生产的硬币"比以往任何时候都要精确得多"。[27]

金业公会成员们受不了牛顿高声抗议，把他赶出了大厅。牛顿不服，直奔实验室，拿起纸笔大算特算，直到找出对方错误的根源为止。罪魁祸首是有问题的"测试板"，即由黄金合金制成的标准铸币比对板，在那一年被换了新的。

在解释了导致他受到公开谴责的比对板有瑕疵后，牛顿建议修订铸币年检程序，他认为铸币厂应该改用纯金比对板，这个建议遭到了否决。150年后，铸币厂的官员们承认牛顿出了一个好主意。在牛顿入葬威斯敏斯特教堂整整133年后，他的创新得以实施。牛顿的脾气是很坏，但我们花了一个多世纪才终于听从了他的建议。

## 吉尼斯①和学生氏检验

抽样这个统计学创新也是20世纪最著名的全球品牌之一——吉尼斯——成功的幕后英雄。统计学得到的回报也相当丰厚，在吉尼斯啤酒厂改进黑啤酒的过程中，统计学使用最广泛的工具之一诞生了。

威廉·西利·戈塞特（William Sealy Gosset）于1899年加入吉尼斯，是公司新成立的科学酿酒师团队中的六人之一。[28]团队里的每个人都拥有牛津或剑桥大学的化学一等学位，在公司享受摇滚明星般的待遇。他们在厂区有独立的住所，初级员工被告知在走廊上遇到酿酒师的话，要低下头等对方先走。

吉尼斯公司刚刚扩大了业务规模，决心将科学作为业务的重心。1886年，该公司在伦敦证券交易所上市，取得巨大成功。戈塞特入职时，吉尼斯是世界上最大的啤酒厂，这意味着它需要大量的、稳定高品质的啤酒花和大麦。新来的酿酒师们开始积累相关的数据，但这些数据分析起来很困难。尽管这群人地位超然、学位傲人，但他们不通数学，对统计学几乎完全不熟悉。矮子里面拔将军，学习数学的任务落在了戈塞特肩上。于是他读了几本教科

① 吉尼斯（Guinness），起源于爱尔兰都柏林的啤酒品牌，以生产泡沫丰富、口味醇厚的黑啤酒闻名。

书，到了 1903 年，已经会用标准差和样本量计算所谓的标准误差了，他甚至自行构建了一个相关性测量方法。戈塞特向啤酒厂写了一份报告，概述他新近收获的统计工具，以及如何利用它们来改进生产。他写道，这对啤酒厂的每个人——包括科学酿酒师——来说都是新的，原因是"大众对数学的恐惧"。看到了吗？害怕数学的不只有你。

　　1905 年夏天，吉尼斯公司派他们的新晋统计专家前往英格兰，向高尔顿的弟子卡尔·皮尔逊请教。皮尔逊是当时公认的世界头号统计学家。戈塞特解释说，他想知道怎样进行少量不同对象之间的比较。例如，吉尼斯公司的大麦实验只涉及四个不同品种，确定总共四个样本的标准差非常困难，戈塞特希望皮尔逊至少有办法估计误差并做出相关的主观判断，比如决定什么程度的概率可称为"显著"。但当时无论皮尔逊还是其他人都没有应对小型试验的统计工具。皮尔逊和颜悦色地告诉他自己爱莫能助，随后把自己所知的统计学知识倾囊传授给戈塞特，戈塞特说，这大概只花了半小时。

　　令人惊讶的是，这半小时的教学奏效了。戈塞特回到吉尼斯公司后做了一些数据分析。公司颇为赞许，一年后再度派他去皮尔逊门下学习，于是戈塞特入学伦敦大学学院。1907 年，多亏戈塞特后来称为"灵光一现"的猜测，他知道该怎么解决小样本的误差问题了。此时他研究的不是大麦数据，而是当地一间监狱中罪犯的身高及左手中指长度。数据由伦敦警察厅提供——我们很快就会读到，他之所以能拿到这些数据，是因为弗朗西斯·高尔顿曾试图确定（并去除）英格兰人的犯罪天性。

　　问题解决后，戈塞特再次回到都柏林，实践了新的统计方法。后续分析表明，一个名为"阿彻"（Archer）的大麦品种最符合吉尼斯啤酒厂的酿造要求，于是该厂迅速买下市场上所有的"阿彻"种子，共计 1000 桶。播种一年后，他们有 10 000 桶种子可以分发给农民，而其他人通通断供。吉尼斯控制了最重要的原材料。

　　搞定大麦市场之后，吉尼斯公司准许戈塞特发表他的创新，但不得在论文上署真名，以防竞争对手窥探机密。他可以在"小学生"和"学生"这两个假名中选一个，所以这个统计学工具现在被称为"学生氏检验"或"$t$检验"。

$t$检验帮助我们理解样本规模和该规模为计算结果带来的不确定性之间的关系，这样我们就可以确定计算结果的置信区间。戈塞特的创新对吉尼斯大有帮助，但事实上，在罗纳德·费希尔（规定统计显著性分界线的人）证明它背后的数学原理并扩大它的应用学科范围之前，没人在意。如今，但凡比较不同样本，我们都要使用 $t$ 检验。在医学研究中，我们用它来测试抗逆转录病毒疗法治疗艾滋病的效果。在商业研究中，我们用它来检查改进客户服务协议等干预措施的成效。与此同时，它扎根老本行：在农业研究中，它帮助我们确定肥料的功效、作物品种的相对价值，以及牛奶和奶酪等加工制品的安全性。

## 有损压缩

尽管费希尔屡屡创新，但在过去几十年里，另一种不同的抽样统计工具风靡世界，它大大地提高了我们的生活质量——并催生了 JPEG、MPEG、MP3 和 HDTV 等常见缩略词。现在，让我们花一些时间来解读数据压缩中的数学原理。

2019 年，美国民众借助流媒体技术从世界各地的数据服务器上接收了超过 1 万亿个音频和视频文件。鉴于构成互联网的数据通道容量有限，这么多文件如果未经"压缩"——也就是说，流媒体文件的数据量比原始文件大幅减少——根本传送不了。而如果没有抽样统计，这种压缩不可能实现。

我们录制音乐时，会希望录音包含所有必要的信息，以便事后重现原始音乐。这些信息可能被编码储存在黑胶唱片的沟槽里、激光唱片的微小凹点中，或者数字文件中的 0 和 1 里，但它们都能告诉需要重现音乐的设备在什么时点发出什么频率的声音，以及它们在音量上应如何相互配合。即使是一首

3 分钟的流行歌曲，录制文件的信息量也很大。不过，事实证明，许多信息不是必要的。

19 世纪早期，一位名叫约瑟夫·傅里叶 ① 的法国数学家指出，任何连续的信号，无论多么复杂，都可以重现为一组频率和振幅不同的正弦波。如果你想绝对完美地再现信号，你需要一组无穷多的正弦波，但傅里叶表示，你可以用有限数量的正弦波实现这一点。他的研究成果被称为傅里叶变换，其中包括一个（相对）简单的公式和复数应用。

傅里叶的创新为科学家们提供了一个全新的工具。随时间变化的信号现在可以通过扫描其组成部分的频率来表示。进军所谓的"频域"之后，科学家们能够以一种全新的方式分析和处理这些信号。这个方法在许多研究领域发挥了重要作用，包括热力学、地质学，以及问世时间更晚的量子力学。

进入数字信息时代后，一个略有不同的工具出现了。将傅里叶变换应用于离散的 0 和 1，而非连续的模拟波形，就变成了"离散傅里叶变换"，它是联合图像专家组（Joint Photographic Experts Group，首字母缩略语为 JPEG）创建的 JPEG 格式的背后理念。该专家小组在 1992 年批准了一个压缩数字图像文件的官方标准。不过，离散傅里叶变换并非尽善尽美——约翰·图基（John Tukey）于 1965 年揭示了这一点。

图基生于 1915 年，很小就展现出了数学天赋。[29] 他的父母很早就意识到了这一点，整个 20 世纪 20 年代都让他在家上学。年满 35 岁的时候，他已经是普林斯顿大学的教授，并于 1965 年创立了该大学的统计系。同年，快速傅里叶变换（FFT）诞生。当时，作为肯尼迪总统科学咨询委员会的成员，图基发现快速处理地震学信号很有必要，因为它们可能是由俄罗斯核弹试验造成的。

1947 年，身材魁梧如大熊的图基已经创造了用于指代信息论中二进制数

---

① 约瑟夫·傅里叶（Joseph Fourier，1768—1830），法国数学家、物理学家。

字的"比特"（bit）一词（我们将在下一章中讨论）。1958 年，他发明了"软件"这个术语。"快速傅里叶变换"或许没那么简单、易上手，但随着数字革命的展开，它的重要性也同样凸显了出来。

从本质上说，快速傅里叶变换是计算用于数字压缩的离散傅里叶变换的一个捷径。JPEG 格式不需要快速傅里叶变换的速度。然而，MPEG 格式，即动态图像专家组（Moving Pictures Experts Group，首字母缩略语为 MPEG）于 1993 年批准的标准，无疑需要这种速度。这些动态图像的音频层由 MP3 文件提供——就是你每天通过无线网络、蓝牙，也许还有铜缆或光纤传送接收的文件。MP4 就是音频加视频，它用图基的快速傅里叶变换统计分析方法来处理原始信号，以缩小录制数据文件，但同时不会显著降低图像或声音的质量。它的第三次迭代，即 MPEG–3，使高清晰度电视成为现实。如果你有兴趣的话，动态图像专家组已经又开发了一个标准，用于压缩和传输基因组中的信息（MPEG–G）和完全沉浸式的 360 度虚拟现实视频（MPEG–I）。是的，统计学的贡献不易察觉，但它让 21 世纪的人类生活大变样，把娱乐、教育资源、商业关键数据，甚至个性化的医疗保健，高效、准确地交付到世界上任何有需要的地方。

我们还需要再介绍一个人，而她真是再朴实不过了。约瑟夫·傅里叶在 9 岁时就成了孤儿，后发现了导致全球变暖的温室效应，在法国大革命期间坐过牢，然后作为拿破仑·波拿巴的科学顾问穿行于各大洲之间。之前我们已经读到过，约翰·图基是天才儿童，后来担任肯尼迪总统的顾问，在冷战中发挥了决定性的作用。与前两位相比，英格丽德·多贝希（Ingrid Daubechies）没有任何夺人眼球的履历（除非算上她在 1994 年成为普林斯顿大学第一位女性数学教授，但这件事可能只能说明普林斯顿大学有问题，与她关系不大）。多贝希出生于比利时，目前在北卡罗来纳州达勒姆的杜克大学工作。她纯粹是一位天分极高的数学家，发明的统计工具为联邦调查局的指纹数据库、众多拯救生命的医疗技术，以及例行检测约十亿光年外黑洞碰撞的仪器提供助力。但她为人非常低调。

他人给多贝希教授写的简介往往侧重于她对园艺的热爱，也许这是因为我们大多数人不可能真正欣赏她发明的复杂数学工具。尽管如此，我们至少可以大致了解一下她的研究对象，它的名字相当可爱，叫"小波"。

小波分析是一种表现突变信号（一个非常短的、孤立的信号，类似于心电监护仪上的尖峰）的数学方法。听起来不难，但实际上并不简单。当我们把信号重建为正弦波集合时，它们几乎总有一个"长尾"，你必须使用极高频率的正弦波来使信号突然停止。这实际上是一个画地为牢的缺陷，因为它为信号增加了大量数据——在多数情况下，新增数据比原始信号中包含的数据还要多。

多贝希的小波提供了傅里叶变换之外的另一种方法。小波占据着一个无穷维空间（这个概念听起来很难，其实不然，它用到了我们在介绍微积分发展史时遇到过的无限级数），多贝希找到了一种方法来创建一个被她称为"母小波"的完全没有长尾的原始信号——信号在离其峰值很短的距离内立即归零。然后，她对母小波进行调整，创建出女儿小波、孙女小波、曾孙女小波，以此类推。这些信号提供了越来越多的细节，并且信号们可以被汇总在一起，形成极短的、信息丰富的突变信号，编码成非常小的数据文件。

多贝希于 1986 年实现的这个突破很快便对数据处理产生了巨大影响。医学成像是小波分析的一个尤其为人称道的应用，内窥镜、超声波、X 射线、核磁共振和 CT 扫描图像都使用小波处理，这样一来，图像不但易于处理和传输，而且不会丢失重要的、可能救人一命的细节。但小波分析对指纹记录的颠覆可能是最大的。

弗朗西斯·高尔顿率先提出可将指纹用于执法。他在 1888 年写给《自然》杂志的一封信中称指纹可能是"所有表面标记中最美丽和最有特点的一种"，他把它们描述为"一组细密的纹路，孩子们涂了黄油的手指老爱在图书的边缘留下这纹路的印记"。[30] 根据他的计算，两个人的指纹完全相同的概率为六百四十亿分之一。有心人没有错过这个大好机会：伦敦警察厅于1901年成立了世界上第一个指纹局，不到一年就向法庭提交了首份指纹证据。1903年，纽约州的监狱随即开始采用指纹来识别囚犯。

指纹的价值与记录在案的指纹数量成正比、与获取和比对指纹所需的时间成反比。问题是，数据库中的数据越多，搜索所需的时间就越长。用傅里叶变换来压缩指纹未能解决这个悖论，因为有用的数据压缩会丢失太多有用的指纹细节，但有了小波分析，一切都改变了。如今，联邦调查局刑事司法信息服务部门存有大约1.5亿人的指纹记录，这些记录全都以多贝希的小波编码。

## 识别欺诈

我们已经看到，统计学家们有不止一种方法可以把人送进监狱，或者为人开脱罪责，但其中最特别的也许是本福德定律。乍一看它似乎真的很荒谬。简而言之，本福德定律是指在任何记录自然活动（包括人类活动）的数据表中，都存在一个特殊的规律，其中数字1出现的频率最高，其次是2，然后是3，以此类推，直到9，而9出现的频率只有4.6%。

天文学家西蒙·纽康（Simon Newcomb）在分析他的19世纪同时代人使用收录对数表书籍的习惯时首次意识到了这个规律。[31] 他发现，书的开头部分比较脏，说明查找以1开头对数的人比较多，后面的书页逐渐干净起来，越往后越干净，以9开头的对数表几乎没人查。纽康的结论是，他的大多数同事在研究中使用低位数多于高位数。事实证明，不但天文学研究如此，世界上还有无数领域亦是如此。

这一普遍真理如今以物理学家暨工程师弗兰克·本福德（Frank Benford）的名字命名。1889年，本福德只有6岁，他的家乡宾夕法尼亚州约翰斯敦上游的南福克大坝遭遇了灾难性故障。汹涌的洪水以每小时40英里的速度扫荡约翰斯敦，造成2200人死亡。本福德的手臂断了，但保住了性命：他用那只没断的手紧紧抓住浮木，度过洪水滔天的夜晚。[32]

洪水过后，约翰斯敦经济萧条，本福德不得不在 12 岁那年辍学。但后来他又重回校园，23 岁时考入了密歇根大学。毕业后，他入职通用电气公司，在斯克内克塔迪的照明工程实验室工作。他在那里工作了 38 年——无疑与查尔斯·普罗透斯·斯泰因梅茨的轨道相交，后于 1948 年 7 月退休。退休后刚刚 5 个月，本福德就与世长辞。

本福德的名字流传下来是因为 1938 年，他在观察了两万例自然现象（例如河流流域的面积、城市的人口、各种化学品的分子量，甚至公民地址中的数字）后确定了这一规律。直到 1995 年，我们才明白为什么存在这种模式：它是由自然界中不同的数据分布方式（如正态分布和泊松分布）造成的。本福德定律（本福德实际上称它为"异常数字定律"）描述了各种分布方式的出现规律。[33] 我们对它深信不疑，以至于美国国税局如今使用本福德定律来审计企业账户是否存在欺诈行为。如果你打算伪造任何带有数字的东西，请确保你已经考虑到了本福德定律，因为统计学总能识破你。

事实上，虽然统计学可以说是一门关于主观判断的科学，但它的力量不可小觑。的确，主观判断的质量时有低下，而且这门学科在形成之初目的可疑。然而，多亏了统计学，家里卫生间的橱柜里才装满了功效有保证的药品，人类才有海量可靠的科学发现，法庭上才有遴选证据的工具，真相呈现出来才能让人信服——更不用说那一扎扎美味的吉尼斯啤酒了。

本书第一章从古代巴比伦的收税工具写起，这一章又写到了美国的查税工具。然而，如果我无意中让你觉得数学只为生活中无趣的部分而生，那么我们的下一章（也是最后一章）应该可以改变这种想法。下一章会写到前往太阳系外围的远行，会杂耍的机器人，还会揭开间谍世界的一角面纱，并介绍一台没有任何设计用途的机器。信息论可能听起来不怎么动人，但实际上相当有趣，更重要的是，它跟税收毫无关系。

# 第八章　信息论

## 人类创造现代社会

　　在很大程度上，我们兜了一圈又回到了原地。虽然这一章的标题有点陌生，但实际上它和第一章一样，讲的都是纯数字的力量。事实上，它把数字还原到了绝对本质——0和1，你只需要这两个数字就可以表达所有其他数字。这一章还会讲到人类在数字上求索的洞见。二进制系统把我们带进了信息时代，我们从此有了计算、数字数据、加密和互联网。与此同时，我们也对它寄予了最大希望，希望它能帮助我们最终理解宇宙。

　　微积分的两位奠基人都是无可救药的神秘主义者。艾萨克·牛顿认为《圣经》里有加密信息，花了大量的时间和精力去破解。戈特弗里德·莱布尼茨则执迷于一种信念，认为不可分割的"简单物质"是食欲、行动和知觉的终极来源。他说，每一个这样的"单子""让外部事物的感知或表达在特定的时间凭借其自身的规律在灵魂中出现，就像有另一个世界，那里只有上帝和它"。[1]

　　莱布尼茨的哲学被称为单子论，晦涩难懂，为此他成了笑柄。伏尔泰曾经写道："你真的相信一滴尿由无数个单体组成，而每一个单体对整个宇宙都有不为人知的想法？"尽管如此，为了发展单子论，莱布尼茨孜孜不倦地研究其他人的哲学体系，希冀从中找出一些深邃的真理。所以他才在 1679 年写了一份手稿，概述在二进制数制的基础上建造机械计算机的可能性：0 和 1 是它唯一需要的构件。[2] 他为之雀跃，因为他相信使用二进制数将使迄今为止不可能的计算成为可能，它是"人类思想的字母表"，甚至有望揭示那些作为现实基础的"简单物质"的性质。他认为，既然可以用 0 和 1 组成所有的数字，那么上帝也可能是用 0 和 1 创世的。他写信把这个想法告诉他的朋友若阿基姆·布韦（Joachim Bouvet，汉名"白晋"），一位派往中国传教的耶稣会信徒。布韦回信说，中国人可能已经想到了——他们有《易经》。[3]

据传说，《易经》总结了伏羲的思想。伏羲人首蛇身，他研究了宇宙的所有规律及宇宙万物——星座、岩石上地衣的形状、鸽子羽毛上的标记等等，并将它们简化为叫作"八卦"的象形图。每一个八卦符号都是独一无二的，由三根线条组成。这些线条均为"二进制"——或为实线或为虚线，这就产生了八个可能的八卦符号，每个符号都代表一种形式、一个地点或一种现象。

| 乾<br>天 | 坎<br>水 | 艮<br>山 | 震<br>雷 | 巽<br>风 | 离<br>火 | 坤<br>地 | 兑<br>泽 |
|---|---|---|---|---|---|---|---|
| Qián<br>Heaven | Kǎn<br>Water | Gèn<br>Mountain | Zhèn<br>Thunder | Zùn<br>Wind | Lí<br>Fire | Kūn<br>Earth | Dui<br>Lake |

伏羲的二进制八卦符号

伏羲从八卦中推导出了文明的各个方面（韩国国旗上有其中四卦）。有了它们之后，他对战争、领导力、婚姻、商业、农业、旅行，以及人类的其他活动都有了深刻的认识。大约在公元前 1050 年，中国周朝的奠基者周文王将伏羲八卦符号里的三根线条扩展为六根，创造出六十四卦。周文王和他的继承人负责向民众解释这些卦象。在接下来的 200 年里，"周易"成了用于占卜和寻求神示的近乎神圣的文本。例如，信徒抛掷六枚铜板，其正面或反面朝上的二进制结果形成六十四卦之一，用于解读某特定情境。此后 300 年左右，儒家学者留下了著名的周易注释《易传》，对易经体系中的伦理道德观进行解读，最终，这些丰富的智慧结晶被整理成《易经》。在《易经》的书页中，每一卦的名称和数字都附有其对各种情况的指导意义：这卷古老的智慧集大成者包含了对日常生活的建议、物理宇宙的指南、道德原则的弘扬，以及个人未来的预言。

布韦给莱布尼茨寄去了一幅易经卦象木刻版画，并介绍了它在中国人心目中的能力。莱布尼茨立即着手撰写文章，题为《对只使用 1 和 0 这两个字符的二进制算术的解释，以及对此算术有用性和揭示中国古代伏羲图形的评论》，这篇文章在 1705 年以法语发表。[4]

令莱布尼茨沮丧的是，他的论文明珠暗投，几乎无人重视。更惨的是，直到他去世，无论单子论还是二进制算术，都没有对人类的奥秘，以及人类在宇宙的宏伟计划中发挥的作用提供任何启示。一个半世纪后，数学教师乔治·布尔[①]也同样失望。要是他们今天还活着，一定会很高兴，因为 0 和 1 的二进制力量终于征服了世界。始于数字通信、随着互联网——20 世纪独有的"易"经——的诞生而达到顶点的信息时代，建立在莱布尼茨的二进制算术和乔治·布尔的逻辑运算法则之上。我相信你不需要别人来告诉你，这项发明对人类文明的影响有多深。

## 真和假的数学

乔治·布尔的数学成绩不怎么样。1831 年，16 岁的他在教室里的角色反转了。布尔放弃了自己受教育的机会，领薪向他人提供通识教育。他教书

---

① 乔治·布尔（George Boole，1815—1864），英国数学家、逻辑学家，数理逻辑的奠基人之一。他自学成才，曾在爱尔兰科克城任女王学院（今科克大学）数学教授，应用代数方法研究逻辑问题形成逻辑代数，被称为"布尔代数"。

教得不错，才干了三年就在英格兰东米德兰的林肯创办了自己的学校。然而，给他带来传世声名的是他 17 岁时的一次神秘经历。

布尔 49 岁去世后，他的妻子玛丽·埃弗里斯特（Mary Everest，她的叔叔乔治·埃弗里斯特曾经领导过英国东印度公司对印度次大陆的大三角测量，有史以来测得的最高山峰珠穆朗玛峰在英文里被称为"埃弗里斯特峰"）是这样描绘她丈夫醍醐灌顶的时刻的："一道灵光突然闪过，他突然洞悉头脑在什么样的心理状况下最容易积累知识。"5 从那一刻起，教书对布尔来说不过是养家糊口的手段。他痴迷于研究心智功能，并开始信奉一个观念，认为人类可以直接从他所称的"无形之物"那里获得知识。为了有机会进一步探索这个问题，他甚至还儿戏般地参加了圣公会①的牧师培训，但他很快就认定，自己的洞见远比有组织的宗教深刻。事实上，布尔甚至觉得他无法用语言来描述这些见解，他重新拾起书本，自学代数和微积分，这样就可以用宇宙的数字语言来深入研究了。

到最后，书本已经无法满足布尔。他自行开发了一套代数体系——布尔代数。后来他高兴地发现，莱布尼茨做了同样的事情，而且是出于同样的原因。两人都痴迷于将事物还原到尽可能小的单位，以便回答最大的问题。但布尔比莱布尼茨更为深入，他设计的体系可以将复杂的推理解构为一系列简单的或真或假的陈述，还描述了逻辑思维过程是怎样以这些陈述为基础一步步构建起来的。

布尔的逻辑构建过程用到了三种运算，我们现在称它们为"与"（and）、"或"（or）和"非"（not）。前两种运算有两个输入值，每个输入值都可以是真或假（或按布尔的想法，1 和 0）。"与"运算只有在两个输入值都是真的情况下才会输出一个真。"或"运算在两个输入值有一个为真或两个输入值均为真的情况下输出一个真。"非"只有一个输入值，如果输入值为假，输出

---

① 16 世纪欧洲宗教改革运动时期产生于英国，基督教新教主要宗派安立甘宗的教会。

值便为假，反之亦然。

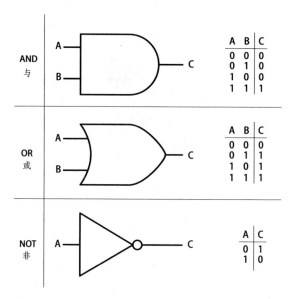

乔治·布尔的逻辑运算，电路图和"真值表"体现的不同结果

　　布尔于 1854 年发表了他的逻辑体系著作，题为《思维规律研究》。[6] 他对这本书非常满意，希望后人能因此记住他——事实的确如此。例如，约翰·维恩（John Venn）受该书的启发，于 1880 年制作了一种新型图表。[7] 维恩称它们为欧拉图，但你熟悉的名字是维恩图，可以用它们为"与""或""非"呈现可视化图形。它也是现代计算的基础。把像英特尔芯片之类的东西从你的电脑里取出来，放在一个高倍率显微镜下放大，你会看到上面有许许多多的晶体管——本质上是开关，是用被称为逻辑"门"的电路构建出来的，因为它们控制电流。这些门进行布尔的与、或、非逻辑运算。若干个门还可以组合成有用的捷径，例如异或门（XOR，这些门只有在两个输入值相异的情况下才会输出真）和与非门（NAND，除了两个输入值都为真之外，所有其他情况下都会输出真）。

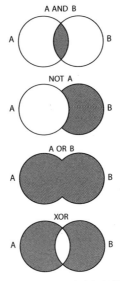

用维恩图表示的布尔逻辑

虽然现在看来，这并不是什么巨大的飞跃，但布尔的思维定律代表了一种全新的数学方法：对以前无法编码的东西进行了编码。这些成果为他赢得了众多荣誉学位和英国皇家学会会员资格，可惜他享受成功的时间不算很长，这份研究报告发表十年后布尔就去世了。

可悲的是，几乎可以肯定，布尔死于妻子之手。倒不是说玛丽怨气冲天，虽然两人年龄相差 17 岁，但他们的婚姻非常幸福，意气相投。然而，不幸的是，玛丽支持顺势疗法：她相信"同类相治"。1864 年 11 月的一天，乔治冒着暴雨回到家中，浑身湿透，抖个不停。玛丽让他睡到床上，然后往床单上浇了几桶冷水。他得了感冒，随后发展成肺炎。几天后，他死了。

尽管布尔广受赞誉，但直到 73 年后才有人充分认识到他新逻辑代数的潜力，这很不可思议。这么想的人是一位名叫克劳德·埃尔伍德·香农①的

---

① 克劳德·埃尔伍德·香农（Claude Elwood Shannon，1916—2001），美国数学家，信息论的奠基人。他将布尔代数用于开关电路理论，为计算机的逻辑设计提供了数学模型，创造了信息量的单位"比特"。

会玩杂耍、会骑独轮脚踏车的工程师。

## 电话号码

多亏了另一篇极有影响力的硕士论文，乔治·布尔的逻辑思想才得以重见光明。没错，威廉·休利特的论文创立了硅谷，而香农写于 1937 年、题为《继电器和开关电路的符号分析》的论文创造了整个信息时代。[8] 这篇论文的灵感来自他在密歇根大学获得电气工程和数学本科学位后从事的第一份工作，他受雇于麻省理工学院，为一台"微分分析器"（一种早期机械计算机）设计微分方程。这台机器放在麻省理工学院的工程学系，香农受命为 100 多个被称为"继电器"的机电开关设置状态。成千上万个同类继电器即是新兴电信行业的基础。1937 年，麻省理工学院的工作经验为香农赢得了一份美国电话电报公司贝尔实验室的暑期工作。在那里，他致力于寻找一种新方法，改进设计和测试美国快速发展的电话系统所需的庞大中继电路网络这一烦琐而耗时的任务。正是在这个过程中，香农重新发现了乔治·布尔的研究成果。

香农将继电器的开/关状态重新配置为 1/0，这样就能利用布尔的创新发展代表电话系统的整个开关网络的二进制数学。从此，工程师们可以用布尔代数写下配置，并计算出建成后的工作效果，不必再建造、测试、再测试成千上万的开关了。

这个方法的效果立竿见影。香农撰写的相关报告获得了著名奖项。[9] 他向美国电气工程师协会举办的一个会议投了稿，希望能获得发言机会，介绍自己的理念。大会组织者写信给他的导师，赞许香农的工作，称其为"杰出"。这位导师是麻省理工学院工程系的系主任、微分分析器的建造者万尼瓦尔·布什（Vannevar Bush）。1940 年 6 月，欧洲战事正酣，布什打造了一个新机构——美国国防研究委员会（NDRC），他把许多军事研究合同授予了贝尔实验室——香农已经是实验室的全职员工了。

香农接受的来自国防研究委员会的首批任务之一是协助建立"X 系统"，这是一条供美国总统富兰克林·D. 罗斯福与英国首相温斯顿·丘吉尔交流用的保密电话线路。在工程师们眼里，一通跨大西洋电话不过只是一个可变电磁波。贝尔实验室的工程师们也知道，如果他们把这个电磁波和一系列只有线路两端的人才知道的其他电波混合起来，就可以扰码。发送方可以添加这些信号，而接收方可以去掉这些信号，从而显示出原始传输。然而，工程师们很快意识到，添加连续波的数学方式很难创造出一个完全被扰乱的信号，窃听者只要足够聪明，仍然可以提取谈话内容。工程师们转用数字方式，解决了这个问题。

首先，他们将信号分解成一系列离散单元，每一个单元都用一个描述该时刻波幅的数字来标记。这样一来，他们就能够添加只有发送方和接收方才知道的随机数字。于是，从数学上讲，窃听者不可能截获任何信息。

参加 X 系统的研究让香农对加密技术产生了浓厚的兴趣，他甚至同英国数学家阿兰·图灵（Alan Turing）讨论过这个问题。图灵曾帮助破解德国的恩尼格玛密码机，并于 1943 年到访贝尔实验室，了解美国在加密方面的创新。结果，图灵和香农对信息编码的最佳方式看法不一，所以他们在交流时尽量避开官方事务，只是边喝茶边讨论计算机的潜力。他们一致认为，理论上计算机可以模拟人脑，不过可能需要几十年的时间才能建成一个实用的系统。显然，这个想法被图灵铭记在心，因为第二次世界大战结束后，他在 1948 年写了一篇题为《智能机器》的开创性论文。[10] 然而，香农却不再关注这个问题，他在 1948 年发表的开创性论文的标题是《一个通信的数学理论》，[11] 这是那篇杰出硕士论文的成熟版，文章对未来 70 年通信技术可能发生的事情进行了完整阐述。

## 比特的诞生

　　香农论文的第一个要素是，信息可以在统计思维的基础上建模。他指出，某些词语组合在一起的概率更大，例如，你不会指望我在"桌子"这个词语后面加上"放克"这个词语。手机的智能（但远非无懈可击）文本预测技术体现了这一点，正是香农首先证明了这是一个提高通信效率的机会。从本质上说，它使多种形式的通信变得可"压缩"。例如，我们可以决定不传输信息的某些部分，因为人类接收者不需要帮助就能恢复它们。英语非常适合此类压缩，它的元音往往是冗余的。正如香农在为《不列颠百科全书》撰写的一个条目所言："MST PPL HV LTTL DFFCLTY N RDNG THS SNTNC"（恢复元音后为 MOST PEOPLE HAVE LITTLE DIFFICULTY IN READING THIS SENTENCE，意为大多数人读懂这句话轻而易举）。

　　第二个要素是"信息熵"的概念。香农一直在挖掘信号数字化的潜力，希望将信号简化为一系列可操作的数字。他还发现了量化信号中所携带信息的方法，图灵也对此感兴趣。图灵给信息的衡量单位起名为"ban"，但香农采用了一位同事的建议。在 1946 年底的一次头脑风暴午餐上，这位名叫约翰·图基的同事提议，一个二进制数字不能是一个"ban"、一个"bigit"或者一个"binit"："显然，它应当叫'bit'（比特），不是吗？"[12]

　　可是，你怎么断定一共有多少比特？为了回答这个问题，香农借鉴了一位名叫拉尔夫·哈特利（Ralph Hartley）的工程师名不见经传的研究成果。1928 年，已经在西部电气公司工作了十多年，专事研究电报和语音传输的哈特利发表了一篇重要论文，题为《信息的传输》。[13] 他发现，只要了解信息背后的选择，就可以量化信息——无论信息用什么语言写就、用什么技术传输。如果你抛出一枚硬币，就等于做了一个选择。如果你用英语与人交谈，就要不断选择英语词汇。如果你用英语写一个由三个字母组成的单词，就会从 26 种可能性中做出 3 种选择。哈特利说，只要了解可能的选择范围，你就能衡量沟通所需的信息量。不过，他补充说，这不能直接衡量。从字母表中选择这三个字母等于从 17 576 种（即 26 × 26 × 26）可能性中进行选择。哈特利指出，其实一个由三个字母组成的单词里没有那么多信息，相反，他建议用可能性总数的对数（以 2 为底）来定义信息量——需要做出的二进制（是 / 否）选择的数量。

以 2 为底，17 576 的对数是 14.1，这意味着传输一个由三个字母组成的英语单词涉及的二进制选择不超过 15 个。换句话说，信息大小为 15 比特。

现在，我们把眼光投向比特，可以看出这种关系。一个比特定义 2 种可能性：0 或 1。两个比特定义 4 种可能性：00，01，10，11。三个比特有 8 种可能性：000，001，010，011，100，101，110，111。

四个比特就有 16 种可能性。另一种处理方式是把它反过来说：从 16 个同样可能的信息中选择一个，用掉了 4 比特的信息。这里存在一个对数关系：以 2 为底，4 是 16 的对数。

一般来说，当存在 $C$ 个可能性相同的选择时，任何一个信息被选中的概率是 $1/C$，而做出这种选择所占用的信息是 $1/C$ 的对数（以 2 为底）。如果某些信息（或语言中的某些词汇）比其他信息更有可能被使用，那么这个公式就会复杂一点。首先，你用第一个选择的概率乘以 −1，然后把结果乘以该概率的对数。然后你对第二个选择做同样的处理，以此类推。所有的可能性都处理完之后，你把乘积加在一起，就得出了信息含量——香农熵。

为了便于理解，让我们回到不用任何花招抛硬币的例子。每次抛出的结果要么正面向上，要么反面向上，概率相等：1/2，即 0.5。以 −2 为底，0.5 的对数是 −1。对正面向上的选择，我们将其乘以 0.5 和 −1，对反面向上的选择也进行同样的处理。将这两个结果相加，就得到了 1 比特的香农熵：每次抛硬币所传递的信息量。

在哈特利论文的另一部分，香农又注意到一个观点：通信的信道很重要。如果该信道可以使用许多不同频率，例如，如果它是"宽带"的话，就可以容纳更多的细节，你发送信息时就有更多选择，并因此可以在既定的时间内发送更多的信息。以此为基础，香农创建了"信道容量"数学。他证明，无论你用什么信道来传输信息，都能用每秒可以可靠地推入（和读出）的最大比特数来为它定性。举个例子（虽然有所简化），容量 $C$ 取决于信号的功率 $S$、由不受控制的有问题噪声注入的功率 $N$，以及信道可以处理的信号频率范围（这被称为带宽）$W$。以下是它们之间的数学关系：

$$C = W \log_2 \left( 1 + \frac{S}{N} \right)$$

信道容量以比特／秒为单位——或者，如果你测量的是互联网连接的容量，最好是以兆比特／秒为单位。这就是为什么宽带互联网比老式的拨号调制解调器更好：它创造了一个更宽的带宽，并推高了上述等式中的 $W$。如果你离数据源很远，信号功率 $S$ 就会变小，从而推低 $C$，也许会导致传输数据所需的时间太长，以至于你只能等待缓冲。如果你的互联网线路上有很多干扰，$N$ 会很大，把 $C$ 推得更低。对我们大多数人来说，这是我们每天在手机、平板电脑和电脑上冲浪的经历，香农信道容量对我们来说可能比上一代人更息息相关。

香农的第四大贡献是提供了一种处理数据传输错误的方法。每次你发送信号，噪声（随机的外部因素）都有可能损害接收器读取和重构这些比特的能力。

这不仅仅是一个高科技问题：想象一下，在古罗马，你利用光脉冲代码进行通信——也许是不断调整镜面，反射太阳光，让驻扎在另一座山上的友军看到。但某人的盾牌也可能反射阳光，发送出一个假比特。今天，如果你用铜线发送一个网页的 HTML[1] 代码，来自雷击的杂散电信号或某个电路元件的随机波动也会造成这种情况。同样，为电视信号提供一系列数字光脉冲的光纤可能会泄漏一些携带重要比特的光子——光能包。但不用担心，香农有办法。

你可能认为，不需要香农参与就有一个显而易见的解决方案：只要把信号发送两次就好了。这个想法当然不坏，如果两个信号匹配，你可以相当肯定你收到了正确的信息，因为一个随机的插入（或损耗）不太可能以同样的方式发生两次。但是，这样做的话，传送的速度就会变慢，而且还会消耗额外能量。而这一点，香农证明，或许没必要。

他的论文中有一节是关于"信道编码"的。如果你知道你将遇到什么样的噪声，就可以为你的信息设计一个编码系统，创造数学上完美的通信。例如，让我们想象一下，我想传输四条信息。如果我把它们编码为由成对的二进制数字组成的"码字"，就可以区分它们了：

| A | B | C | D |
|----|----|----|----|
| 00 | 01 | 10 | 11 |

如果我用一个偶尔会导致比特反转的有噪通道发送这些信息，就很有风险，因为接收者可能看到了 B，但我本来发送的是 A；或者接收者看到了 D，我本来发送的是 C。那如果我把每一条信息都发送两次？ C 就变成了 1010，但一旦噪声反转了一个比特，对方可能接收到的是 1011。这样看起来就像是我要么发送了 C，要么发送了 D，对方无法确定究竟是哪个。

我还可以把它们发送三次。这样一来，C 就是 101010，只要有一个比特反转，就会变成 111010、100010 或 001010。无论这个比特怎么反转，我都

① Hypertext Markup Language，超文本置标语言。

有 2 比 1 的把握说这个比特原本是 10。

可香农认为还有更好的办法：仅需发送一个相当违背直觉的 5 比特信息——只要我们仔细选择码字的形状，使它们之间的"码距"最大即可。在这个例子中，我们需要进行如下编码：

A      B      C      D

00000   00111   11100   11011

这样一来，随机反转任何一个比特都不会让原意变得模棱两可。不信你试试！令人震惊的是——每个人都很震惊，香农表明，我们可以为任何有噪信道找到最佳的编码模式。换句话说，总有一种纠错码可以让你在接近信道容量的情况下传输数据（如今，它通常被称为无差错通信的香农极限）。不幸的是，香农是基于概率得出这个结论的，他没有阐明在任何特定情况下，什么样的编码模式可以使其达到香农极限。

选择什么样的纠错码几乎是香农 1948 年论文留给后人研究的唯一内容，在其他方面，信息理论已经完全成形。这篇论文后来只有一处重大修改。第二年重印时，它的标题从《一个通信的数学理论》改为了《通信的数学理论》，足见其影响力。[1]

香农的论文发表后，万事俱备，只待能够使这一切发挥作用的硬件问世。几十年后，必要的技术有了长足进步，香农的创新为我们提供了电子邮件、互联网、音频和视频的流媒体服务、数据存储，以及我们在 21 世纪认为理所当然的几乎所有其他东西。然而，人们经常遗忘一点，那就是它还改变了文化观念。香农不仅为我们提供了视频点播，他还给了我们人造卫星、

---

[1] 标题从"A Mathematical theory of Communication"改成了"The Mathematical Theory of Communication"，不定冠词改为了定冠词，表明了其重要性。

太空计划、地球以外世界的发现、人类登月。而所有这些成就与信息理论的最重大后果相比，或许是小巫见大巫，这个成果就是：我们发现地球是一个脆弱的、美丽的人类摇篮，值得保护。

1968 年圣诞夜，阿波罗 8 号的机组人员在环绕月球飞行时进行直播，传回了他们拍摄的第一批地球图像。直播期间，他们轮流朗诵《创世记》。指挥舱飞行员吉姆·洛弗尔（Jim Lovell）说："巨大的孤独感令人敬畏，它让人意识到，你在地球上拥有的东西多么宝贵。"[14] 正是在这一时刻，威廉·安德斯（William Anders）拍下了著名的"地球日出"照片，它被誉为环保运动的启动力量。正如安德斯后来所说："我们出发去探索月球，却发现了地球。"[15] 而他们之所以能做到这一点，要归功于克劳德·香农的信息论。

"地球日出"照片
Bill Anders, Public domain, via Wikimedia Commons

## 香农、阿波罗和发现地球

这一切要从"斯普特尼克号"① 说起。1957 年 10 月，苏联发射了第一颗

---

① Spntnik-1，第一颗进入行星轨道的人造卫星，发射于苏联。

人造卫星，使美国人突然陷入自卑情绪中。第二年，美国国家航空和航天局成立，其使命非常简单：让美国成为太空探索的世界领导者。此后不久，1961 年 5 月 25 日，约翰·F. 肯尼迪总统告诉国会："我国应该致力于在这个十年结束之前实现人类登陆月球并安全返回地球的目标。"[16]

美国国家航空和航天局的工程师们认识到，香农的研究成果对他们完成使命至关重要。对太空的任何探索都需要在航天器和地球之间交换导航、成像和通信信号。从太空向地球发射信号需要笨重的发电机，任何能够减少运载重量的东西，如做好通信理论的数学运算，都是高度优先事项。

就在肯尼迪发表 1961 年演讲的几周前，美国国家航空和航天局的喷气推进实验室为承担在地球和深空之间交换信号任务的人出版了一本关于香农信息理论的入门书籍，书名为《编码理论及其在通信系统中的应用》。[17] 鉴于我们刚刚学习过香农理论的基本知识，略读一下这本书很有意思。美国国家航空和航天局的工程师们貌似也需要从头学起。书中第二段开头写道："近年来，所谓的数字通信日益受到重视。在本报告中，数字信号在概念上可视为一系列 1 和 0 或 1 和 −1。"

书里的内容不是很难，它讨论了将这些二进制数字编为能使传输中错误最小化"码字"的各种方法。作者们演示了如何计算可能的错误，以及他们在最先进的 IBM 704 计算机上取得的计算结果。

香农的名字直到书的最后才被提及：他发表于 1948 年的论文位列参考文献最后一个条目，引用标记则出现在第 75 页的一句话——"信息理论的另一个重要衡量标准是著名的信道容量"——后面。作者们宣称："在无穷编码的极限情况下，信道容量可以实现。"然而，香农 1948 年论文的影响力其实非常大，它被阿波罗计划的无数技术文件援引。美国国家航空和航天局 1967 年的预算申请也以它为依据，申请书里有这么一段话：

1967 财政年度还需要维护和更新现有系统所需的经常性设备项目。

这些设备包括信号发生器、调制和解调装置、高频无线电数据调制解调器、数据质量监测器、数据检测和纠错设备，以及失真测量装置。[18]

数据检测、纠错和失真测量是应用香农理论、将人送上月球的重要步骤。为什么呢？因为美国国家航空和航天局已经决定，肯尼迪提出的阿波罗计划最好通过一套统一系统发送所有往返月球的传输信号，包括宇航员的声音，关于航天器状况、位置和状态的数据，电视信号，科学成果，等等。这套系统后来定名为"统一S波段（Unified S-Band，USB）应答机"。1963年，摩托罗拉公司政府电子事业部赢得了它的建造合同。[19]

建造这个系统责任重大，它是阿波罗计划成败的关键。宇航员一旦登上月球，统一波段应答机将是他们与任务控制中心联系的唯一工具，传输我们现在习惯于同那个划时代时刻联系在一起的所有通信，如"个人一小步，人类一大步"的名言、电视信号、燃料状况和关于着陆点的信息。如果它失灵，现在我们可能就无法不假思索地报出第一批月球漫步者的名字了，而这一切都有赖于实行香农的信息论。

我真希望可以告诉你们更多精确的细节，好让你们多多了解香农的研究成果是怎样用于塑造统一S波段应答机系统的。我们从一份1972年的系统性能审查报告中可以看到，统一S波段应答机系统有一个特定的数学模型，这个模型在一篇题为《带测距的阿波罗统一S波段模式的调制指数设计理念》的论文中有描述。这篇论文发表于1965年，作者是贝尔通信公司的J. D. 希尔（J. D. Hill）——又是一位贝尔实验室的员工。不幸的是，美国国家航空和航天局不让我看希尔的论文。我被告知，它"不是机密，但只限于美国国家航空和航天局的工作人员查阅，目前不能向公众开放"。[20] 显然，香农的研究成果在统一S波段应答机系统数学模型里的编码仍然十分热门。

香农对太空旅行的影响并不局限于阿波罗计划。1949年，也就是香农理论改名为"通信的数学理论"的那一年，瑞士出生的数学家马塞尔·戈莱

（Marcel Golay）发明了或许是第一个真正有用的纠错码。戈莱在加入美国陆军通信兵部队之前曾在贝尔实验室工作过四年。参军后，他一路升职，直至当上首席科学家。他的纠错码论文只列出了一个参考文献——香农前一年发表的论文，阐述了一组比特如何能够无误地通过一个损坏四分之一比特的信道被对方接收。要运行该代码，你只需传输两倍的原始比特数。戈莱码（准确来说，是扩展戈莱码）不允许你在任何接近香农极限的地方传输，但它比其他已知的方法都要好——而且在未来很长一段时间都会如此。[21] 因此戈莱码被用在了美国国家航空和航天局 1977 年发射的旅行者 1 号探测器上。

　　旅行者 1 号探测器传送回来的著名的木星和土星照片之所以如此清晰无损，正是因为戈莱对香农研究成果的继承与发扬。在天文学家卡尔·萨根（Carl Sagan）的建议下，旅行者 1 号探测器在距地球约 60 亿千米处为我们拍摄了地球著名的"暗淡蓝点"照片。1994 年，萨根对其意义进行了反思。"再来看一眼这个小点，"他写道，"就在这里。这就是家。这就是我们。在这个小点上，每一个你爱的人，每一个你认识的人，每一个你听说过的人，每一个人，无论他是谁，都曾经生活过。"[22]

旅行者 1 号探测器拍摄的木星和土星照片
NASA

　　那张令人回味的地球图像是在 60 亿千米开外拍摄的，我们的星球只占用了一个像素，没有太多的图像增强空间。但是，旅行者 1 号探测器的其他照片实际上可以拍得更好。没有人——或者说几乎没有人——意识到，另一位前贝尔实验室的研究员（和前通信兵部队的工程兵）早在 1960 年旅行者 1 号探测器这一概念尚未成形之际，就发明了一种更好的纠错码。

## 走向 5G 和未来

罗伯特·G. 加拉格（Robert G. Gallager）在陆军通信兵部队里的晋升没有戈莱那么顺利。[23] 他从贝尔实验室应征入伍，被分配到"科学和专业人员小队"，该小队指挥官的任务是利用他们的兵力——主要是从贝尔实验室、原子能委员会和美国各地高等院校研究生院招募来的人——提升"战场情报"质量。然而，兵员们的脑力被白白浪费了。加拉格回忆说，在训练时，一位上校会坐在一辆军车里，写下一张纸条，交给一位科学家。然后该科学家不得不跑到另一辆军车上，将纸条——用手——递给另一位军官。如果这就是战场情报训练，加拉格不敢苟同。他写信给他所在选区的参议员，报告说军队的科学资源被浪费了。很明显，参议员举报了他：在接下来的三个月里，加拉格被调去守门岗，干起了苦差事。不过他很高兴。"我无事可做，有很多时间研究，思考问题，"他曾回忆说，"那里比我后来经历的任何环境都要有学术气息。"

这话不太可能是真的，因为他退伍后在麻省理工学院找到了一份工作。就是在那里，他提出了通过"低密度奇偶校验"来纠错的理念。[24] 在他的方案中，具有保护作用的"奇偶校验"比特伴随着携带数据的比特，就好像搬家打包箱外面贴着的"此面向上"警告。如果你发现箱子头上脚下了，你会检查里面的东西有没有被损坏。同样，如果奇偶校验比特有反转，必须检查数据比特。这很复杂，复杂到当时没有人有足够的计算能力来实现它，但如果能实现，传输将几近达到香农极限。

　　加拉格的发明被束之高阁，最终遭人遗忘。但后来，到了 1993 年，两位法国电信研究人员发表了一个被他们称为"涡轮码"的概念，他们的方案跟加拉格的方案类似，效果也与奇偶校验类似。事实上，这种高相似度唤起了两位研究人员的记忆。1996 年，雷德福·尼尔（Radford Neal）和戴维·麦凯（David Mackay）从故纸堆里挖出加拉格的论文，发现不仅低密度奇偶校验已经可用了，而且专利也到期了。如果可以免费使用加拉格的发明，为什么还要花钱买法国涡轮码的使用许可呢？这当然是众多设计工程师的想法，包括那些推出无线网络标准 802.11、众多卫星电视广播，以及视频通话软件迅佳普（Skype）的工程师们。[25]

　　说句公道话，确实有一些用户付费使用涡轮码，它们被用于 3G 和 4G 移动电话通信，还有保护从美国国家航空和航天局的火星勘测轨道飞行器（MRO）传回的数据。后者于 2005 年发射，目前仍在与地球通信，功勋卓著。事实上，火星勘测轨道飞行器将成为美国国家航空和航天局所谓"星际互联网"的第一个环节，该互联网将接转众多飞往太阳系深处国际航天器的信号。[26] 深空网络，一个在与美国国家航空和航天局麾下众多星际飞船的通信中发挥至关重要作用的无线电台网络，也使用了涡轮码。以接近香农极限的速率通信，现在看起来是家常便饭，但当涡轮码背后的理论首次公布时，没有人相信。只有在怀疑论者对其进行尝试且无法证明其错误之后，这个理论才被正眼相看。

　　即便如此，怀疑论也不无道理。数学无法证明涡轮码可行，它们跟加拉格的奇偶校验码一样，都是工程学解决方案：一组没有给出工作原理却要人遵循的指令。因此，尽管两者都接近香农极限，但数学家们不为所动。然而，埃达尔·阿勒坎（Erdal Arıkan）想出来的"极化码"却不是这样，相反，"极化码"获得了数学家们的赞许。

　　阿勒坎是一名土耳其裔电气和电子工程学教授。2008 年，在研究一种解码信息算法的过程中，他意识到他所使用的方法也可用于达到香农极限。他花了两年的时间来厘清细节，这个方法现在是数字网络中为手机信号编码最新协议的一部分。这个第五代（5G）协议被称为 5G NR（New Radio，新空口）数据标准。比较令人满意的是，它与加拉格 1960 年提出的奇偶校验并肩作战，后者也是 5G 数据传输标准的一部分。[27] 5G 是一个奇妙的东西：两代人的数学同时发挥着作用。

## 用于秘密战场的香农理论

纠错工具能得到数学证明当然好，但严格来说这不是必要的。第一批用户就觉得涡轮码能用即可。不过，信息理论的另一个领域里，数学证明至关重要，那就是密码学。

密码学，即创建和解码秘密通信的实践，可能是最不被重视的数学分支。我们的自由和繁荣植根于我们维护隐私的能力，毕竟，隐私对政府运作和网络购物来说至关重要。加密保障了手机银行的安全，让卢旺达的农民能够做生意维持生计；它是哥伦比亚反非法贩运机构协作破获可卡因犯罪案件的核心；试图揭发腐败的吹哨人也需要加密信息服务。加密是一种重要资源——信息时代的氧气。

战时经历让香农很快意识到，信息理论数学可用于评估加密系统的质量。1949 年，他在《保密系统的通信理论》中阐述了这个理念，该论文是他在 1945 年写的一份机密文件的修改版。[28] 他在文中重点讨论的情况是："待加密的信息由一连串离散的符号组成，每个符号都选自一个有限集。这些符号可以是语言中的字母或单词、一个'量子化'的语音或视频信号，等等。"他指出，有别于那些用隐形墨水书写的秘密，或需要诸如可以倒着播放录音的机器等专用技术的加密，用符号编码的秘密可以用数学进行分析。最重要的是，他证明了数学分析可以告诉你，密码是否值得你尝试破解。换句话说，他研究出来的数学方法可以破译密码，还可以预判破译努力是否会有回报。

这一点极为重要，因为它可以告诉你破译资源用在哪儿才叫用在刀刃上。

遵循香农的指示，你就能改变历史——正如《特别鱼类报告》所证明的那样。

尽管这份报告在 1944 年 12 月被送到了美国陆军部，但它的标题听起来并不像"最高机密"文件。然而，如果你翻开它的封面，你很快就会发觉这是一份关于破解"鱼类"（第二次世界大战期间英国密码学家给德军无线电报务员发送的加密信息所起的名字）最新进展的报告。[29] 报告执笔人是美国陆军通信兵部队的艾伯特·斯莫尔（Albert Small），他曾被借调到英国布莱奇利庄园破译中心协助工作。很明显，这段经历给他留下了深刻印象。他在进展报告的第一段里写道，每天都有密报破解成功。他把这归功于"英国人的数学天才、精湛的工程能力和扎实的常识"，并称他们为"对密码分析科学做出了杰出贡献"。

然而，这个贡献足够杰出吗？英国人的主要目标是破解德国人的洛伦茨（Lorenz）密码机，即代替恩尼格玛密码机的、更疯狂的下一代机器。洛伦茨密码机在理论上能够生成完全随机的加密密钥。这些密钥与"明文"打字输入的信息混合在一起，所采用方法比乔治·布尔逻辑和香农在其硕士论文中对布尔逻辑进行的扩展更上一层楼：一个阀驱动的"与""非""或"门的组合，它们共同组成一个异或门。

理论上，其结果将是一个无法破解的密码。盟军唯一的希望是密码的实施没有理论那么完美，而事实正是如此。德军报务员在操作洛伦茨密码机时常有失误，机器本身的设置方式也并不是十分完美。

"巨人"（Colossus）登场了，它由一位名叫汤米·弗劳尔斯（Tommy Flowers）的电话工程师开发，是世界上第一台可编程的电子数字计算机，是我们所熟悉的电脑的终极祖先。[30] 它也采用异或门，并能够进行千亿次布尔运算而不出错。带式电传打字机以每小时近 30 英里的速度为它输入数据。所有这些巧妙的工程设计意味着，当它在 1944 年 2 月 5 日投入使用时，破解不断变化的洛伦茨密码的时间从几天缩短到了几个小时。但弗劳尔斯知道，还有改进的空间。于是，6 月 1 日，"巨人 2 号"接手了，它的速度是如此之快，以至于它改造后的内部结构与 30 年后英特尔公司推出的第一块微芯片的运行速度相当。

"巨人 2 号"对诺曼底登陆的成功至关重要，它被用于解密希特勒及其将领们之间的无线电报。在它投入使用四天后，一名布莱奇利庄园的信使在德怀特·D. 艾森豪威尔将军同参谋们开会时给他送来一张纸条，纸条上说，盟军围绕诺曼底登陆日进行的各种军事欺骗都已经奏效。根据"巨人"破解的情报报告，希特勒认为盟军必然会发起进攻，进攻地点将选择在东部，于是将大量的部队调配到这些地区，远离盟军计划登陆地点。由于美国第一军团计划在所选的最西边海滩登陆，这份报告让艾森豪威尔非常高兴。他转向参谋们宣布："我们明天进攻。"许多年后，艾森豪威尔声称，布莱奇利庄园的密码破译工作使战争缩短了两年，挽救了数十万人的生命。乔治·布尔，也许甚至连戈特弗里德·莱布尼茨，无疑都会感到自豪。

## 保护隐私

事实上，最早想到用数学破译密码的并不是香农。这方面最广为人知的起源要追溯到公元 850 年左右，当时，阿拉伯数学家暨哲学家阿部·优素福·雅各布·伊本·伊沙克·金迪（Abu Yusuf Ya'qub ibn Ishaq al-Kindi）在他的《密码信息破译手稿》（ *Manuscript on Deciphering Cryptographic Messages* ）中进行了信息的统计分析。他表明，通过频率分析等统计方法，你往往可以读出加密文本的内容。如果你知道哪些字母或单词最常见（比如英语单词中的字母"e"），你就可以在加密信息中找到它们的对等代换物，然后逐步破解密码。

自金迪以来，试图保守秘密的人们总是不得不寻找新的、意想不到的方法来代换。不过，到头来只有一种方法可以让人放心：开发一种代码，让他人永远猜不到用于加密和解密信息的代换算法——"密钥"。这样一个完美的密钥可以完全随机地进行代换，其字符或比特数至少和信息一样多，因为只有发送者和接收者知道，并且只使用一次，所以他人没有机会进行统计分析。这在密码学界被称为"一次性密钥"。

香农在他的论文中表明，唯一被证明安全的加密方法在数学上都等同于一次性密钥。尽管一次性密钥不可破解，但它非常不方便。你如何确保发送者和接收者是仅有的能够接触到这个完美加密密钥的人？要么你需要真正信得过的信使，要么发送者和接收者在分道扬镳之前必须当面分享密钥。除非他们每次通信前都见面（如果真是这样，他们可以在对方耳边低语），否则他们需要分享一整套密钥，妥当保管，只在必要时使用。之后，他们必须保证保管方法万无一失，而且知道哪个密钥将适用于哪个信息。

这些实际问题意味着唯一在数学上安全的加密方法很少被实际使用。相反，每个人都采用了不完美的密码，考虑到更大的问题往往是使用它们的人不完美，所以这并不可怕。洛伦茨密码机因为德军报务员使用不当而被英军破解。同样，波兰数学家之所以能够破解德军的恩尼格玛密码机（他们向英国情报人员转达了这一突破），主要原因并不是恩尼格玛不够完美，而是因为人类报务员陷入了重复或可猜测的常规——例如，许多信息的结束语为"希特勒万岁"。

因此，耐人寻味的问题是：对切实可行的一次性密钥加密来说，出于必要走捷径在多大程度上损害了其安全性？回答这个问题需要考虑可用字符的"选择"多样性、用于执行加密的密钥大小，以及被截获加密信息的数量。香农想象过依靠蛮力来破解密码，即尝试每一种可能的随机密钥组合，同时密切关注输出，识别有意义的单词和短语。然后，他定义了"单一性距离"，即你为了破解密文需要截获的加密字符的数量，这个距离取决于在选择密钥时可以做出的选择，以及所用语言的统计学特性。根据他的计算，如果一条英语密文采用简单的代换密码发送，你需要大约 30 个字符才能够破译它。

30 个字符不算多，不是吗？所以现在没人用香农例子里的那种简单代码了。那么，替代方法是什么呢？

答案可能会让你吃惊。尽管现代密码学非常复杂，但其最先进的水平建立在一个简单得令人惊讶的前提之上。这个前提我们在第一章就见识过，那就是：乘法比除法容易。

如果我问你，3 乘以 7 等于多少？你几乎会脱口说出 21。但如果我问你，21 可以被分解成哪几个因子，使它们相乘的积为 21，你就得费点心思想一想了。

要是我问你 302 041 的因子有哪些，你该怎么办呢？只能靠蛮力破解，一一尝试所有选项。你可以从 3 乘以 10 万什么的开始，直到找到正确的组合。我说的是一个组合，而不是若干个组合，因为这个例子只有一个答案（除了 302 041 本身和 1 这两个因子之外）：302 041 等于 367 乘以 823。这两个因子不能再往下分了，因为它们是无穷多的素数中的两个，只能被自身和 1 整除。有时候，人们把素数弄得很神秘，让它们背负各种超自然的包袱，π 和 e 就是如此。这种神秘色彩会蒙蔽人，让人们有些看不到素数也有很大的实际用途——尤其是当你从事保密工作时。

用素数加密始于贝尔实验室——不然还能是哪里呢？ 1944 年 10 月，一位名叫小沃尔特·凯尼格（Walter Koenig Jr）的工程师完成了一份名为 "C–43 项目结项报告" 的机密文件。[31] 该项目与香农所从事的 X 系统项目同时进行，为期三年，研究语音加扰技术。

"这些研究背后的直接压力当然是战事。"凯尼格在导言中说。美国陆军、海军和国防研究委员会想知道如何才能最好地保护他们自己的语音通信安全，又可以破解多少敌人的通信。凯尼格意识到，尽管他写的是结项报告，但这方面还有许多未竟事项。他建议："为了跟上不断变化的通信艺术，这些研究应该在和平时期由政府主持，继续进行。"

这个愿望实现了。1969 年，一位名叫詹姆斯·埃利斯（James Ellis）的工程师偶然读到了这份报告。埃利斯当时为英国政府通信总部（GCHQ）工作，研究如何使加密技术更加实用。他发现，C–43 项目曾经研究过电话通话中只有一方注入噪声时的安全性。如果接收方在电话线路上发送大量的随机电噪声，并对电话和他们注入的噪声分别录音，他们就可以在事后去除噪声。窃听者不知道噪声的形式，因此无法将噪声与他们感兴趣的声音分开。这是一个"单向"功能：容易创造，但不可能逆转——除非你有密钥。

埃利斯对仅由保密通话的一方创造通信安全的可能性很感兴趣，并认为一定有办法创造一种类似的技术用于传输数据。在一个夏天的晚上，他坠入梦乡，按照他后来的说法："一夜之间它就在我的脑海里成形了。"[32] 作为一个训练有素的间谍，他没有在家里把新点子写下来，而是默记在心。

他果然没忘记。1969 年 7 月，埃利斯的报告送到了英国政府通信总部首席数学家肖恩·怀利（Shaun Wylie）的办公桌上。怀利的反应让人得窥这位情报主管的悲观心态。"不幸的是，"他说，"我看不出这有什么问题。"

也许令怀利感到宽慰的是，埃利斯的想法在当时的技术条件下几乎不可能实现。直到 1973 年，一位名叫克利福德·科克斯（Clifford Cocks）的剑桥大学数学家加入英国政府通信总部，人们这才看到了前进的道路。科克斯读研究生时一直在研究大素数，他人向他解释了埃利斯想法的基本原理后，他立即想到，可以利用素数来重现向电话线添加噪声的"单向"效应。

他一个晚上就想清楚了。因为他当时也在家，也什么都没写下来，而是把方案有条不紊地记在了脑子里。这个方案的（高度）简化的版本是这样的：科克斯进行一个包含两个大素数的数学运算，生成"公钥"。他可以公开这个密钥，以便发送秘密给他的人运用数学方法将秘密与公钥混合起来，然后将生成的数据串发送给科克斯。因为科克斯是唯一知道用两个素数创建公钥数学方法的人，所以只有他能解密信息并揭示秘密。

埃利斯和科克斯写下了他们对"公钥密码"的构想，但仅供英国和美国的安全部门参考。几年后，学术界的数学家们也想到了。最终，商业产品上市了：1977 年的李维斯特–沙米尔–阿德尔曼（Rivest-Shamir-Adleman,

RSA）密码系统。又过了 20 年，英国政府通信总部才透露，他们实际上在几十年前就已经发现了公钥密码。

自埃利斯和科克斯以来，富有创造力的数学家们已经设计出了一大批保护秘密的新方法。可靠的密码学现在非常好操作，这些方案可以保护我们的个人数据、信用卡细节、通信，以及任何其他希望保密的东西。网购通常要用到公钥密码，但苹果公司使用一种基于"椭圆曲线"数学的加密算法来为苹果移动设备加锁。椭圆曲线加密不用素数，而是用图形上的点来隐藏数据。该算法定义了一系列简单的操作，让数据在椭圆曲线上的不同点之间移动，窃听者只知道终点和起点，但无法找到隐藏数据介于两者之间的点。即时通信程序瓦次艾普（WhatsApp）采用了另外的方法：一种名为信号协议的算法，它是几种加密技术的组合。唯一的问题在于，一种革命性的量子密码破译方法危及所有这些加密技术。

## 信息与量子未来

本书在介绍虚数所开辟的奇异世界时曾经触及过由分子、原子和亚原子粒子组成的"量子"世界，它们的运行规则与日常事务大不相同。当信息理论在标准或"经典"计算机上实现时，二进制数字均为定义明确的 0 和 1。然而，如果你决定用量子计算机来编码你的比特，事情就会变得有点模糊。而事实证明，这改变了一切。

经典计算机把 1 和 0 编码为某个电路的特定状态，它可以是一个电压（或者无电压），抑或是一个晶体管的开/关状态，或者是一个电容器的充电/放电状态。在量子计算机中，它们没有那么具体。我们把 0 和 1 编码进只能通过数学来描述的实体里。我在两章前讨论虚数时介绍过，量子世界的数学使用复数和波方程，其物理表现并不严格属于这个世界。而这意味着怪事可能发生在信息身上。

1994 年，供职于一家从——你猜对了——贝尔实验室分拆出来企业的一位数学家展示了所谓的怪事能有多怪。彼得·肖尔（Peter Shor）研究数学里的因数分解问题：寻找两个数字，它们相乘后得到一个更大的已知数字。之前我们已经介绍过，传统数学里没有因数分解的捷径，你只能通过试错来完成。然而，量子数学有一个妙招。

这很复杂，但最好的解释是把编码信息的量子实体理解为波。这些波就像池塘上的涟漪那样，可以相互"干扰"：在涟漪相交的地方，它们的结构会以可预测的方式发生改变。波还有另一个特性，它们的一些属性，如位置，并没有一个精确的、受限的定义。肖尔表明，通过操纵波的不明确属性之间的干扰，可以找到未知因子。更全面的解释涉及傅里叶变换，关键在于，如果我们有一个足够大的量子计算机，以及一个同时编码大量量子比特的计算机，就可以使用肖尔的算法，轻松地找到大数的素数因子。

这一发现在全球的国家安全机构中掀起了轩然大波，在随后的几年里，各国政府注入重金研究量子计算。它们需要弄清楚建造量子计算机有多容易，会不会真的能像肖尔算法所暗示的那样，破解各种加密技术。事实上，建造量子计算机的进展一直很缓慢，直到 20 年后的 2016 年，美国国家安全局才就这一问题发表了一份声明称："国家安全局不知道是否或何时会有足够规模的量子计算机来破解公钥密码学。"然而，它接着警告说："量子计算领域的研究越来越多，而且正在取得长足进展。国家安全局必须立即采取行动。"该机构建议所有美国企业远离基于大数因子分解的加密技术。很明显，RSA 密码系统、椭圆曲线和其他加密系统的用处可能很快就和一个满是洞眼的桶差不多了。[33]

也许下面这个消息会让你放心：香农的加密研究成果仍在继续发挥作用，当今世界上一些顶尖的数学家正在开发新的代换算法，它们甚至可以抵御量子攻击。而其他数学家则已经重新配置了香农 1949 年的密码学研究成果，使其适应这个新的量子信息时代。他们再次审视无可比拟的、不可破解的一次性密钥，利用量子世界的力量，提供了一种安全分发这些加密密钥的新方法，这就是我们现在所知的量子密码学。这是一种将加密密钥的比特通过光纤发送或通过卫星发送到世界各地的完美安全手段。如果一个窃听者截获了密钥比特，或者甚至试图窃取密钥的一小部分，根据量子世界的数学定律，发送者和接收者就会觉察到，然后他们只需用一组新的数字重新分发密钥。

值得一提的是，这项极其实用和务实的研究还有个尾声——一个意想不到的衍生品。人们将二元逻辑与量子物理学定律相结合，催生了一种新的、以量子为中心的对宇宙、人类思维和行为模式解释的探索。几乎就像我们正在开发一个量子版的《易经》，莱布尼茨会很高兴的。

这项研究工作的核心是一个奇异的短语："它来自比特"（It from Bit），这个新用语源于创造"黑洞"一词的物理学家约翰·惠勒（John Wheeler）。"它"指我们周围的一切，即宇宙，"比特"指香农的二进制数字。惠勒在一篇题为《信息、物理、量子：寻找联系》的正式研究论文中表达了他的想法。论文的第一句话会让莱布尼茨和布尔激动不已："本文将回顾量子物理学和信息理论对一个古老问题的看法，存在是如何产生的？"[34]

惠勒解释说，"它来自比特"可以"最有效"地表述一个观点，即"每一个它（每一个粒子、每一个力场，甚至时空连续体本身）的功能、意义和存在都完全来自——即使在某些情况下是间接地——对仪器引发的'是'或'否'问题的回答，来自二进制选择，来自比特"。在惠勒看来，将宇宙中的一切还原为以二进制数字形式出现在我们面前的信息非常合理。把量子理论和这些简单的信息构建模块以正确的方式放在一起，你就会得到空间和时间、恒星和行星，还有你和我。

探索仍在继续：如今，试图理解宇宙复杂性的物理学家们认为，信息理论是有待探索的景观。他们从信息"熵"的角度思考，这意味着映射和量化信息的传输及计算，其中每一个物理和化学定律都可以被重塑为一种计算，通过量子版的逻辑门处理物理宇宙的比特。我们正是这些计算的结果，而我们的思想和行动有助于计算。正如物理学家赛斯·劳埃德（Seth Lloyd）所言，"每一个原子，每一个基本粒子都参与了宇宙这个巨大的计算"，而"地球上的每一个人都是共享计算的一部分"。[35] 在物理学的最前沿，宇宙中的一切——包括我们自己——都可以还原为对香农、布尔和莱布尼茨比特的处理：真与假、是与否、1 和 0。

## 最伟大的表演家

在本章最后，我想花一点笔墨写写这一章的中心人物。在前几章里，我们已经读到了一些个人魅力不怎么样的人物——牛顿和笛卡儿浮上我的心头。但如果你读完这本书之后留下了数学天才个个坏脾气的印象，那就太可惜了。

几乎没有人说过克劳德·香农的坏话。他和任何一个满脑子都是奇思妙想的人一样，有时颇难相处，但他这个人自始至终都很好玩。香农的童年梦想是有朝一日在游乐场里表演，为此他迷上了杂耍这种需要下大力气才能掌握的运动技能，愈战愈勇。于是，他不但自己学会了杂耍，还设计建造了杂耍机器人。香农的机器小丑设计得非常精妙，他自卖自夸，说它们"可以整晚杂耍，一个道具都不会掉！"。[36]

香农的这个软肋把他硬生生推向了一个又一个新高度：他学会了骑独轮脚踏车，然后学会了在独轮脚踏车上杂耍。接着他又学会了在钢丝绳上边骑独轮脚踏车边杂耍，而这只是他在信息理论研究之外活动的一小部分。他还制作了用于在水上行走的聚苯乙烯鞋和一个巨大的会招手的手指。他只要在家中地下的实验室里按下手指的开关，就可以请妻子从厨房到实验室来。

会招手的手指是恶搞用的——贝蒂或许厨艺上乘，但她也是一位优秀的科学家，她与香农合作，为研究做出了宝贵贡献。香农还制造过别的恶搞机器。例如，他有一个会喷火的小号，还制作了世界上第一台"无用的机器"。如果你从未见过这个装置，它很奇妙：它的唯一目的是把自己关掉。如果你把开关拨到"开"，一只手臂会从一个封闭的盒子里伸出来，把它拨回到"关"。手臂缩回，机器就会断电，直到你再次打开开关。

香农的灵感来自计算机和机器人先驱马文·明斯基（Marvin Minsky），他一听说明斯基的想法，就忍不住要把它变成现实，这件事也体现了香农的个性。不过，并非每个人都觉得"无用的机器"有趣。科幻作家阿瑟·C. 克拉克（Arthur C. Clarke）认为它引人不安，他说："一台除了把自己关掉什么都不做——绝对不做——的机器，有一种难以言喻的阴险。"[37]

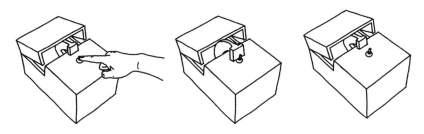

克劳德·香农的"无用的机器"，唯一的功能是把自己关掉

香农制作的另一台机器有更多存在的理由。它是世界上第一台可穿戴的计算机，用于分析轮盘赌中小球在轮盘上的滚动速度和轨迹。[38]它只有香烟盒大小，与操作者鞋里的一系列微动开关相连。这样的话，操作者就可以重置机器并启动分析。其主要的输入是一个脚踏开关信号，告知机器开赌后游戏小球滚动一圈所用的时间。输出的是一种乐音，通过有线耳机播放，告诉操作者如何下注。

1961 年夏天，香农和机器的共同开发者、他的研究生爱德华·索普（Edward Thorp）同妻子们一起去拉斯维加斯试用机器。妻子们负责望风，看周围是否有人起疑。总体来说，没人怀疑他们——除了有一次，索普耳机的进线断了，结果耳机从他耳道里露出来，"像一只外星昆虫"，他后来回忆说。除了几根断线，这台计算机表现得很好。索普和香农回程时甚至考虑留长发，以便更好掩盖耳机。

他们再也没有回过拉斯维加斯。事实上，20 世纪 60 年代，香农逐渐从同事们的视野中消失，到了 60 年代末，他不再参加信息理论方面的会议。但他并没有与世界脱节，也没有与他的朋友们脱节。他成了投资人，投资了一系列由他认识并信任的人创办的企业，他的前同事比尔·哈里森（Bill Harrison）就是其中之一。哈里森实验室后来被威廉·休利特和戴维·帕卡德收购，于是香农发现自己成了惠普的早期股东。还有一家企业是他在麻省理工学院的同学亨利·辛格尔顿（Henry Singleton）创办的特利丹（Teledyne）公司，香农投资是因为他尊重辛格尔顿的能力，而他的直觉也得到了回报，特利丹后来市值数十亿美元。此外，香农在摩托罗初创时就认购了股票，这也是本能地出于想帮助朋友将想法落地。[39]

尽管香农从公众视野中消失了，但他的人气从未减弱，这在他突然出现在英国布赖顿的一个会议上时非常明显。那是 1985 年，香农已经 69 岁了，出于一些现在没有人记得的原因，在国际信息理论研讨会期间，香农在布赖顿大饭店的会场里进进出出。有人认出了他，信息理论之父现身的传言蔓延开去。会议组织者罗伯特·J. 麦克利斯（Robert J. McEliece）后来总结了当时的气氛："就像牛顿在物理学会议上露面一样。"[40]

这个比喻不错，但牛顿的同龄人中没有几个愿意与他共度时光的。香农则既招人喜欢，又受人钦佩，他很快就被团团围住，会议组织者逼他在晚宴上发表演讲。演讲时间到了，香农担心大家不耐烦，于是说了几句话就拿出几个球来表演杂耍，把他的演讲变成了一场歌舞表演。晚宴结束时，通常对名人不感兴趣的物理学家们排起了长队请香农签名。

克劳德·香农于 2001 年去世。具有讽刺意味的是，最终摧毁这位"巨人"的是阿尔茨海默病：他一生中精心储存和编目的信息逐渐被从他那损伤严重的大脑中抹去。这对一段成就满满的非凡人生来说，真是一个悲哀的结局。

香农的信息论影响深远，几乎一问世就改变了人类的体验。事实上，早在 1956 年，也就是信息理论问世 8 年后，香农就觉得有必要劝阻人们不要过于广泛和疯狂地应用他的研究成果。他在一篇题为《风潮》的文章中颇为不赞成地写道："人们正将其应用于生物学、心理学、语言学、基础物理学、经济学、组织理论和其他众多领域。"[41] 尽管他承认"广受欢迎的确令人陶醉"，相当"愉快和刺激"，但他坚持认为信息理论不会适用于一切。香农说："很少有几个以上自然界的秘密在同一时间被揭开。"

这是一篇非同寻常的论文。香农告诉读者，别太激动，不要动不动就想怎么在现实世界里应用他的研究成果。这样的数学家不多吧？但这也不怪那些热心人：生活中似乎没有哪个领域没有受惠于香农的洞见。它让我们知晓太阳系的秘密，让我们在网购时不必提心吊胆。它促成了电影点播和物理学的终极理论（但愿如此）。它把互联网和《易经》关联在一起。无论是赢得战争的计算机，加载数据的移动电话信号，还是空中传输和发射到我们耳朵里的歌曲，如果没有香农对数学的贡献，我们的世界根本不会是现在这个模样。信息论是人类数万年来洞察力、发明和智慧的结晶，是更多的艺术的巅峰。

# 结语

## 大美数学

　　你我大概都会同意，我们是文明人，但这究竟是什么意思？学者们很少能就文明的确切定义达成一致，不过他们一般会给出一些被普遍认可的文明特征。一个文明会有大型定居点——实际上就是城市。它的社会包含某种形式的宗教；有劳动分工、技能的专业化，以及建立在既定法律基础上的某种形式的中央政府。几乎可以肯定的是，会有某种税收来支付政府的行政费用。这个文明里会存在阶级制度，会有稳定的食物供应。部分成员将享有闲暇时光，这为艺术、音乐和其他文化的发展提供了空间。

　　大多数研究声称，书写文化也是文明的一个重要组成部分。然而，我们知道，印加帝国（肯定跻身伟大文明之列）并没有任何形式的书面语言。但是，印加人确实拥有一些似乎总是被文明特征清单遗漏的东西。事实上，这种东西应该是文明的第一个（也许是唯一一个）要求。当然，我指的是数学。

印加人将政府数据、贸易记录、账目和其他许多成套数字记录在绳结上。每个城镇都有一个由国王任命的"绳结管理人",他充当政府的统计师——很像日本的武士。我们已经看到,数学在 5000 年前苏美尔王国的治理中,包括非洲北部和撒哈拉以南地区非洲文明的发展中发挥作用。14 世纪初,被誉为有史以来最富有的人曼萨·穆萨(Mansa Musa)在廷巴克图建立了一所规模极大的大学,那里除了教授天文学和法律,还教授数学。中世纪世界上流通的黄金大多源自穆萨治下的马里帝国,帝国的兴盛来自贸易和税收,一切都归功于对数字的掌握。

7 个世纪以后,我们仍然必须感谢数学。简单列举一下数学为我们带来的好处:全球旅行、超市货架上琳琅满目的农产品、制冷、移动电话、复杂而美丽的城市环境、娱乐业、带来前所未有繁荣的融资渠道、卓越的艺术作品、多出几十年的健康人生、对宇宙及其历史的深刻了解、互联网这一非凡的资源——而这只是我不假思索写出来的好处。这些都应该让我们纳闷,为什么长期以来没有认识到数学深远的影响。

我怨柏拉图。这位希腊哲学家在公元前 4 世纪宣布,我们的世界是一个由数学理想组成的完美现实的影子。他相信宇宙建立在一个由少数实心几何形状定义的框架之上,其中最主要的形状是十二面体,他称其为上帝用来"示范黄道十二宫划分"的形状。[1]

公元前 300 年左右,欧几里得在撰写他那集数学之大成的《几何原本》时照搬了柏拉图的世界观。《几何原本》号称是史上影响力最大的教科书,但书里没有归因,没有说明其中思想从哪里发端,人类怎样发展它们。数学就仿佛是神刻在石碑上传给我们的一样,于是,一个又一个世纪过去了,数学一直被当作一门近似于神学的学科来教授。你只要看看围绕"黄金比例"的喧嚣就知道了。

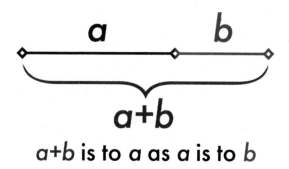

分割成黄金比例的线段

黄金比例很好解释：将一条线段一分为二，使整条线段与线段较长部分之比等于较长部分与较短部分之比，这个比例是（1+$\sqrt{5}$）/2，约等于1.618。古人认为这个比例具有神秘力量。卢卡·帕乔利在1509年发表了一本关于它的著作，标题就叫《神圣的比例》。该著作的目录页足以表达帕乔利的敬畏之心，例如，第五章名为"本书的标题再恰当不过"，也就是说，它将解释为什么书中讨论的比例确实神圣。第十一至十四章讨论黄金比例的特性，它们分别是（按章节顺序）"根本性的""独一无二的""不可言喻的"和"奇妙的"。第十五章描述的特性是"无以名状的"，然后变成"不可估量的"。再接下来几章分别讨论其"至高无上的""非常出色的"和"几乎不可理解的"特性。或许从来没有哪位作者对自己的主题像帕乔利那么热情洋溢。

神圣比例的声名代代相传，直到19世纪它才被称为"黄金比例"，可因为帕乔利的朋友（兼学生）达·芬奇为他的著作创作了插图，学者们便把黄金比例投射到达·芬奇的许多作品上，包括《蒙娜丽莎》和《维特鲁威人》。例如，有些学者声称，蒙娜丽莎的脸部比例符合黄金分割比例。这些说法都经不起推敲，它们都取决于测量方式。[2]

在建筑中寻找黄金比例的企图也同样存在问题。有人声称，大金字塔、各种大教堂和帕提侬神庙都是严格按照黄金比例设计的，但大多数研究人员对此深表怀疑。然而，其神话般的力量征服了现代建筑师们，勒·柯布西耶①就是其中一员，他认为黄金比例和斐波那契数列一样来自上古，可被视为"眼睛所能看到的节奏"，是人类活动的根源："它们以一种原生的必然性在人类心中回响，这种精妙的必然性正是儿童、老人、野蛮人和学者都追寻黄金分割的原因。"³

勒·柯布西耶的洋洋万言没什么真实性。自然界确实存在黄金比例：它决定了大量自然现象的属性，从植物茎叶的排列方式到螺旋形贝壳的比例，再到黑洞的热力学特性。但是，没有必要给它笼罩上神秘的面纱，许多其他数字在自然现象中同样反复出现。

有一处黄金比例的存在不容置疑，那就是萨尔瓦多·达利②的油画《最后的晚餐》(*The Sacrament of the Last Supper*)。这幅画为矩形，其长宽比符合黄金分割。基督和使徒们的身后立着一个巨大的十二面体，这个几何形状的特性也反映了黄金比例。然而，这完全是有意而为之。达利的选择并非基于美学，而是基于象征主义：他膜拜柏拉图。正是这种膜拜使其他人为各种数学成分赋予类似的神秘力量。我之前写到过，我不觉得 $\pi$、$e$ 或 2 的平方根特别能给人灵启。对于素数，我也有同感。

让我这样说吧，此前我们已经读到过，人类之所以发明整数，是为了来描述和操纵在环境中发现（或想象出来）的事物，我们还发明了除法，以便同他人分享这些事物。不出所料，人们发现有些整数可以被其他整数整除，其商为更小的整数，与此同时，还有些整数——素数——却不能。我们为什么要吃惊呢？这只是数字之间相互作用的一个结果。有趣的是，这些素数出现在人们想象中从 1 延伸到无穷的数轴上的一些特定位置。但这并不神秘，

---

① 勒·柯布西耶（Le Corbusier，1887—1965），建筑师、立体派画家和城市规划专家，原籍瑞士，长居法国。
② 萨尔瓦多·达利（Salvador Dalí，1904—1989），西班牙画家，超现实主义画派代表人物之一，画风怪诞，具戏谑性。

称其神秘，就像把超自然的力量赋予了用于制作佳肴的藏红花。是的，你可以把香料描述为一种昂贵的、芳香的、古老的配料，几个世纪前被从神秘的东方带到我们面前。你也可以把它描述为化学物质的载体，与食物中的其他化学物质相互作用，生成一份金黄色的美餐，其味道格外让人感到愉悦，所以人们一直喜欢并使用了几千年。

或许，我这样打比方给人感觉像是一种亵渎，仿佛我试图"拆散彩虹"，这是约翰·济慈（John Keats）在牛顿将太阳光分解成各种颜色的光之后对他的指责。但我认为拆散数学彩虹非常有必要。就目前的情况来看，唯有柏拉图的膜拜者们看到了数字的力量。可是，如果我们揭开数学的神秘面纱，也许可以让它走向民主。人们终于有机会认识到，数学这块织物由各种各样有用的纺线编织而成，没有哪条纺线的价值需要"慧眼"才能识珠。大众甚至有望体会到，掌握并运用其中的一些纺线可以很愉快、富有成效。数学应该为所有人服务，不是吗？

我们很难断定，过去少数精英是否有意逐步霸占了数学的话语权。从古埃及人的水位计来看，似乎是的：这些测量河水深度的仪器搭建在神庙地产上，仅供祭司们查看。只有他们知道洪水何时到来，因此，他们掌握了影响普通人生活的秘密，这是让大众匍匐崇拜的一个重要手段。然而，即使历史上的数学家不曾有意寻求权力，也不难想象他们有一种无意识的欲望，把研究对象塑造得极其高深、极其强大、难以入门。这句话如果转化成从数学衍生出来的经济学术语就非常好懂：为你独家提供的东西创造需求，就这么简单。

我们可以淘汰精英主义、神秘主义的数学思维。与其把数学家看作在柏拉图景观中前行的探索者、发现者，或许不如把他们视为以数学为创作主题的艺术家。他们的调色板上满是各色数字，堆放在工具托盘里的算法刀具和画笔越来越多。大多数人忙于打磨很久以前就动工的作品，填补旧日大师们留下的空白。但有时，某位数学家会画一些全新的、惊心动魄的东西，比如几何学、对数、信息论和费马大定理的解法。真正的美妙之处在于，这些创造与天才的绘画作品不同，它们属于我们所有人。因为数学上的创新，人类有了令人惊叹的建筑、拯救生命的医疗方法、给数百万人带来欢乐的数据压缩技术、让我们认识到自己在宇宙中位置的科学突破，以及人类历史中的所有其他成就。

　　人类的故事与数学的故事不可分割。人类开始计数，于是发明了货币和贸易。人类在沙子上画出各种形状，于是学会了如何安全地环游世界。人类利用已知的东西来理解未知的东西，于是建立了一个复杂的、网络化的、相互依存的社会，让一些人能够把时间花在填补空白或者创造新财富、新繁荣上。我们看到了三角形和圆形的特性如何解决长期计算难题，由此产生的工具为人类进入 20 世纪铺平工程技术道路。我们明白，信息和虚数等抽象概念是解锁原子、电力和电子力量的关键。读者们，你们就生活在它们造就的奇迹中。数学塑造了人类的体验，并在我们所有人身上留下了它的印记——只是我们直到现在才发觉。因此，虽然我们可能各执一词，有的认为人类发现了数学，有的认为人类创造了数学，但也许我们此刻都同意这一点：数学创造了我们。

# 致谢

写完一本书并终于能够将其呈现给世界是一种苦乐参半的体验。写这本书的时候，我体会到了前所未有的乐趣。搁笔的那一刻，我感到一丝悲伤，因为数字新知识的华宴终散场，欢乐难具陈。

不过，我的家人可能松了一口气。我再也不会一到晚上就向他们狂轰滥炸我那一天的研究心得了，我再也不会恳求："帮帮我，试试这个古埃及的乘法——一分钟都用不了……"我再也不会采访："告诉我，你第一次遇到虚数有什么感觉……"我再也不会宣布："下次过生日，我想要一个滑尺 / 六分仪 / 算盘……"菲莉帕、米莉、诺瓦——谢谢你们的耐心，我希望我没让你们太痛苦。

这本书的诞生要归功于帕特里克·沃尔什（Patrick Walsh）和 PEW 文学代理公司团队。当时我只有一个模糊、粗浅的想法，想为那些从未觉得数学有趣的人写一本关于数学的书，帕特里克的热情让我大吃一惊，我们去卡可米尔港（Cuckmere Haven）的崖顶上散步，一起充实了这个想法，从那以后我就再也没有犹豫过。我的编辑莫莉·斯莱特（Molly Slight）和爱德华·卡斯滕迈耶（Edward Kastenmeier），以及他们分别在斯布里克（Scribe）和克诺夫（Knopf）出版社的团队，为整个项目提供了热情的、见解深刻的支持。特别感谢文字编辑理查德·利（Richard Leigh）对手稿的精心修饰，也谢谢他听懂了关于马歇尔计划的笑话。同时也感谢菲利普·格温·琼斯（Philip Gwyn Jones）在我创作早期提供的支持。

我还非常感谢我诚实而勤勉的审稿人：专家审稿人阿图尔·埃克特（Artur Ekert）和马修·汉金斯（Matthew Hankins），以及一般审稿人肖恩·加纳（Shaun Garner）和查理·希格森（Charlie Higson）。而介于两者之间的——他知道我的意思——是里克·爱德华兹（Rick Edwards）。他们都提供了宝贵的帮助，书中任何遗留错误（事实上的或判断上的）都归咎于我。

最后，我想感谢那些就各类主题为我指点迷津的人，从会计的历史到建筑师的日常实践，不一而足。他们是（排名不分先后）：理查德·林德利（Richard Lindley），延斯·奥伊鲁普（Jens Hoyrup），乔恩·巴特沃斯（Jon Butterworth），梅拉妮·贝利（Melanie Bayley），克里斯托弗·内皮尔（Christopher Napier），基思·霍斯金（Keith Hoskin），理查德·麦克弗（Richard Macve），曼弗雷德·佐尔内（Manfred Zollner），让-雅克·克拉皮耶（Jean-Jacques Crappier），埃达尔·阿勒坎（Erdal Arikan），雷德福·尼尔（Radford Ned），尼克·金斯伯里（Nick Kingsbury），戴维·布洛克利（David Blockley）和安德鲁·怀特赫斯特（Andrew Whitehurst）。

迈克尔·布鲁克斯

2021 年 5 月

# 注释

## 引言

1    Peter Gordon, 'Numerical cognition without words: evidence from Amazonia', *Science* 306, no. 5695 (15 October 2004): 496–99, https://doi.org/10.1126/science.1094492.

2    Caleb Everett, *Numbers and the Making of Us: counting and the course of human cultures* (Cambridge, MA: Harvard University Press, 2019).

3    Rachel Nuwer, 'Babies are born with some math skills', *Science | AAAS*, 21 October 2013, https://www.sciencemag.org/news/2013/10/babies-are-born-some-math-skills.

4    John Dee, *The Mathematicall Praeface to Elements of Geometrie of Euclid of Megara*, http://www.gutenberg.org/files/22062/22062-h/22062-h.htm.

## 第一章　算术

1    Richard Brooks, *Bean Counters: the triumph of the accountants and how they broke capitalism* (London: Atlantic Books, 2019).

2    François-Auguste-Marie-Alexis Mignet, *History of the French Revolution from 1789 to 1814*, https://www.gutenberg.org/files/9602/9602-8.txt.

3    Jacob Soll, *The Reckoning: financial accountability and the rise and fall of nations* (New York: Basic Books, 2014).

4    Founders Online, 'From Alexander Hamilton to Robert Morris, [30 April 1781]', http://founders.archives.gov/documents/Hamilton/01-02-02-1167.

5    另一块骨头可能是数学上更古老的人工制品，它被称为列彭波骨（Lebombo Bone），据信已有约 4.3 万年的历史，其上有若干刻痕，可能是用于计数的标记。不过，发现它的南非考古学家彼得·博蒙特（Peter Beaumont）并没有肯定过这是一个计数的工具，所以这一点仍然存疑。

6    Thorsten Fehr, Chris Code, and Manfred Herrmann, 'Common brain regions underlying different arithmetic operations as revealed by conjunct fMRI-BOLD activation', *Brain*

*Research* 1172 (3 October 2007): 93–102, https://doi.org/10.1016/j.brainres.2007.07.043.

7   Simone Pika, Elena Nicoladis, and Paula Marentette, 'How to order a beer: cultural differenc-

es in the use of conventional gestures for numbers', *Journal of Cross-Cultural Psychology* 40,

no. 1 (1 January 2009): 70–80, https://doi.org/10.1177/0022022108326197.

8   Georges Ifrah, *From One to Zero: a universal history of numbers* (New York: Penguin Books,

1987).

9   Ilaria Berteletti and James R. Booth, 'Perceiving fingers in single-digit arithmetic problems',

*Frontiers in Psychology* 6 (16 March 2015), https://doi.org/10.3389/fpsyg.2015.00226.

10  Brian Butterworth, *The Mathematical Brain* (London: Macmillan, 1999).

11  Jens Høyrup, 'State, "justice", scribal culture and mathematics in ancient Mesopotamia:

Sarton Chair Lecture', *Sartoniana* 22 (2009): 13–45.

12  Jens Høyrup, 'On a collection of geometrical riddles and their role in the shaping of

four to six "algebras"', *Science in Context* 14, no. 1–2 (June 2001): 85–131, https://doi.

org/10.1017/S0269889701000047. ( 答案是 4.874。可以用二次方程式解出来，但

我们暂时还没有介绍二次方程式。)

13  Crappier J.-J., Farinetto C., Gascou P., Maunoury C., Maunoury F. & Mateusen G., 'The Akan

Weighing System restored after 120 years of oblivion. A metrological study of 9301 geometric

gold-weights', *Colligo*, 2(2) (21 November 2019), https://perma.cc/H494-E42R.

14  E.W. Scripture, 'Arithmetical prodigies', *American Journal of Psychology* 4, no. 1 (1891): 1–59,

https://doi.org/10.2307/1411838.

15  Sylvie Duvernoy, 'Leonardo and theoretical mathematics', in *Nexus Network Journal: Leonardo

da Vinci: Architecture and Mathematics*, ed. Sylvie Duvernoy (Basel: Birkhäuser, 2008),

39–49, https://doi.org/10.1007/978-3-7643-8728-0_5.

16  如果你对达·芬奇的反应心有戚戚焉，可以理解。当然，你可以不问为什么，

直接接受一个数被小于 1 的另一个数除之后会变大这一点。不过下面这个例子

可能有助于理解，想象一下，把 10 块巧克力分给 5 支冰球队，每队分得 2 块。

如果把这些巧克力分给 2 支球队，那么每支球队分得 5 块。当除数变小时，商

会变大。接着，我们来看看用比 1 小的数来当除数会怎样。想象一下，把 10 块

巧克力分给某支冰球队三分之一的球员，一支冰球队的三分之一是 2 人，也就

是说，把 10 块巧克力分给 2 个人，每个人分得 5 块。但这相当于全体球员拿到

$5 \times 6 = 30$ 块巧克力。所以 10 除以 1/3 就是 30。

17　Julie McNamara and Meghan M. Shaughnessy, 'Student errors: what can they tell us about what students DO Understand?', Math Solutions, 2011, http://akrti2015.pbworks.com/f/StudentErrors_JM_MS_Article.pdf.

18　第一道题的答案是 2/7，1/2，5/9。第二道题的答案是 2。你可以采用近似计算法算出第二道题（12/13 和 7/8 都接近于 1，所以它们的总和接近于 2），或者通分，使两者的分母相同，看看会有什么结果。你可以把 12/13 化成 96/104，方法是分子分母均乘以 8，然后把 7/8 化成 91/104，方法是分子分母均乘以 13，然后把两个分子相加。96 + 91 = 187，所以两个数之和为 187/104，约等于 1.8，所以最接近的选择是 2。

19　斐波那契数列的生成以 0 和 1 为起点，然后将前两个数字相加，得到数列中的下一个数字。该数列的前 12 个数字是 0、1、1、2、3、5、8、13、21、34、55和 89。

20　Blaise Pascal, *Pensées*, https://www.gutenberg.org/files/18269/18269-h/18269-h.htm.

21　John Wallis, 'A Treatise of Algebra, Both Historical and Practical', *Philosophical Transactions of the Royal Society of London* 15, no. 173 (1 January 1685): 1095–1106, https://doi.org/10.1098/rstl.1685.0053.

22　Charles Seife, *Zero: The Biography of a Dangerous Idea* (New York: Viking, 2000).

23　Robert Kaplan, *The Nothing That Is: a natural history of zero* (Oxford: Oxford University Press, 2000).

24　'The Internet Classics Archive | Physics by Aristotle', http://classics.mit.edu/Aristotle/physics.html.

25　Jian Weng et al., 'The effects of long-term abacus training on topological properties of brain functional networks', *Scientific Reports* 7, no. 1 (18 August 2017): 8862, https://doi.org/10.1038/s41598-017-08955-2.

26　Richard Goldthwaite, 'The practice and culture of accounting in Renaissance Florence', *Enterprise & Society* 16, no. 3 (September 2015): 611–47, https://doi.org/10.1017/eso.2015.17.

27　Jane Gleeson-White, *Double Entry: how the merchants of Venice created modern finance* (New York: W.W. Norton & Co, 2012).

28　Michael Schemmen, *The Rules of Double-Entry Bookkeeping (a Translation of Particularis de Computis et Scripturis)* (IICPA Publications, 1494).

29   Steven Anzovin and Janet Podell, *Famous First Facts, International Edition: a record of first happenings, discoveries, and inventions in world history* (New York: H.W. Wilson, 2000).

30   Edward Peragallo, 'Jachomo Badoer, Renaissance man of commerce, and his ledger', *Accounting and Business Research* 10, sup1 (1 March 1980): 93–101, https://doi.org/10.1080/000147 88.1979.9728774.

31   Allan Nevins, *John D Rockefeller: The Heroic Age Of American Enterprise* (New York: Charles Scribner's Sons, 1940), http://archive.org/details/in.ernet.dli.2015.58470.

32   Neil McKendrick, 'Josiah Wedgwood and cost accounting in the Industrial Revolution', *Economic History Review* 23, no. 1 (1970): 45–67, https://doi.org/10.2307/2594563.

33   Gleeson-White, *Double Entry*.

34   Ibid.

## 第二章　几何

1   Andrew Kurt, 'The search for Prester John, a projected crusade and the eroding prestige of Ethiopian kings, *c*.1200–*c*.1540', *Journal of Medieval History* 39, no. 3 (1 September 2013): 297–320, https://doi.org/10.1080/03044181.2013.789978.

2   W.G.L. Randles, 'The alleged nautical school founded in the fifteenth century at Sagres by Prince Henry of Portugal, called the "Navigator"', *Imago Mundi* 45, no. 1 (1 January 1993): 20–28, https://doi.org/10.1080/03085699308592761.

3   Carl Huffman, 'Pythagoras', in *The Stanford Encyclopedia of Philosophy*, ed. Edward N. Zalta, Winter 2018 edition (Metaphysics Research Lab, Stanford University, 2018), https://plato.stanford.edu/archives/win2018/entries/pythagoras/.

4   Margaret E. Schotte, *Sailing School: navigating science and skill, 1550–1800* (Baltimore, MD: Johns Hopkins University Press, 2019).

5   E.G.R. Taylor, 'Mathematics and the navigator in the thirteenth century', *Journal of Navigation* 13, no. 1 (January 1960): 1–12, https://doi.org/10.1017/S0373463300037176.

6   James Alexander, 'Loxodromes: A rhumb way to go', *Mathematics Magazine* 77, no. 5 (2004): 349–56, https://www.tandfonline.com/doi/abs/10.1080/0025570X.2004.11953279.

7   'The four voyages', in *Christopher Columbus and the Enterprise of the Indies: A Brief*

*History with Documents*, ed. Geoffrey Symcox and Blair Sullivan (New York: Palgrave Macmillan US, 2005), 60–139, https://doi.org/10.1007/978-1-137-08059-2_3.

8   Mark Monmonier, 'The lives they lived: John P. Snyder; the Earth made flat', *The New York Times*, 4 January 1998, sec. Magazine, https://www.nytimes.com/1998/01/04/magazine/the-lives-they-lived-john-p-snyder-the-earth-made-flat.html.

9   John W. Hessler, *Projecting Time: John Parr Snyder and the development of the Space Oblique Mercator*, Philip Lee Phillips Society Occasional Paper Series, No. 5 (Washington, DC: Geography and Map Division, Library of Congress, 2004), https://www.loc.gov/rr/geogmap/pdf/plp/occasional/OccPaper5.pdf.

10   Helge Svenshon, 'Heron of Alexandria and the dome of Hagia Sophia in Istanbul', Karl-Eugen Kurrer, Werner Lorenz, Volker Wetzk (eds), *Proceedings of the Third International Congress on Construction History (Cottbus 2009)*, Vol. 3, pp. 1387–1394, https://www.academia.edu/3177251/Heron_of_Alexandria_and_the_Dome_of_Hagia_Sophia_in_Istanbul.

11   Giulia Ceriani Sebregondi and Richard Schofield, 'First principles: Gabriele Stornaloco and Milan Cathedral', *Architectural History* 59 (2016): 63–122, https://doi.org/10.1017/arh.2016.3.

12   Krisztina Fehér et al., 'Pentagons in medieval sources and architecture', *Nexus Network Journal* 21, no. 3 (1 December 2019): 681–703, https://doi.org/10.1007/s00004-019-00450-7.

13   Samuel Y. Edgerton, *The Mirror, the Window, and the Telescope: how Renaissance linearperspective changed our vision of the universe* (Ithaca, NY: Cornell University Press, 2009).

14   Antonio Manetti, *The Life of Brunelleschi* (University Park, PA: Pennsylvania State University Press, 1970).

15   Marjorie Licht and Peter Tigler, 'Filarete's *Treatise on Architecture* (Yale Publications in the History of Art, 16), trans. with intro. by John R. Spencer', *The Art Bulletin* 49, no. 4 (1 December 1967): 351–60, https://doi.org/10.1080/00043079.1967.10788676.

16   Leon Battista Alberti, *On Painting* (London: Penguin, 1991).

17   Evelyn Lamb, 'The slowest way to draw a lute', Scientific American Blog Network, https://blogs.scientificamerican.com/roots-of-unity/the-slowest-way-to-draw-a-lute/.

18   Albrecht Dürer, *Memoirs of Journeys to Venice and the Low Countries*, trans. Rudolf Tombo (Auckland: Floating Press, 2010), http://search.ebscohost.com/login.aspx?direct=true&-

scope=site&db=nlebk&db=nlabk&AN=330759.

19  Kay E. Ramey, Reed Stevens, and David H. Uttal, 'In-FUSE-ing STEAM learning with spatial reasoning: distributed spatial sensemaking in schoolbased making activities', *Journal of Educational Psychology* 112, no. 3 (2020): 466–93, https://doi.org/10.1037/edu0000422.

20  Isabel S. Gordon and Sophie Sorkin, *The Armchair Science Reader* (New York: Simon and Schuster, 1959).

21  Michael Francis Atiyah, *Collected Works*, vol. 6 (Oxford: Clarendon Press, 1988).

## 第三章　代数

1  'FedEx History', FedEx, https://www.fedex.com/en-us/about/history.html.

2  Kent E. Morrison, 'The FedEx problem', *College Mathematics Journal* 41, no. 3 (May 2010): 222–32, https://doi.org/10.4169/074683410X488719.

3  John Hadley and David Singmaster, 'Problems to sharpen the young', *Mathematical Gazette* 76, no. 475 (1992): 102–26, https://doi.org/10.2307/3620384.

4  向人要两头牛的人本来有四头牛，对方则有八头；你可以用亚麻布做一百件无袖外衣。

5  Terry Moore, 'Why X marks the unknown', *Cosmos Magazine*, 14 June 2015, https://cosmos-magazine.com/mathematics/why-x-marks-unknown-0/.

6  Florian Cajori, *A History of Mathematical Notations, Volume I: Notations in Elementary Mathematics* (London: The Open Court Company, Publishers, 1928), http://archive.org/details/historyofmathema031756mbp.

7  Jens Høyrup, 'Algebra in cuneiform: Introduction to an Old Babylonian geometrical technique', Max-Planck-Institut für Wissenschaftsgeschichte, Preprint Vol. 452, 2013, https://forskning.ruc.dk/en/publications/algebra-in-cuneiform-introduction-to-an-old-babylonian-geometrica.

8  Will Woodward, 'Make maths optional — union leader', *The Guardian*, 22 April 2003, http://www.theguardian.com/uk/2003/apr/22/schools.politics.

9  House of Commons Hansard Debates for 26 Jun 2003, https://publications.parliament.uk/pa/cm200203/cmhansrd/vo030626/debtext/30626-22.htm, in col.1264.

10  Ana Susac and Sven Braeutigam, 'A case for neuroscience in mathematics education', *Frontiers*

in *Human Neuroscience* 8 (21 May 2014), https://doi.org/10.3389/fnhum.2014.00314.

11  Georg Christoph Lichtenberg, *Briefwechsel, Band III: 1785–1792*, eds Ulrich Joost and Albrecht Schöne (Munich: Beck, 1990).

12  Wilhelm Ostwald, 'Über Papierformate', *Mitteilungen des Normenausschusses der Deutschen Industrie* 12 (November 1918): 199–200, https://www.cl.cam.ac.uk/~mgk25/volatile/DIN-A4-origins.pdf.

13  J. Robert Oppenheimer, 'Physics in the contemporary world', *Bulletin of the Atomic Scientists* 4, no. 3 (1 March 1948): 65–86, https://doi.org/10.1080/00963402.1948.11460172.

14  Matteo Valleriani, 'The *Nova scientia*: transcription and translation', 18 April 2013, https://edition-open-sources.org/sources/6/12/index.html.

15  W. J. Hurley and J. S. Finan, 'Military operations research and Digges's Stratioticos', *Military Operations Research* 22, no. 2 (2017): 39–46.

16  Michael Brooks, *The Quantum Astrologer's Handbook* (Scribe, 2017).

17  卡尔达诺设大立方体的边长为 $t$，某一个小立方体的边长为 $u$，然后写出 $t^3 = u^3 + (t-u)^3 + 2tu(t-u) + u^2(t-u) + u(t-u)^2$，将其重排，你就得到 $(t-u)^3 + 3tu(t-u) = t^3 - u^3$。然后你可以简单地说，$x = t-u$，于是你就有了起初的那个公式：$x^3 + mx = n$，其中 $m = 3tu$，$n = t^3 - u^3$。再做一点处理（首先将 $u = m/3t$ 代入 $t^3 - u^3$），可以得到 $(t^3)^2 - n(t^3) - m^3/27 = 0$。你可能觉得这么做没用——但真的有用，你现在得到了一个二次方程，它用 $t^3$ 代替 $x$，而你已经知道该如何求解了。

18  Phil Patton, 'The shape of Ford's success', *The New York Times*, 24 May 1987, sec. Magazine, https://www.nytimes.com/1987/05/24/magazine/the-shape-of-ford-s-success.html.

19  jdhao, 'The mathematics behind font shapes — Bézier curves and more', 27 November 2018, https://jdhao.github.io/2018/11/27/font_shape_ mathematics_bezier_curves/.

20  Tony Rothman, 'Genius and biographers: the fictionalization of Evariste Galois', *American Mathematical Monthly* 89, no. 2 (1982): 84–106, https://doi.org/10.2307/2320923.

21  'Celebrate the mathematics of Emmy Noether', *Nature* 561, no. 7722 (12 September 2018): 149–50, https://doi.org/10.1038/d41586-018-06658-w.

22  Albert Einstein, 'The late Emmy Noether.; Professor Einstein writes in appreciation of a fellow-mathematician', *The New York Times*, 4 May 1935, https://www.nytimes.com/1935/05/04/archives/the-late-emmy-noether-professor-einstein-writes-in-appreciation-of.html.

23 *The Collected Papers of Albert Einstein, Volume 8: The Berlin Years: Correspondence, 1914-1918* (English Translation Supplement), page 217 (245 of 742)', https://einsteinpapers.press.princeton.edu/vol8-trans/245.

24 F. Hirzebruch, 'Emmy Noether and topology', http://webcache.googleusercontent.com/search?q=cache:iMmQ_GuV370J:www.mathe2.uni-bayreuth.de/axel/papers/hierzebruch:emmy_noether_and_topology.ps.gz+&cd=13&hl=en&ct=clnk&gl=uk.

25 Sergey Brin and Lawrence Page, 'The Anatomy of a Search Engine', http://infolab.stanford.edu/~backrub/google.html.

26 Kurt Bryan and Tanya Leise, 'The $25,000,000,000 eigenvector: the linear algebra behind Google', *SIAM Review* 48, no. 3 (January 2006): 569–81, https://doi.org/10.1137/050623280.

27 P. Wei, L. Chen, and D. Sun, 'Algebraic connectivity maximization of air transportation network: the flight routes' addition/deletion problem', *Transportation Research Part E: Logistics and Transportation Review* 61 (January 2014): 13–27.

28 Harald Hagemann, Vadim Kufenko, and Danila Raskov, 'Game theory modeling for the Cold War on both sides of the Iron Curtain', *History of the Human Sciences* 29, no. 4–5 (1 October 2016): 99–124, https://doi.org/10.1177/0952695116666012.

29 'Solving Fermat: Andrew Wiles', https://www.pbs.org/wgbh/nova/proof/wiles.html.

30 Keith J. Devlin, *The Millennium Problems: The Seven Greatest Unsolved Mathematical Puzzles of Our Time* (New York: Basic Books, 2002).

## 第四章 微积分

1 Gallup Poll, http://ibiblio.org/pha/Gallup/Gallup%201940.htm.

2 在7月的民意调查中，完整的问题是："如果未来两周内全国投票决定美国是否对德国和意大利开战，你会投支持票还是反对票？"9月民意调查时，美国公众被问及："你认为以下两件事中哪一件对美国来说最重要——不参战，还是冒着参战的风险帮助英国获胜？"1940年12月，另一项民意调查重复了这个问题，60%的受访者认为美国应该帮助英国。

3 Ralph Ingersoll, *Report on England: November 1940* (New York: Simon and Schuster, 1940), http://archive.org/details/ReportOnEngland.

4 Peter Reese, 'The showgirl and the Schneider Trophy', The History Press, https://www.

thehistorypress.co.uk/articles/the-showgirl-and-the-schneider-trophy/.

5    Jeffrey Quill, *Spitfire: a testpilot's story* (Manchester: Crécy, 1998).

6    F.W. Lanchester, *Aerodynamics: constituting the first volume of a complete work on aerial flight* (London: Constable, 1907).

7    Alfred Price, *Spitfire: a documentary history* (London: Macdonald and Jane's, 1977).

8    Lance Cole, *Secrets of the Spitfire* (Pen & Sword, 2018).

9    Stephen T. Ahearn, 'Tolstoy's integration metaphor from *War and Peace*', *American Mathematical Monthly* 112, no. 7 (2005), 631–38.

10   Roberto Cardil, 'Kepler: The Volume of a Wine Barrel', http://www.matematicasvisuales. com/loci/kepler/doliometry.html.

11   'A timeline of HIV and AIDS', HIV.gov, 11 May 2016, https://www.hiv.gov/hiv-basics/ overview/history/hiv-and-aids-timeline.

12   Alan S. Perelson, 'Modeling the interaction of the immune system with HIV', in *Mathematical and Statistical Approaches to AIDS Epidemiology*, ed. Carlos Castillo-Chavez, Lecture Notes in Biomathematics (Berlin: Springer, 1989), 350–70, https://doi. org/10.1007/978-3-642-93454-4_17.

13   David D. Ho et al., 'Rapid turnover ofplasma virions and CD4 lymphocytes in HIV-1 infection', *Nature* 373, no. 6510 (January 1995): 123–26, https://doi.org/10.1038/373123a0.

14   Sarah Loff, 'Katherine Johnson biography', NASA, 22 November 2016, http://www.nasa.gov/ content/katherine-johnson-biography.

15   'Letter from Newton to John Collins, dated 8 November 1676', The Newton Project, http:// www.newtonproject.ox.ac.uk/view/texts/normalized/NATP00272.

16   Richard S. Westfall, *Never at Rest: a biography of Isaac Newton* (Cambridge: Cambridge University Press, 1980).

17   William John Greenstreet, *Isaac Newton, 1642–1727: A Memorial Volume Editedfor the Mathematical Association* (London: G. Bell, 1927).

18   Jeanne Peiffer, 'Jacob Bernoulli, teacher and rival of his brother Johann', *Electronic Journal for History of Probability and Statistics* 2/1 (June 2006).

19   Daniel Bernoulli and Sally Blower, 'An attempt at a new analysis of the mortality caused by smallpox and of the advantages of inoculation to prevent it', *Reviews in Medical*

*Virology* 14, no. 5 (2004): 275–88, https://doi.org/10.1002/rmv.443.

20  Daniel Bernoulli, 'Exposition of a new theory on the measurement of risk', *Econometrica* 22, no. 1 (1954): 23–36, https://doi.org/10.2307/1909829.

21  'July 1654: Pascal's letters to Fermat on the "problem of points"', http://www.aps.org/publications/apsnews/200907/physicshistory.cfm.

22  Erdinç Akyıldırım and Halil Mete Soner, 'A brief history of mathematics in finance', *Borsa Istanbul Review* 14, no. 1 (1 March 2014): 57–63, https://doi.org/10.1016/j.bir.2014.01.002.

23  Fischer Black and Myron Scholes, 'The pricing of options and corporate liabilities', *Journal of Political Economy* 81, no. 3 (1973): 637–54.

24  Robert C. Merton, 'On the pricing of corporate debt: the risk structure of interest rates', *Journal of Finance* 29, no. 2 (1974): 449–70, https://doi.org/10.1111/j.1540-6261.1974.tb03058.x.

25  Jørgen Veisdal, 'The Black-Scholes formula, explained', *Medium*, 4 July 2020, https://medium.com/cantors-paradise/the-black-scholes-formula-explained-9e05b7865d8a.

26  Richard Stimson, 'Einstein's wing flops', https://wrightstories.com/einsteins-wing-flops/.

27  *The Collected Papers of Albert Einstein, Volume 6: The Berlin Years: Writings, 1914–1917*, p. 402 (430 of 654)', https://einsteinpapers.press.princeton.edu/vol6-doc/430.

28  B. S. Shenstone, 'The Lotz method for calculating the aerodynamic characteristics of wings', *Aeronautical Journal* 38, no. 281 (May 1934): 432–44, https://doi.org/10.1017/S036839310010940X.

29  Price, *Spitfire*.

30  R.C.J. Howland and B.S. Shenstone, 'I. The inverse method for tapered and twisted wings', *The London, Edinburgh, and Dublin Philosophical Magazine and Journal of Science* 22, no. 145 (1 July 1936): 1–29, https://doi.org/10.1080/14786443608561663.

31  'Adolf Galland: winged knight of the Luftwaffe', *Warfare History Network* (blog), 12 September 2016, https://warfarehistorynetwork.com/2016/09/12/adolf-galland-winged-knight-of-the-luftwaffe/.

32  Heinz Knoke and R. J Overy, *I Flew for the Führer: the memoirs of a Luftwaffe fighter pilot* (London: Frontline Books, 2012), http://site.ebrary.com/id/10651960.

## 第五章 对数

1　Steinar Thorvaldsen, 'Early numerical analysis in Kepler's new astronomy', *Science in Context* 23, no. 1 (March 2010): 39–63, https://doi.org/10.1017/S0269889709990238.

2　Brian Rice, Enrique González-Velasco, and Alexander Corrigan, 'John Napier', in *The Life and Works of John Napier*, ed. Brian Rice, Enrique González-Velasco, and Alexander Corrigan (Cham: Springer, 2017), 1–60, https://doi.org/10.1007/978-3-319-53282-0_1.

3　kip399, *Arithmetic, Population and Energy — Full Length*, 2012, https://www.youtube.com/watch?v=sI1C9DyIi_8.

4　Victor Stango and Jonathan Zinman, 'Exponential growth bias and household finance', *Journal of Finance* 64, no. 6 (2009): 2807–49, https://doi.org/10.1111/j.1540-6261.2009.01518.x.

5　Matthew R. Levy and Joshua Tasoff, 'Exponential-growth bias and overconfidence', *Journal of Economic Psychology* 58 (1 February 2017): 1–14, https://doi.org/10.1016/j.joep.2016.11.001.

6　Alessandro Romano. Chiara Sotis, Goran Dominioni, and Sebastián Guidi, 'The public do not understand logarithmic graphs used to portray COVID-19', *LSE COVID-19* (blog), 19 May 2020, https://blogs.lse.ac.uk/covid19/2020/05/19/the-public-doesnt-understand-logarithmic-graphs-often-used-to-portray-covid-19/.

7　Tobias Dantzig and Joseph Mazur, *Number: the language of science* (New York: Plume, 2007).

8　Kevin Brown, *Reflections on Relativity* (Lulu.com, 2011).

9　'Henry Briggs — biography', Maths History, https://mathshistory.st-andrews.ac.uk/Biographies/Briggs/.

10　'Statistical Accounts of Scotland: Killearn, County of Stirling, OSA, Vol. XVI, pp. 108–09, 1795, https://stataccscot.edina.ac.uk/static/statacc/dist/viewer/osa-vol16-Parish_record_for_Killearn_in_the_county_of_Stirling_in_volume_16_of_account_1/.

11　Walter W. Bryant, *A History of Astronomy* (London, Methuen, 1907), http://archive.org/details/ahistoryastrono01bryagoog.

12　Max Caspar and Clarisse Doris Hellman, *Kepler* (New York: Dover Publications, 1993).

13　Christopher J. Sangwin, 'Newton's polynomial solver', https://www.sliderulemuseum.com/REF/NewtonsPolynomialSolver_byChristopherJSangwin2002.pdf.

14　Richard Davis and Ted Hume, *Oughtred Society Slide Rule Reference Manual* (Roseville,

CA: The Oughtred Society), http://www.oughtred.org/books/OSSlideRuleReferenceManual-revA.pdf.

15  'The curve is exponential', https://www.atomicarchive.com/history/firstpile/firstpile_10.html.

16  Claudia Dreifus, 'In the footsteps of his uncle, then his father', *The New York Times*, 14 August 2007, sec. Science, https://www.nytimes.com/2007/08/14/science/14conv.html.

17  U.G. Mitchell and Mary Strain, 'The number e', *Osiris* 1 (1936): 476–96.

18  Académie des inscriptions et belles-lettres (France) Auteur du texte, 'Le Journal Des Sçavans', issue, Gallica (1846): 51, https://gallica.bnf.fr/ark:/12148/bpt6k57253t.

19  Wolfgang Karl Härdle and Annette B. Vogt, 'Ladislaus von Bortkiewicz—statistician, economist and a European intellectual', *International Statistical Review* 83, no. 1 (April 2015): 17–35, https://doi.org/10.1111/insr.12083.

## 第六章　虚数

1  'Dudley Craven', http://www.dudleycraven.com/.

2  Paul J. Nahin, *An Imaginary Tale: The Story of* $\sqrt{-1}$ (Princeton, NJ: Princeton University Press, 2016).

3  Emelie Kenney, 'Cardano: "arithmetic subtlety" and impossible solutions', *Philosophia Mathematica* s2-4, no. 2 (1 January 1989): 195–216, https://doi.org/10.1093/philmat/s2-4.2.195.

4  Roger Penrose, *The Road to Reality: A Complete Guide to the Laws of the Universe* (London: Random House, 2005).

5  Richard P. Feynman, *The Character of Physical Law* (London: Penguin Books, 1992).

6  Guido Bacciagaluppi and Antony Valentini, *Quantum Theory at the Crossroads: reconsidering the 1927 Solvay Conference* (Cambridge: Cambridge University Press, 2009).

7  Eugene P. Wigner, 'The unreasonable effectiveness of mathematics in the natural sciences. Richard Courant Lecture in Mathematical Sciences delivered at New York University, May 11, 1959', *Communications on Pure and Applied Mathematics* 13, no. 1 (1960): 1–14, https://doi.org/10.1002/cpa.3160130102.

8  John Baez, 'The octonions', *Bulletin of the American Mathematical Society* 39, no. 2 (2002): 145–205, https://doi.org/10.1090/S0273-0979-01-00934-X.

9   Simon L. Altmann, 'Hamilton, Rodrigues, and the quaternion scandal', *Mathematics Magazine* 62, no. 5 (1989): 291–308, https://doi.org/10.2307/2689481.

10  Melanie Bayley, 'Alice's adventures in algebra : Wonderland solved', *New Scientist*, 19 December 2009, https://www.newscientist.com/article/mg20427391-600-alices-adventures-in-algebra-wonderland-solved/.

11  Melanie Bayley, Email communication with author, 22 April 2020.

12  Walter Isaacson, *Einstein: his life and universe* (New York: Simon & Schuster, 2007).

13  Paul Halpern, *Einstein's Dice and Schrödinger's Cat: how two great minds battled quantum randomness to create a unified theory of physics* (New York: Basic Books, 2016).

14  Graduate Mathematics, *Michael Atiyah, From Quantum Physics to Number Theory [2010]*, 2015, https://www.youtube.com/watch?v=zCCxOE44M_M.

15  *Proceedings of the International Electrical Congress Held in the City of Chicago, August 21st to 25th, 1893* (New York, American Institute of Electrical Engineers, 1894), http://archive.org/details/proceedingsinte01chicgoog.

16  'Modern Jove hurls lightning at will; million-horse-power forked tongues crackle and flash in laboratory. To perfect arresters Dr. Steinmetz's artificial bolts shatter wood, and wire vanishes in dust', *The New York Times*, 3 March 1922, https://www.nytimes.com/1922/03/03/archives/modern-jove-hurls-lightning-at-will-millionhorsepower-forked.html.

17  Letters to the Editor, *LIFE* magazine, May 14, 1965, 27, (Time Inc., 1965).

18  David Packard, David Kirby, and Karen R. Lewis, *The HP Way: how Bill Hewlett and I built our company* (New York: HarperBusiness, 1995).

## 第七章　统计学

1   Ian Sutherland, 'John Graunt: a tercentenary tribute', *Journal of the Royal Statistical Society, Series A* 126, no. 4 (1963): 537, https://doi.org/10.2307/2982578.

2   Max Roser, Esteban Ortiz-Ospina, and Hannah Ritchie, 'Life expectancy', Our World in Data, 23 May 2013, https://ourworldindata.org/life-expectancy.

3   'From the height of this place', Official Google Blog, https://googleblog.blogspot.com/2009/02/from-height-of-this-place.html.

4   'Timeline of statistics', http://www.statslife.org.uk/images/pdf/timeline-of-statistics.pdf.

5   Francis Galton, 'Eugenics: its definition, scope and aims', *American Journal of Sociology* 10, no. 1 (July 1904): 45–50, https://galton.org/essays/1900-1911/galton-1904-am-journ-soc-eugenics-scope-aims.htm.

6   George Bernard Shaw, 'Lecture to the Eugenics Education Society', *Daily Express*, 4 March 1910.

7   Winston Churchill, 'Asquith Papers, MS 12, Folios 224–8', 10 December 1910.

8   Stephen Jay Gould, *The Mismeasure of Man*, revised and expanded (New York: Norton, 1996).

9   Adrian J. Desmond and James R. Moore, *Darwin's Sacred Cause: race, slavery and the quest for human origins* (London: Penguin Books, 2013).

10  Angela Saini, *Superior: the return of race science* (London: 4th Estate, 2020).

11  Francis Galton, 'Vox Populi', *Nature* 75, no. 1949 (7 March 1907): 450–51, https://galton.org/essays/1900-1911/galton-1907-vox-populi.pdf.

12  Francis Galton, 'I. Co-relations and their measurement, chiefly from anthropometric data', *Proceedings of the Royal Society of London* 45, no. 273–279 (1 January 1889): 135–45, https://doi.org/10.1098/rspl.1888.0082.

13  Francis Galton, 'The history of twins' (1875), https://galton.org/essays/1870-1879/galton-1875-history-of-twins.htm.

14  Simon Scarr and Marco Hernandez, 'Drowning in plastic: visualising the world's addiction to plastic bottles', Reuters (4 September 2019), https://graphics.reuters.com/ENVIRON-MENT-PLASTIC/0100B275155/index.html.

15  'The Sick and Wounded Fund', *The Times*, 8 February 1855.

16  Lynn McDonald (ed.) *Florence Nightingale: The Crimean War*, The Collected Works of Florence Nightingale, Vol. 14 (Waterloo, Ontario: Wilfrid Laurier University Press, 2010).

17  Michael D. Maltz, 'From Poisson to the present: applying operations research to problems of crime and justice', *Journal of Quantitative Criminology* 12, no. 1 (1 March 1996): 3–61, https://doi.org/10.1007/BF02354470.

18  World Health Organization, 'Cancer: carcinogenicity of the consumption of red meat and processed meat', accessed 8 January 2021, https://www.who.int/news-room/q-a-detail/cancer-carcinogenicity-of-the-consumption-of-red-meat-and-processed-meat.

19  Ronald Aylmer Fisher et al., *Statistical Methods, Experimental Design, and Scientific Inference* (Oxford [England]; New York: Oxford University Press, 1990).

20  Tommaso Dorigo, 'Demystifying The Five-Sigma Criterion', Science 2.0.

14  August 2014, https://www.science20.com/quantum_diaries_survivor/demystifying_fivesigma_criterion_part_ii-118442.

21  Royal Statistical Society, 'Royal Statistical Society concerned by issues raised in Sally Clark case', news release (23 October 2001), http://www.inference.org.uk/sallyclark/RSS.html.

22  Vincent Scheurer, 'Convicted on Statistics?', Understanding Uncertainty, https://understandinguncertainty.org/node/545.

23  在你心目中，我无罪的概率 $P(H)$ 是 30%，即 0.3。我们要计算的是，鉴于证据 $E$，我无罪的概率。为此，我们首先需要求出 $P(E)$ 值，即我的血型与犯罪现场的血液血型相符的概率。这是两个因素的总和，第一项是，我真的无罪，而在我无罪的情况下，血型相符的概率是多少。

$$P(E/H) \times P(H)$$

其中 $P(E/H)$ 是证据与人群中任何无罪者匹配的概率：35% 或 0.35。所以这一项是 $0.35 \times 0.3$，也就是 0.105。

第二项是，我并非无辜，且证据证明我并非无辜的概率（100%，即 1）是多少。将它定为 65%，即 0.65。

$$P(E \mid \mathrm{not}\, H) \times P(\mathrm{not}\, H)$$

所以，这是 $1 \times 0.65$，等于 0.65。

现在将两项相加，以涵盖所有的可能性：$0.105 + 0.65 = 0.755$。这就是 $P(E)$，值，我的血型与犯罪现场的血液血型相匹配的概率。鉴于此证据，我无罪的总概率 $P(E/H)$ 是你最初的估计，即无罪者血型与证据匹配的概率，和 $P(E)$，即我的血型与现场发现的血液血型匹配的概率的组合。它由以下公式给出：

$$P(H/E) = P(H) \times \frac{P(E/H)}{P(H)}$$
$$= 0.3 \times \frac{0.35}{0.755}$$
$$= 0.14$$

这意味着，按照这项证据，现在我无罪的概率应定为 14%。

24  'State *v.* Spann, 617 A.2d 247, 130 N.J. 484', CourtListener, https://www.courtlistener.com/opinion/2389693/state-v-spann/.

25  'State v. Spann', Casetext, https://casetext.com/case/state-v-spann-17.

26  Thomas Levenson, *Newton and the Counterfeiter: the unknown detective career of the world's greatest scientist* (London: Faber, 2010).

27  E. G. V. Newman, 'The gold metallurgy of Isaac Newton', *Gold Bulletin* 8, no. 3 (1 September 1975): 90–95, https://doi.org/10.1007/BF03215077.

28  Joan Fisher Box, 'Guinness, Gosset, Fisher, and small samples', *Statistical Science* 2, no. 1 (February 1987): 45–52, https://doi.org/10.1214/ss/1177013437.

29  David Brillinger, 'John W. Tukey: his life and professional contributions', *Annals of Statistics* 30 (1 December 2002), https://doi.org/10.1214/aos/1043351246.

30  Francis Galton, 'Personal identification and description', *Nature* 38 (21–28 June 1888): 173–77, 201–02, https://galton.org/essays/1880-1889/galton-1888-nature-personal-id.pdf.

31  Simon Newcomb, 'Note on the frequency of use of the different digits in natural numbers', *American Journal of Mathematics* 4, no. 1/4 (1881): 39, https://doi.org/10.2307/2369148.

32  'From Johnstown flood to research lab — a success story', *The Michigan Alumnus*, 28 October 1939.

33  Frank Benford, 'The law of anomalous numbers', *Proceedings of the American Philosophical Society* 78, no. 4 (1938): 551–72.

## 第八章　信息论

1  Brandon C. Look, 'Gottfried Wilhelm Leibniz', in *The Stanford Encyclopedia of Philosophy*, ed. Edward N. Zalta, Spring 2020 (Metaphysics Research Lab, Stanford University, 2020), https://plato.stanford.edu/archives/spr2020/entries/leibniz/.

2  Jerry M. Lodder, 'Binary arithmetic: from Leibniz to von Neumann', in *Resources for Teaching Discrete Mathematics*, ed. Brian Hopkins (Washington DC: Mathematical Association of America, 2009), 169–78, https://doi.org/10.5948/UPO9780883859742.023.

3  Jan Krikke, *Digital Dragon: the road to Nirvana runs through the Land of Tao* (CreateSpace, 2017).

4  'Explanation of binary arithmetic (1703)', http://www.leibniz-translations.com/binary.htm.

5   Mary Everest Boole, *Indian Thought and Western Science in the Nineteenth Century* (The Ceylon National Review, 1901), http://archive.org/details/indianthoughtwes00bool.

6   George Boole, *An Investigation of the Laws of Thought on which Are Founded the Mathematical Theories of Logic and Probabilities* (London: Walton and Maberly, 1854).

7   J. Venn, 'I. On the diagrammatic and mechanical representation of propositions and reasonings', *The London, Edinburgh, and Dublin Philosophical Magazine and Journal of Science* 10, no. 59 (1 July 1880): 1–18, https://doi.org/10.1080/14786448008626877.

8   C.E. Shannon, 'A symbolic analysis of relay and switching circuits', *Transactions of the American Institute of Electrical Engineers* 57, no. 12 (December 1938): 713–23, https://doi.org/10.1109/T-AIEE.1938.5057767.

9   Erico Marui Guizzo, 'The essential message: Claude Shannon and the making of information theory' (master's thesis, Massachusetts Institute of Technology, 2003), https://dspace.mit.edu/handle/1721.1/39429.

10  A.M. Turing, 'Intelligent machinery' (National Physics Laboratory, 1948), https://www.npl.co.uk/getattachment/about-us/History/Famous-faces/Alan-Turing/80916595-Intelligent-Machinery.pdf?lang=en-GB.

11  C.E. Shannon, 'A mathematical theory of communication', *Bell System Technical Journal* 27, no. 3 (July 1948): 379–423, https://doi.org/10.1002/j.1538-7305.1948.tb01338.x.

12  M. Mitchell Waldrop, *The Dream Machine: J. C. R. Licklider and the revolution that made computing personal* (New York: Penguin, 2001).

13  R.V.L. Hartley, 'Transmission of information', *Bell System Technical Journal* 7, no. 3 (1928): 535–63, https://doi.org/10.1002/j.1538-7305.1928.tb01236.x.

14  'Apollo expeditions to the Moon: Chapter 9.6', https://history.nasa.gov/SP-350/ch-9-6.html.

15  Bill Anders, '50 Years after 'Earthrise,' a Christmas Eve message from its photographer', Space.com, https://www.space.com/42848-earthrise-photo-apollo-8-legacy-bill-anders.html.

16  NASA Content Administrator (Brian Dunbar), 'Excerpt from the "Special Message to the Congress on Urgent National Needs"', NASA (7 August 2017), http://www.nasa.gov/vision/space/features/jfk_speech_text.html.

17  L. Baulert, M. Easterling, S.W. Golomb, and A, Vitterbi, 'Coding theory and its applications to communications systems', JPL Technical Report No. 3267 (1961), http://archive.org/details/

nasa_techdoc_19630005185.

18 United States Congress House Committee on Science and Astronautics, *1967 NASA Authorization: Hearings, Eighty-Ninth Congress, Second Session, on H. R. 12718 (Superseded by H. R. 14324)* (Washington, DC: US Government Printing Office, 1966).

19 'Engineering the communications system for Apollo 11 — general dynamics', https://gdmissionsystems.com/space/apollo11.

20 Email to author from NASA STI Information Desk, 'Re: 19770091020 — design philosophy of', 20 August 2020.

21 G.D. Forney, 'Coding and its application in space communications', *IEEE Spectrum* 7, no. 6 (June 1970): 47–58, https://doi.org/10.1109/MSPEC.1970.5213419.

22 Carl Sagan, *Pale Blue Dot: a vision of the human future in space* (New York: Random House, 1994).

23 'Robert G. Gallager wins the 1999 Harvey Prize', https://wayback.archive-it.org/all/20070417175505/http://www.ee.ucla.edu/~congshen/robert_ gallager.pdf.

24 Robert G. Gallager, 'Low-density parity-check codes' (1963), https://web.stanford.edu/class/ee388/papers/ldpc.pdf.

25 Enrico Guizzo, 'Closing in on the perfect code', *IEEE Spectrum*: Technology, Engineering, and Science News, https://spectrum.ieee.org/computing/software/closing-in-on-the-perfect-code.

26 'Mars Reconnaissance Orbiter', https://mars.nasa.gov/mars-exploration/missions/mars-reconnaissance-orbiter.

27 Jung Hyun Bae, Ahmed Abotabl, Hsien-Ping Lin, Kee-Bong Song, and Jungwon Lee, 'An overview of channel coding for 5G NR cellular communications', *APSIPA Transactions on Signal and Information Processing* 8 (24 June 2019), https://doi.org/10.1017/ATSIP.2019.10. https://doi.org/10.1017/ATSIP.2019.10.

28 C.E. Shannon, 'Communication theory of secrecy systems', *Bell System Technical Journal* 28, no. 4 (October 1949): 656–715, https://doi.org/10.1002/j.1538-7305.1949.tb00928.x.

29 Albert W. Small, 'The Special Fish Report (1944)', https://www.codesandciphers.org.uk/documents/small/PAGE001.HTM.

30 B. Jack Copeland, *Colossus: The secrets of Bletchley Park's code-breaking computers* (New

York: Oxford University Press, 2010).

31 Walter Jr Koenig, 'Final Report on Project C-43' (1944).

32 Tom Espiner, 'GCHQ pioneers on birth of public key crypto', ZDNet, https://www.zdnet.com/article/gchq-pioneers-on-birth-of-public-key-crypto/.

33 The original NSA post is no longer online, but is excerpted and discussed in Neal Koblitz and Alfred J. Menezes, 'A riddle wrapped in an enigma', 2015, https://eprint.iacr.org/2015/1018.

34 John Archibald Wheeler and International Symposium on the Foundations of Quantum Physics, 'Information, Physics, Quantum: The Search for Links' (Tokyo, 1989).

35 Seth Lloyd, *Programming the Universe: a quantum computer scientist takes on the cosmos* (New York: Knopf, 2006).

36 Jimmy Soni and Rob Goodman, *A Mindat Play: how Claude Shannon invented the Information Age* (New York: Simon & Schuster, 2017).

37 Daniel Oberhaus, 'Marvin Minsky on making the "most stupid machine of all"', https://www.vice.com/en/article/vv7enm/marvin-minsky-on-making-the-most-stupid-machine-of-all-artificial-intelligence.

38 E.O. Thorp, 'The invention of the first wearable computer', in *Digest of Papers. Second International Symposium on Wearable Computers (Cat. No.98EX215)*, 1998, 4–8, https://doi.org/10.1109/ISWC.1998.729523.

39 Rogers, 'Claude Shannon's cryptography research during World War II and the mathematical theory of communication', in *1994 Proceedings of IEEE International Carnahan Conference on Security Technology*, 1994, 1–5, https://doi.org/10.1109/CCST.1994.363804.

40 John Horgan, 'Claude Shannon: tinkerer, prankster, and father of information theory', *IEEE Spectrum*: Technology, Engineering, and Science News (27 April 2016), https://spectrum.ieee.org/tech-history/cyberspace/claude-shannon-tinkerer-prankster-and-father-of-information-theory.

41 C. Shannon, 'The Bandwagon (Edtl.)', *IRE Transactions on Information Theory* 2, no. 1 (March 1956): 3–3, https://doi.org/10.1109/TIT.1956.1056774.

## 结语

1 Plato, *Timaeus*, https://www.gutenberg.org/files/1572/1572-h/1572-h.htm.

2    George Markowsky, 'Misconceptions about the golden ratio', *College Mathematics Journal* 23, no. 1 (1 January 1992): 2–19, https://doi.org/10.1080/07468342.1992.11973428.

3    Le Corbusier, *Towards a New Architecture* (New York: Dover, 1986).